OTTO J. HARTMANN · MENSCHENKUNDE

MENSCHENKUNDE

Einführung zum Verständnis des Lebendigen

von

OTTO J. HARTMANN

Professor an der Universität Graz

Es ist hier die Rede nicht von einer
durchzusetzenden Meinung, sondern
von einer mitzuteilenden Methode,
deren sich ein Jeder als eines Werk-
zeugs nach seiner Art bedienen möge.

Goethe an Hegel

VITTORIO KLOSTERMANN · FRANKFURT AM MAIN

CIP-Kurztitelaufnahme der Deutschen Bibliothek

Hartmann, Otto Julius:
Menschenkunde : Einf. zum Verständnis d. Lebendigen / von Otto J. Hartmann.
- 3. Aufl. - Frankfurt am Main : Klostermann, 1979.
ISBN 3-465-01354-9

Dritte Auflage 1979

Druck: Erwin Lokay, Reinheim (Odw.)
Printed in Germany

INHALT

DIE AUFGABE

Dieses Buch ist aus jahrelanger gemeinsamer Arbeit und aus Gesprächen mit ärztlichen und naturwissenschaftlichen Freunden hervorgegangen. Es erblickt seine Aufgabe nicht in der Beibringung neuer biologischer oder medizinischer Einzeltatsachen und will in keiner Hinsicht die vorhandenen vorzüglichen Lehr- und Handbücher ersetzen. Es geht vielmehr überall von einfachsten, jedem Biologen und Mediziner wohlvertrauten Tatsachen aus, will dann aber zeigen, wie gerade diese Tatsachen ihrer „Bekanntheit" entkleidet und zu großen Fragen gewandelt werden können. Den mit Geschichte und Theorie der modernen Wissenschaften Vertrauten kann es scheinen, als wüßten wir heute nicht zu wenig, sondern zu viel, und als sei die Sicherheit, mit der wir heute auf Grund bestimmter theoretischer Einstellungen wissenschaftliche Tatsachen „erforschen" und Fragen „beantworten", nichts anderes als die systematische Verdeckung des tiefer liegenden Wesenhaften. Der Schein des Wissens verdeckt unsere Unwissenheit und verhindert das Staunen vor den Phänomenen und Urphänomenen. Ehe wir nämlich die Phänomene in ihrer geheimnisvollen Größe erblickten, haben wir schon theoretische „Erklärungen", oder gelehrte „Paralellen" zur Hand, und beseitigen dadurch, ohne es zu wissen, die Phänomene.

Hat man Solches auf seinem eigenen wissenschaftlichen Entwickelungswege immer wieder erfahren müssen, so kann gerade den Fachwissenschafter das Bedürfnis ergreifen, scheinbar „Einfachstes" und theoretisch längst „Erklärtes" wieder ursprünglich sehen und zwar so sehen zu lernen, daß man daran zunächst seines Nichtwissens inne werde. Freilich darf man nun dabei nicht resignieren. Das eingestandene Nichtwissen kann vielmehr in uns zur Kraft werden, nun erst recht den Blick zu schulen für die Eigenart („Signatur") der Qualitäten, Gestalten und Gebärden, seien es nun

solche verschiedener menschlicher Konstitutionstypen und Organ-
formen, seien es solche verschiedener Tiere und Pflanzen. In dieser
Hinsicht stehen wir heute auch vor der vollständig neuen Aufgabe,
das in sich Wesenhafte und Ganzheitliche anatomischer Organ-
formen (z. B. der Leber) oder physiologischer Prozesse (z. B. der
Harnsekretion) oder bestimmter Krankheiten (z. B. der Sklerose)
zu erkennen, die bisher für uns nur summenhafte Resultate verschiedener chemischer oder physiologischer Ursachen waren.

Man kann von der Notwendigkeit der Schulung des „physiognomischen Blickes" (als Vorschule des „diagnostischen
und therapeutischen Blickes") sprechen, wobei nicht nur etwa die
Organe, Funktionen und Krankheiten des Menschen, sondern auch
die Pflanzen- und Tierformen, ja selbst die sog. Aggregatzustände
(also die alten „Elemente", z. B. das Flüssige oder Gasförmige)
ihre „Physiognomik" (Signatur) besitzen. Im gegenwärtigen Aus-
bildungsgange der Naturwissenschafter und Ärzte wird aber diese
Blickschulung nur sehr unvollkommen und nur nebenbei, nicht
systematisch geübt. Es sind dies die Folgen eines Zeitalters, welches
zwar viel von „unvoreingenommener Beobachtung" redet, im
Grunde aber vom „reinen denkenden Anschauen der Phänomene",
wie es Goethe forderte, sehr weit entfernt ist, weil dieses Zeitalter
ganz vom abstrakten Intellektualisieren und Theoretisieren beherrscht wird.

An diesem Punkte möchte nun das vorliegende Buch einsetzen.
Es ist dann wohl verständlich, warum in einer „Menschenkunde",
die den Versuch einer Erweiterung der medizinischen Grundlagen
darstellen möchte, ausführlich nicht nur auf Pflanzen und Tiere,
sondern auch auf Festes und Flüssiges etc. eingegangen wird. Es
geschieht dies um den „physiognomischen Blick" zu üben, aber
auch deshalb, weil alles, was außer uns in der großen Natur geschieht, zugleich auf Prozesse und Gestaltungskräfte hinweist, die
auch im Innern des Menschen wirken, aber dort viel schwerer zu
durchschauen sind. In diesem Sinne ist die Forderung des Paracelsus berechtigt, die „kleine Welt" des Menschen an der „großen
Welt", aber auch wieder diese an jener zu studieren. Unbeachtet
sind heute noch die wissenschaftlichen Möglichkeiten, durch eine

Betrachtung der Stimmungen der Athmosphäre, der Metamorphosen der Wolken, der Eigenart verschiedener Landschaften, Klimate und Jahreszeiten wesentliche Aufschlüsse über die Kräfte zu gewinnen, welche z. B. der Organisation der menschlichen Lunge, der Physiologie und Pathologie der Atmung und des Herzschlages zugrunde liegen. Man darf eben nur nicht glauben, man erfahre das Wesen eines Organes oder einer Funktion allein dadurch, daß man sie unter immer stärkere mikroskopische Vergrößerungen bringe, oder immer weitgehender chemisch analysiere.

Von den verschiedensten Seiten wird heute auf die Notwendigkeit einer „Erneuerung und Erweiterung der Heilkunst" hingewiesen. Um hier klar zu sehen, muß man sich aber vorweg das Folgende vergegenwärtigen: Die moderne Medizin, wie sie von unseren Universitätskliniken in repräsentativer Vollkommenheit vertreten wird, ist, sowohl weltanschaulich, wie methodisch, ein Teil der modernen naturwissenschaftlichen Denk- und Forschungsweise, die im Zeitalter der Renaissance heraufkam und sich seither besonders auf allen technischen Gebieten (folglich auch besonders auf den Gebieten der Diagnostik, Chirurgie, Strahlenbehandlung etc.) glänzend bewährte. Auch der Mensch gilt dieser Wissenschaftsgesinnung als Teil einer „Natur", wie sie uns Physik und Chemie schildern.

Wenn also heute, besonders von therapeutischer Seite auf die Grenzen des bisherigen medizinischen Denkens hingewiesen wird, so besagt dies nichts Geringeres, als daß wir unseren Begriff von „Natur" und „Mensch" einer grundlegenden Revision unterziehen müssen. Der auf Maß, Zahl und Gewicht gegründete Naturbegriff der Renaissance hat heute, zugleich mit seiner Vollendung, seine Begrenztheit erfahren. Eine „Erweiterung der Medizin" kann daher keineswegs bloß darauf beruhen, daß man zu den bisherigen Universitätsfächern neue hinzunimmt, oder aus Zweckmäßigkeitsgründen neuartige Heilmittel und ärztliche Kunstgriffe anwendet. Die wahre Erweiterung der Medizin, wie auch der Biologie setzt vielmehr ein totales Umdenken in den Fundamenten unseres naturwissenschaftlichen Weltbegreifens voraus.

Jedoch sollen die bisherigen Fundamente und die mittels ihrer gewonnenen Ergebnisse nicht etwa beseitigt, wohl aber erweitert und ergänzt werden. Es darf nur nicht, wer das Berechtigte und Bedeutsame der bisherigen Wege anerkennt, damit zugleich die Möglichkeit anderer Wege dogmatisch leugnen, wenn sie ihm auch zunächst fremd und seltsam scheinen.

Deshalb kann heute sowohl den Ärzten als den Naturwissenschaftern, die Mühe einer Besinnung auf die methodischen und erkenntnis-theoretischen Grundlagen ihrer Wissenschaften nicht erspart werden. Ohne es zu wissen, haben sie nämlich während ihrer Universitätsausbildung, sei es in physikalischen oder zoologischen, internistischen oder anatomischen Hörsälen bestimmte Denkgewohnheiten aufgenommen, die in dem Augenblicke hemmend wirken müssen, wo man ihre Grenzen und Bedingtheiten nicht durchschaut, sondern sie gänzlich unkritisch hinnimmt.

Deshalb steht zu Beginn dieses Buches eine ausführliche methodische Einleitung. Aus dieser wird zwar einerseits die Grenze der bisherigen Wissenschaftsmethoden, anderseits aber auch die Notwendigkeit offenbar, auf den Grundlagen der bisherigen Medizin und Naturwissenschaft als auf unveräußerlichen Voraussetzungen aller kommenden Versuche einer Erweiterung dieser Grundlagen aufzubauen. Unsere Handbücher sind voll der wunderbarsten Tatsachen, die geradezu nach neuen, tieferen Fragestellungen und Deutungen schreien.

Was in diesem Buche geschehen kann, ist freilich nur ein allererster Versuch. Er steht gewissermaßen auf der Stufe, welche die heutige Naturwissenschaft und Medizin am Beginn der Neuzeit einnahm, damals also, als man erstmalig menschliche Leichname sezierte oder mit primitivsten Mikroskopen den zelligen Bau des Flaschenkorkes entdeckte. Man wird daher in den folgenden Darstellungen vieles unvollkommen, manches fehlerhaft finden, vielleicht aber doch den Eindruck gewinnen, es sei der Mühe wert in dieser Richtung weiter zu forschen.

Ein Unternehmen, wie das vorliegende, wird freilich bei vielen Biologen und Ärzten auf schärfste Ablehnung stoßen. Darüber kann sich jedoch nicht wundern, wer selbst viele Jahre in Laboratorien und Instituten arbeitete und einst auch nicht anders geurteilt hätte. Das Eigentümliche ist nämlich folgendes: Viele, auch wissenschaftlich geschulte Menschen, lieben es heute zwar, vom „Geistig-Seelischen" oder „Übersinnlichen" zu reden. Sie wollen aber, daß diese Bereiche im „Halbdunkel" nebelhafter Gefühle verbleiben und lehnen es ab, an Hand des Studiums der Naturtatsachen ebenso nüchtern von einzelnen, wohlunterschiedenen übersinnlichen Kräften und Gesetzmäßigkeiten zu sprechen, wie der Physiker etwa von Magnetismus oder Schwerkraft spricht. Teils fürchten sie nämlich, daß klare Erkenntnisse und strenge Begriffsbildung das „schöpferische Geheimnis und Halbdunkel" zerstören und gestehen es allenfalls dem Dichter zu, davon in „mystischer Schau" zu künden, teils fürchten sie, daß durch die Einführung übersinnlicher Kräfte die Exaktheit naturwissenschaftlicher Forschung leide. Beides zu unrecht! Denn gerade das exakte Studium der materiellen Natur lehrt überall die Wirksamkeiten eines Übermateriellen und Übersinnlichen kennen, ohne das gerade das Physisch-Materielle unverständlich bliebe. Und dieses Übersinnliche ist kein undifferenzierter, schwärmerischer „Allgeist", „Leben" oder „Seele", sondern (ebenso wie die Körperwelt) eine Welt wohldifferenzierter und unterschiedener Kräfte, deren Erkenntnis von uns peinlichste Beobachtung und schärfste Begriffsbildung verlangt.

Hierzu sind freilich „Namen" nötig, die wie z. B. „ätherisch" oder „astralisch" dem Kenner der Geschichte der Medizin zwar vertraut, zugleich aber verdächtig sind. Man hätte neue Namen einführen können, es ist dies jedoch aus bestimmten Gründen nicht geschehen. Entscheidend ist aber, daß man jeweils unter diesen Namen nichts anderes als das versteht, was genau angegeben ist und in der Physiognomik bestimmter Phänomene jederzeit studiert werden kann. Dennoch werden, um Mißverständnissen vorzubeugen, diese Ausdrücke selten allein, sondern im Zusammenhang mit anderen gebraucht. Wer freilich glaubt, Übersinnliches, bzw. Seelisch-Geistiges erschließe sich lediglich dem subjektiven Selbsterleben und „objektiv" sei doch

11

nur Materielles wahrnehmbar, weshalb man beim „reinen Beschreiben der Phänomene" stehen bleiben müsse, der ist in Vorurteilen befangen, die von der neueren Erkenntnistheorie als überwunden gelten können und vernachlässigt zugleich z. B. die Erfahrungen der Psychotherapie an den Organneurosen. Er gleicht einem Menschen, der wohl die Buchstaben einer Schrift beschreibt oder gar nachzeichnet, sie aber nicht lesen will.

Zur Schulung des „physiognomischen Blickes" sind diesem Buche zahlreiche Abbildungen beigegeben, welche teilweise symbolische Schemata für bestimmte Kräftewirkungen darstellen und nur als solche verstanden werden dürfen. Die Originale anderer Autoren wurden zur Wahrung des einheitlichen Charakters der Reproduktion vom Verfasser umgezeichnet. Im ersten vorliegenden Teil des Buches werden an Hand der „vier Elemente", der „vier Naturreiche" und bestimmter Grundphänomene des Menschenlebens die allgemeinen Grundlagen entwickelt. Der zweite folgende Teil geht dann im engeren Sinne auf den Menschen, seine Embryonalentwickelung, Anatomie, Physiologie und Pathologie ein. Die Literaturhinweise beschränken sich im ersten Teil auf wenige repräsentative Werke, im zweiten werden sie zahlreicher und detaillierter sein. Eine wesentliche Vorbereitung und Ergänzung dieses Buches ist das Buch des Autors: „Erde und Kosmos im Leben des Menschen, der Naturreiche, Jahreszeiten und Elemente. Eine kosmologische Biologie", Frankfurt/Main 1938, 2. Aufl. 1940. Vgl. auch Fr. Husemann, Das Bild des Menschen als Grundlage der Heilkunst, 1940.

I. ABSCHNITT

VON DEN METHODEN
WISSENSCHAFTLICHER FORSCHUNG

Diese methodische Einleitung ist die notwendige Voraussetzung zum Verständnis der folgenden Untersuchungen und der darin gebrauchten Begriffe und Ausdrucksweisen. Wenn wir zunächst versuchen wollen, uns über die Grundlagen der modernen Kultur, sowohl auf wissenschaftlichem wie auf praktischem und daher auf medizinischem Gebiete Rechenschaft zu geben, so können wir sagen: Der Ausgangspunkt dieser Kultur ist überall die Sinneswahrnehmung und Sinnesbeobachtung. Wir alle vertrauen nicht irgendwelchen „Eingebungen", „Schauungen" oder „Gesichten", sondern nur dem, was wir sehen, tasten und greifen können.

Dieses war in früheren Zeiten nicht der Fall. Im Sinne der „Geistesschau" altvergangener Kulturen ist Sinneserfahrung „Maya". Aber auch der moderne Mensch gibt dies insofern zu, als er sich keineswegs beim bloßen Wahrnehmen einer Sache beruhigt, sondern alsbald zu denken anhebt.

Das bloße sinnliche Wahrnehmen ist nämlich in zweifacher Hinsicht unbefriedigend: Hinsichtlich des menschlichen Bewußtseins ist es eigentümlich „dumpf und passiv", hinsichtlich der Welt dringt es nicht eigentlich „in" die Dinge selbst ein, sondern betastet sie gleichsam nur „von außen". Daher erschließt uns Sinneswahrnehmung zwar wohl die Wirklichkeit, verschließt sie uns aber zugleich auch, in dem sie über die wahre Wirklichkeit einen Schleier breitet und uns ihr nur äußerlich begegnen läßt.

Kein Mensch sagt daher, er habe eine Sache „erkannt", wenn er sie bloß erst sinnlich wahrgenommen hat. Vielmehr haben wir alle das deutliche Empfinden, die bloße Sinneswahrnehmung sei nur eben erst ein „Hinweis" auf die Wirklichkeit, nicht schon „diese selbst". Um diesen Tatbestand einzusehen, müssen freilich von der sinnlichen Wahrnehmung alles Sprachliche und Gedankliche ferngehalten werden, wobei man gleichzeitig entdeckt, daß unser gewöhnliches Wahrnehmen kein „reines", sondern schon immer ein von Worten und Gedanken durchsetztes ist. Es bedarf daher ausdrücklicher Bemühungen, um angesichts der umgebenden Welt im reinen, wort- und gedankenlosen Hinstarren zu verbleiben. Erst dann nämlich zeigt sich ganz der stumpfe, passive, gleichsam traumbefangene Charakter der bloßen Sinneswahrnehmung.

Alle Erkenntnis muß daher wohl mit der Sinneswahrnehmung beginnen, darf aber nicht mit ihr enden. Nur wenn im sinnlichen Wahrnehmen die eine Wurzel eines Weges liegt, das Wahrgenommene also nur Hinweis und Aufgabe einer nur erst einsetzenden Ent - deckung und Ent - rätselung ist, gibt es überhaupt so etwas, wie „Wissenschaft".

Also müssen wir aus eigener Aktivität zur Wahrnehmungswelt etwas hinzuentdecken, was wir uns durch die dumpfe Sinneswahrnehmung zunächst verdecken. Die zweite Wurzel menschlichen Erkennens ist daher das Denken. Dieses wird uns nicht passiv und traumhaft von außen gegeben, sondern muß von uns selbst in aktiver innerer Mühe erarbeitet werden. So kann das Denken einem Lichte gleichen, das aus dem vollerweckten Mescheninnern auf die umgebende Welt fällt. Dieses Denken kann sich darüber klar werden, daß es z. B. in den Sätzen der Logik, Mathematik oder allgemeinen Mechanik, nicht nur subjektive Evidenzen des menschlichen Bewußtseins, sondern zugleich objektive Weltwirklichkeiten ergriffen hat. Indem nämlich der Mensch denkend sein eigenes Geistwesen erweckt, dringt er zugleich in Tiefen des Seins, die aller sinnlich-materiellen Wirklichkeit zugrunde liegen. „Kern der Natur" ist dann „Menschen im Herzen" (Goethe) und der Quell des Seins in uns unterweist uns über die Quellen alles Seins.

Es ist verständlich, daß von der neueren Wissenschaftstheorie das einsichtige Denken (wie es besonders im mathematisch-mechanischen Kalkül vorliegt) zum Maßstabe aller Wahrheit und Wirklichkeit gemacht wurde. Denn die Sätze der Logik, Mathematik oder allgemeinen Mechanik sind keine Sinnesobjekte, die in Dumpfheit von außen angestarrt werden, sondern sie sind ganz und gar aus Bewußtseinslicht gewobene Begriffe. Es findet sich in ihnen nichts, was wir nicht völlig durchschauten, weil es ganz von uns selbst im aktiven Denken aufgebaut wurde. Auf Grund solcher Erlebnisse konnte Kant bekennen: In allen Wissenschaften sei nur insoweit wahre Wissenschaft, als darin Mathematik, bzw. Mechanik anzutreffen sei.

Die weitere Konsequenz dieser Entwicklung ist aber dann, daß man sich veranlaßt sieht, die gesamte Natur mathematisch-mechanisch, d. h. mittels Maß, Zahl und Gewicht zu erklären. Schließlich ersinnt man im Hintergrunde der Wahrnehmungswelt eine Welt atomistisch-mechanischer Beziehungen und versucht dadurch die konkrete, farbige Fülle der Weltereignisse der menschlichen Erkenntnis zugänglich zu machen. Man meint dann wohl, verzichte man auf diesen Weg, so sei einsichtige Welterkenntnis überhaupt unmöglich, und es blieben dann lediglich zwei Möglichkeiten: Entweder die bloße Registrierung stumpfer Sinneswahrnehmungen, oder aber phantastische Gefühlsschwärmerei, welche man dann oft wegwerfend „Mystik" nennt.

Indem also das wissenschaftliche Denken der Neuzeit den Sinnesschleier der Wahrnehmungswelt zu durchstoßen und in die wahre Wirklichkeit einzudringen strebt, breitet es doch nur zunächst einen noch tieferen Schleier über die Wirklichkeit aus. Dieser „Schleier" besteht aus den vordergründigen und unzulänglichen Theorien des menschlichen Verstandes, seien diese nun mehr atomistisch und mechanistisch, oder mehr vitalistisch und teleologisch.

Dieser vom menschlichen Denken geschaffene „Schleier" ist nun in gewisser Hinsicht noch schwerer zu durchbrechen, als der Schleier der Sinneswahrnehmung und zwar aus folgenden Gründen: Die Sinneswahrnehmung ist zwar allerdings dumpf, erschließt uns aber doch wenigstens den unermeßlichen Reichtum der Farben und Töne, Gestalten und Gebärden. Richtig verstandene Erkenntnisbemühung könnte daher überall in der Natur das Sinnlich-

Materielle als Brücke in eine übersinnliche Kräfte- und Wesens-welt benützen, denn alles Räumlich-Materielle weist als solches über sich hinaus in ein Überräumliches und Übermaterielles, dessen Abschattung und Ausdruck es ist.

Aus bestimmten geschichtlichen Gründen wurde aber in den meisten Wissenschaften nicht dieser Weg, sondern zunächst der Weg des abstrakten Intellektualismus und einer atomistisch-mechanischen Weltdeutung eingeschlagen. Im Hintergrunde der sinnlich-materiellen Welt und zu deren „Erklärung" wurde eine zweite, zwar feinere, aber doch ebenfalls materielle Welt ersonnen und durch diese dann der qualitative Reichtum der Natur ver-nichtet, indem man die Natur lediglich als Ergebnis einiger weniger quantitativer Stoffe, Kräfte und Gesetze deutete.

Den großartigsten Ausdruck fand dieses Weltbild in der Kant-Laplaceschen Theorie der Entstehung des Planetensystems, bzw. im Idealbilde eines „Laplaceschen Geistes", dem es gelinge, mittels einer einzigen umfassenden Weltformel aus Lagebeziehungen, Be-wegungen und Geschwindigkeiten gleichartiger und unveränder-licher Teilchen alle Ereignisse sowohl der Natur als der Geschichte zu berechnen.

Das Idealbild eines „Laplaceschen Geistes", wie es auch heute, wenn auch uneingestanden allen wissenschaftlichen Bemühungen zugrunde liegt, ist nichts anderes als der grandiose Versuch: Die Welt zu erklären, indem man den Reichtum ihrer Phänomene und damit die Welt selbst beseitigt! Es fragt sich dann nur, ob es überhaupt der Mühe wert sei, Wissenschaft zu treiben, wenn man bereits grundsätzlich zu wissen glaubt, was allem Seienden zu-grunde liege und angesichts jedes neuen Gegenstandes nur in monotoner Weise wiederholen kann: „Auch hier liegt nur ein neuer Fall des schon längst Bekannten vor! Auch er wird sich bei ge-nügend langem Studium als Resultat kausal-mechanischer Zu-sammenhänge deuten lassen!" Und so ersinnt man Mechanismen über Mechanismen, Hypothesen über Hypothesen, wie man sich z. B. Entwicklung, Gestalt und Verhalten einer Pflanze auf Grund dieser Prinzipien zurechtlegen könne und unsere Embryologie, Physiologie und Pathologie ist erfüllt von den willkürlichsten

16

Phantasiegebilden, die alsbald einzusetzen beginnen, wenn man nach der Beobachtung der Phänomene nun daran geht, diese zu „erklären".

Eine nüchterne Prüfung muß freilich zugeben, daß dieser „Laplacesche Geist" wenig in Richtung auf ein wesenhaftes Verständnis der Natur, zumal der organischen, geleistet hat. Selbst Kant, der den kühnen Ausspruch tat: „Gebt mir Materie, und ich will euch eine Welt bauen!" mußte schließlich zugeben, daß es nicht einmal möglich sei, Bau und Entstehung eines Grashalmes nach solchen Prinzipien zu erklären. Hingegen hat diese Wissenschaftsgesinnung Bedeutendes nach zwei anderen Seiten geleistet, weswegen sie mit Recht zu den größten Errungenschaften der Neuzeit gehört:

1. Auf Grund von Maß, Zahl und Gewicht, sowie auf Grund atomistisch-mechanischer Gedankengänge gelang es nämlich, die Maschinenwelt der Technik aufzubauen. Dies anerkennend darf man nur nicht der Illusion verfallen, es habe jemand z. B. die Wesenheit des Eisens begriffen, der auf Grund bestimmter Messungen dieses Eisen technisch beherrsche. Ein „Gebrauchen" der Wirklichkeit im Dienste menschlicher Zwecke hat mit „Wesensverständnis" nichts zu tun. Eine kurze Überlegung zeigt vielmehr, daß uns die moderne Physik und Chemie dem Wesensverständnis der Natur (und nicht nur der belebten, sondern, was oft übersehen wird, auch der leblosen) um nichts näher brachte, ja sogar jedes in diese Richtung führende Suchen älterer Zeiten zunächst verschüttete. Dies wird heute von einsichtigen Forschern durchaus anerkannt. Der tiefere Grund dieses Versagens aber liegt in Folgendem: Das technisch-physikalische Denken der Neuzeit ist innerlich getragen vom Egoismus der Menschen, welcher die Wirklichkeit seinen praktischen Zielen unterwerfen will. Intellektualismus, Machtstreben und Egoismus sind einander verwandt. Sie schließen aber vom Wesensverständnis geradezu aus, weil dieses allein selbstloser Hingabe sich eröffnet.

2. Der tiefere Sinn des modernen Intellektualismus und Technizismus liegt aber schließlich gar nicht so sehr in den äußeren Leistungen sondern vielmehr im Inneren des Menschen selbst. Man muß sich nämlich fragen: Was leistete die moderne Naturwissen-

schaft für die Entwickelung des menschlichen Bewußtseins? Man entdeckt dann das Erstaunliche: Es ist nicht in erster Linie die Stillung eines abstrakten Erklärungs- und Kausalbedürfnisses, sondern es ist das Bedürfnis, Mensch zu werden an der Naturbetrachtung. „Wir brauchen die äußere mathematisch-mechanische Klarheit, um wach zu werden und so im vollen Sinne des Wortes Menschen zu sein" (Rudolf Steiner). Die großen Astronomen, Physiker, Geographen und Mediziner des Zeitalters der Renaissance und des Barock vollziehen für die europäische Menschheit den Bewußtseinsschritt aus dem mythischen Traum älterer Weltanschauungen zum klaren ichbewußten Naturbeobachten und Naturdenken. Die Wesenstiefen und Hintergründe der Welt, denen ältere Zeiten noch offen standen, versanken freilich dadurch und die Menschen traten heraus auf die äußerlichste Ebene der sinnlich-räumlich-materiellen Wirklichkeit. Selbst das Denken verlor seine alte Größe und wurde zum abstrakten Intellekt, der keine andere Aufgabe mehr kannte, als mittelst einiger weniger Begriffe (z. B. Punkt, Entfernung, Geschwindigkeit, Anziehung, Abstoßung etc.) die Phänomene dieser Sinneswelt gedanklich zu ordnen.

Inmitten dieses toten atomistisch-mechanischen Weltbildes fand heute aber der Mensch die volle Freiheit und Wachheit seines Ich-bin. Damit ist aber zugleich die weltgeschichtliche Mission des Materialismus und Intellektualismus beendet. Was daher in der Vergangenheit nötig und fortschrittlich war, könnte in der Zukunft nur noch hemmend und krankhaft wirken. Heute besteht daher die umgekehrte Aufgabe: Das in äußerster Abstraktion erstorbene Denken muß sich wiederbeleben und dem menschlichen Bewußtsein — — nun aber auf gänzlich neuer Ebene und ohne die wissenschaftliche Klarheit preiszugeben — — die tieferen Schichten der Welt aufs neue erschließen.

Denn wie arm ist, trotz seiner Klarheit, dieses intellektualistische Denken und von wie äußerlichen und alltäglichen Beobachtungen nimmt es, trotz seiner Strenge, seinen Ausgang! Selbst in den scheinbar so komplizierten und geheimnisvollen Theorien der modernen Physik entdeckt der geschulte Beobachter überall einfachste, dem praktischen Alltag entstammende Vorstellungsbilder und Begriffe. Die grundlegenden Denkschemata sind durchaus an der alltäglichen Sinnesbeobachtung gewonnen und entstammen im Grunde Erfahrungen des bürgerlichen Alltags in Küche, Keller und Werkstatt: Jedem Töpfer ist die Tatsache vertraut, daß er aus ein und derselben Tonmasse verschiedenste Gebilde formen kann; jedem Maurer, daß sich aus denselben Bausteinen ganz verschiedene Gebäude zusammensetzen lassen; jedem Mechaniker, daß sich bestimmt gestaltete Metallteile zu bestimmten Wirkungen verbinden lassen etc. Das sind so einige Urerfahrungen, die, lediglich begrifflich gereinigt und in mathematische Sprache übertragen, unserer gesamten naturwissenschaftlichen Theorienbildung zugrunde liegen[1]).

Es ist aber wichtig sich klar zu machen, daß in den Alltagserfahrungen des Handwerkers nicht nur das atomistisch-mechanische, sondern auch das teleologische, ja selbst das vitalistische und theologische Erklärungsschema der Naturerscheinungen wurzelt. Der mit den Körperdingen und Materialien seiner räumlichen Umwelt handwerkende Mensch kann nämlich das Wesen und die Entstehungsgründe irgend eines Produktes, z. B. einer Taschenuhr in folgenden verschiedenen Richtungen auffassen: 1. Die Uhr ist ein Mechanismus, der sich „atomistisch-mechanisch" durch das Zusammenwirken materieller Teile und Kräfte aufbauen und auch wieder in diese seine Bestandteile auflösen läßt. 2. Sie ist aber auch ein Gebilde, welches nur mit Rücksicht auf den Zweck und die Absicht, also „teleologisch" verständlich ist. 3. Schließlich aber liegen sowohl ihre kausalmechanische Ursache als ihr zielstrebiger Zweck nicht in der materiellen Uhr selbst, sondern im Eingreifen eines jenseitigen „vitalistischen" und „schöpferischen" Prinzipes, eben des Handwerkers.

Auch in der Geschichte der Weltanschauungen sind die beiden Aussagen innig miteinander verflochten: „Die Welt ist ein toter Mechanismus" und „Die Welt ist das kunstvolle Machwerk eines

---

[1]) Vgl. die vorzügliche Schrift von Ed. May, Die Bedeutung der modernen Physik für die Theorie der Erkenntnis, 1937, sowie den Aufsatz des Verf. „Qualität und Quantität, Betrachtungen über die Grundlagen der Naturwiss.", Z. f. d. ges. Naturwiss., Bd. 2, 1937.

göttlichen Weltenbaumeisters". Beide Gesichtspunkte sind nur zwei Seiten desselben veräußerlichten, mechanisch-intellektualistischen Denkens. Kommt man mit mechanistischen Erklärungsversuchen nicht aus, so ersinnt man nach dem Schema des zweckverwirklichenden menschlichen Subjektes einen „Gott" oder „teleologische Vitalprinzipien und Entelechien", welche wie die mechanistischen Erklärungsversuche dem Alltagsdenken entnommen sind und ebenso anthropomorph als diese sind. Gegen beides wandte sich Goethe: „Was wär ein Gott, der nur von außen stieße . . ."

Ein solches veräußerlichtes Denken erklärt dann wohl auch, daß alles wissenschaftliche Erkennen zwei Forderungen erfüllen müsse: 1. das Unbekannte auf Bekanntes zurückzuführen und 2. das Prinzip der Ökonomie, d. h. das Auslangen mit möglichst wenigen einfachsten Begriffen, die unserem Denken klar und gewohnt (bekannt) erscheinen. Solche Begriffe aber sind eben die früher gekennzeichneten Erfahrungen des alltäglichen Handwerkens. Dort haben sie durchaus ihre Berechtigung. Die ungeheure Erschleichung aber entsteht in dem Augenblick, wo man diese, der alltäglichen Lebenspraxis entstammenden Denkgewohnheiten (entsprechend gereinigt, so daß sie ihre Herkunft nicht verraten) zur metaphysischen Grundlage aller Naturphänomene macht und dieses Vorgehen „erklären" nennt. Der Grundfehler besteht dann darin, daß man erst gar nicht auf die Gestalt- und Gebärdensprache der Phänomene selbst eingeht, sondern sogleich eine dahinterstehende „eigentliche und wahre" Wirklichkeit konstruiert. Diese hypothetische Welt kausaler Mechanismen oder teleologischer Vitalprinzipien stellt aber, wie wir zu zeigen versuchten, gar keine wirkliche Ausweitung unserer Erkenntnis dar.

Und mit solchen Denkgebilden wagt man sich dann heran an die Geheimnisse der schaffenden Natur in den Pflanzen, Tieren und Menschen! Als ob die Natur, wie ein Handwerker, ihre Gebilde zusammenleime! Die Natur selbst verfährt nie, auch nicht im Gebiete des Mineralisch-Leblosen, mechanisch-atomistisch, sondern immer künstlerisch dynamisch. Selbst ein Kristall ist keine Aneinanderfügung von Teilchen, sein Bau entspricht vielmehr einem aus

20

höchster geistiger Ordnung gestalteten dynamischen Kraftgefüge, dessen ideelle Gesetzlichkeit durch die Materie lediglich sichtbar gemacht wird. Ähnliches gilt, wenn man dem Wesen der sog. Aggregatzustände, z. B. dem Flüssigen oder Gasförmigen wirklich gerecht werden will.

Machen wir uns zusammenfassend klar, daß es in der Erforschung der Naturphänomene folgende drei Abwege gibt: Man kann nämlich sagen:

1. Eine Blüte z. B. sei die räumliche Anordnung materieller Stoffe und Kräfte und wer diese vollständig beschreibe, habe die Blüte begriffen. Dies ist die Meinung des Materialismus, welcher die Phänomene auf das hin anblickt, woraus sie in einer gewissen Hinsicht bestehen.

2. Die Blüte sei das Ergebnis bestimmter vorhergehender chemisch-physikalischer Veränderungen und es sei möglich, den Endzustand als eindeutige und ausschließliche Folge der vorangegangenen materiellen Zustände zu begreifen. Dies ist die Meinung der kausal-mechanischen Entwicklungslehre, welche die Phänomene auf die materiellen Antezedentien hin anblickt, mittelst derer sie sich in gewisser Hinsicht verwirklichen.

3. Die Blüte sei endlich das Ergebnis eines bestimmten Zweckes, etwa der Absicht, Insekten anzulocken und stehe also als „Anpassung" im Dienste der Arterhaltung. Dies ist die Meinung der Teleologen, Vitalisten und Selektionisten, welche die Phänomene auf die äußere Bedeutung hin, die sie erlangen können, anblicken. Man stellt sich dann z. B. auch Folgendes vor: So wie ein Haus eine Kanalisation, so benötige der Organismus eine Niere. Ein solches Organ habe einfach den „Zweck", gewisse Stoffe abzuleiten und diene so als „Anpassung" im Kampf ums Dasein. Schließlich aber löst sich auf diese Weise der ganze Organismus in eine Summe äußerer Zwecke und Anpassungen auf und niemand fragt: was ist denn nun das Lebewesen selbst, das sich da anpaßt und um dessenwillen alle diese Zweckeinrichtungen bestehen?

Der gemeinsame methodische Fehler dieser drei Betrachtungsweisen liegt nun offenbar darin, daß sie vorweg z. B. das Blütesein der Blüte dadurch vernichten, daß sie es auf etwas zurückführen, was nicht blütenhaft ist (also z. B. chemisch-physikalische Ursachen oder äußere Zweckanpassungen an Insekten). Alle drei Betrachtungsweisen fragen gar nicht erst: Was ist denn überhaupt eine Blüte und wie charakterisiert sie sich z. B. im Vergleich zum grünen Sproß, sondern sie gehen sogleich ans „Erklären", wobei in diesem Erklären Denkgewohnheiten eine Rolle spielen, welche an ganz anderen Wirklichkeitsbereichen gewonnen und dort durchaus berechtigt sind.

An dieser Stelle setzt nun die Goetheanistische Wissenschaftsmethode ein. Diese macht sich zunächst Folgendes klar: Eine Blüte z. B. ist, wie jedes Naturgebilde, Zweck und Ursache ihrer selbst. Sie ist nicht um eines anderen willen (Anpassung), noch erfolgt sie als Wirkung aus einem anderen, ihr Wesensfremden (chemisch-physikalische Ursachen). Sie muß also, wie jedes Naturgebilde zunächst einmal an sich selbst studiert und aus sich selbst erklärt werden. Das Phänomen als solches bleibt also hierbei erhalten. Die Natur wird nicht durch voreilige „Erklärungen" verarmt, sondern im Gegenteil im architektonischen Reichtume ihrer Phänomene immer mehr herausgearbeitet. Man schult seinen Blick für die Wesensverschiedenheiten, die sich gerade in den Formen, Gebärden und Verhaltungsweisen der Natur gebildet (z. B. in der Blüte im Vergleich zum grünen Sproß) offenbaren.

So gelangt man schließlich dazu, an den Naturgebilden zweierlei zu unterscheiden: Das „Woraus" sie im körperlich-materiellen Sinne bestehen und das „Was" sie selbst sind. Dieses Was spricht sich besonders in den Formen, Gesten und Verhaltungsweisen der Naturgebilde aus, die so das Gesetz des jeweiligen Wesenhaften physiognomisch sichtbar an sich tragen. Das Woraus aber ist die allgemeinsame, niederste Ebene des Sinnlich-Räumlich-Materiellen, innerhalb deren sich alles Wesenhafte ausdrückt und abschattet. So wenig die im Straßenstaub sichtbare Fußspur, oder das auf einer photographischen Platte erscheinende Bild ihre Entstehungsgründe in der Substanz des Straßenstaubes bzw. der photographischen Platte haben, so wenig ist es vorurteilsfreier Forschung möglich, die wahren Ursachen der Formen, Gesten und Verhaltungsweisen der Naturgebilde und des Menschen im Bereich des Räumlich-Materiellen zu finden.

Indem die Goetheanistische Methodik die Phänomene als solche festhält, verbleibt sie keineswegs beim stumpfen sinnlichen Wahrnehmen, sondern erhebt sich zur inneren Aktivität des Denkens, freilich eines Denkens, welches seine Begriffe nicht der sinnlich materiellen Alltagssphäre entnimmt, sondern sich im „denkenden Anschauen" der Phänomene selbst verdichtet und schließlich zu einer Art Sinnesorgan des Geistes wird, womit dieser von den Phänomenen zu den wahren Ursachen aufsteigt, die sich überall in der Natur physiognomisch versinnlichen, selbst aber übersinnlich sind. So ist es zu verstehen, wenn Goethe erklärte: „Man suche nur nichts hinter den Phänomenen, sie selbst sind die Lehre", d. h. das eigentliche Wesen der sinnlich-materiellen Wirklichkeit ist selbst ein Geistig-Gedankenhaftes. Ein in sich verlebendigtes Denken ist der wahre Schlüssel zur Wirklichkeit, deren eine dumpfe Hälfte uns in der sinnlichen Wahrnehmungswelt vorliegt. Indem ich denkend die sinnliche Wahrnehmungswelt durchdringe, beschenke ich sie durch meine eigene innere Aktivität mit einem wesenhaften Gehalte, der in ihr selbst durch den Sinnenschein verdeckt wird.

Die tiefere Wahrheit der Welt ist uns also zunächst verdunkelt, damit wir sie aus uns selbst finden. Auf die Aktivität unseres Bewußtseins aber kommt hierbei alles an, denn niemals kann wesenhafte Wahrheit ohne unser Zutun passiv von außen gegeben werden. Wir müssen vielmehr gleichsam aus dem Material unseres eigenen Innern erbaut und der Welt entgegengebracht haben, was uns dann als Erfahrung aus ihr soll begegnen können. Diese scheinbar paradoxe Notwendigkeit ist die Grundlage Goethescher Erkenntnistheorie und wurde von ihm einmal so formuliert: „Zu jeder Erfahrung gehört ein Organ. — — Wohl ein besonderes? — — Kein besonderes, aber eine gewisse Eigenschaft muß es haben. — — Die wäre? — — Es muß produzieren können. — — Was produzieren? — — Die Erfahrung! Es gibt keine Erfahrung, die nicht produziert, hervorgebracht, erschaffen wird".

Dieses gilt sogar schon auf der Ebene der Sinneswahrnehmung. Wir wissen z. B., daß zum Erfassen der Eigenart einer geometrischen Figur das einfache Hinstarren, d. h. die Vorgänge in der Sehschicht des Auges und die Projektion der entsprechenden Erregungen auf das Sehfeld des Großhirns nicht genügen. Es sind vielmehr feinste Muskelbewegungen des Auges, ja darüber hinaus unseres ganzen Körpers und besonders unserer Gliedmaßen nötig. Mit dem Fixierungspunkt unserer Augen gleiten wir im Wahrnehmen an den Konturen der Dinge entlang und zeichnen diese so gleichsam nach, wobei der Tonus unserer gesamten Körpermuskulatur bestimmte feinste Spannungsänderungen aufweist. Noch deutlicher wird dieses aktive innere Gestikulieren und Handeln, wenn wir einen Gebrauchsgegenstand, z. B. eine Leiter sehen. Wir führen dann feinste innere Greif- und Kletterbewegungen aus und erfassen durch diese die Eigenart eines solchen Gebildes. Ichdurchdrungenes vollbewußtes Sehen ist also etwas grundsätzlich anderes als die passive Projektion des Bildes in einer photographischen Kamera. Das von außen kommende Bild ist nur Aufforderung, es durch eigene innere Motilität zu gliedern und nachzubilden. Erst dadurch gelangen wir zu einer zwei- bzw. dreidimensionalen Raumanschauung. Diese ist nicht rein optisch, sondern motorisch, also willensmäßig bedingt. Alles raumhaft Gestaltete und Starre wird von uns bewegungshaft nachgeahmt, aufgebaut und dadurch bewußt erfaßt. Ist diese Aktivität nach bestimmten Erkrankungen gestört, so kommt es, trotz erhaltenem peripheren und zentralem Sehapparat zu keiner verständnisvollen Gestaltauffassung.

Noch deutlicher wird die Notwendigkeit willensmäßiger Aktivität natürlich auf dem Gebiete des wissenschaftlichen Erkennens und unterscheidet hier ein passives mechanisches Denken vom aktiven nachschaffenden Denken. Man erkennt in letzter Hinsicht nur, was man machen kann. Im Sinne des Goetheanismus erfordert jeder neue Gegenstand in uns die Entwicklung eines neuen Begriffes und Erkenntnisorganes, ja in gewisser Hinsicht die Erarbeitung eines neuen Bewußtseinszustandes. Im Gegensatz zum Prinzip der Denkökonomie erfordert die Goetheanistische Wissenschaftsmethode die Entwicklung und Steigerung unseres Menschseins in der Auseinandersetzung mit den Phänomenen. Dem architektonisch gestuften Reichtum der Natur muß eine Stufenfolge unserer Begriffe und Bewußtseinszustände entsprechen. Dann erheben wir uns, einer Goetheschen Forderung entsprechend, „zur Höhe der Phänomene, um mit ihnen zu wohnen", nicht aber reißen wir sie auf das Niveau unserer handwerklichen Alltagsbegriffe herab.

An dieser Stelle ist es nötig, sich des Ausgangspunktes unserer Betrachtung zu erinnern. Wir stellten fest: Für unser gegenwärtiges Bewußtsein nimmt wohl alle Erkenntnis ihren Ausgang mit der Sinneswahrnehmung, findet aber ihre Weiterführung und Vollendung im Denken. Die Schicksalsfrage der Wissenschaft ist nur eben dann diese: muß das Denken nur ein äußeres Ordnen der sinnlichen Phänomene mittelst weniger abstrakter Begriffe sein? Kann unser Denken nicht vielmehr lebendig genug werden, daß wir nicht mehr nur „über" die Dinge denken (theoretisieren), sondern „in" den Dingen denken, ja schließlich „die Dinge selbst" denken, d. h. sie ganz aus dem lichthaften Materiale unseres Geistes aufbauen? Nur wenn dies zutrifft, führt die Erforschung der Phänomene nicht, in der früher gekennzeichneten Weise, zu ihrer Beseitigung, sondern zu ihrer ins Wesen eindringenden Durch-Schauung.

Auf einem einzigen Gebiete ist dieses innerhalb der gewöhnlichen Wissenschaften heute schon der Fall: in der Mathematik. Der Geometer ersinnt nicht alle möglichen kausal-mechanischen Ursachen oder teleologischen Anpassungen, denen eine Kurve ihr Dasein verdankt. Er bleibt vielmehr beim reinen Phänomen der Kurvengestalt stehen, verliert sich aber auch nicht im stumpfen sinnlichen Anstarren, sondern erweckt in sich Gedanken (z. B. analytische Gleichungen), die in einsichtigster Klarheit das Phänomen der Kurve denken (nachschaffen) und dadurch zum lebendigen Begriff, d. h. zum geistigen Wesen gelangen, das sich in der sinnlichen Kurve physiognomisch spiegelt.

Allein in der Mathematik ist also schon heute die Wirklichkeit selbst (Zahlen, geometrische Gebilde etc.) zugleich ein restlos gedanklich Durchdrungenes, das „Sinnesphänomen" (z. B. einer Kurve) ganz „Theorie". Das denkende Ichbewußtsein entwirft hier aus seiner inneren Einsicht zugleich den objektiven Weltinhalt. Die Formen des Denkens (des Bewußtseins) sind zugleich Inhalte (Gegenstände). Aber schon in der Physik, d. h. beim ersten Übergang zur materiellen Wirklichkeit, ändert sich die Sachlage. Da werden Phänomene nicht mehr aus sich heraus gedacht, sondern „erklärt", indem man sie auf ein Anderes „zurückführt" (z. B. das Flüssige auf bestimmte Teilchenbeziehungen). Ebenso beseitigt der Physiker Licht, Farbe und Ton, indem er sie auf ein nicht Licht-, Farben- und Tonhaftes, nämlich auf Schwingungen oder Emissionen zurückführt.

Die Schicksalsfrage der weiteren Entwicklung der Wissenschaften ist daher heute diese: Kann auch der qualitative Reichtum der Aggregatzustände, der Pflanzen- und Tierformen, der menschlichen Organe und Krankheiten von einem Denken höherer Ordnung mit eben der Klarheit durchschaut werden, mit der wir heute schon mathematische Tatsachen durchschauen? Gibt es geistige Evidenzen höherer Ordnung, mittelst deren unser Bewußtsein z. B. Metamorphose der Pflanzenwelt ebenso einsichtig erkennt wie auf niederer Stufe ein Dreieck? Goethe war der Meinung, daß dies möglich sei und er ist die ersten Schritte in seiner Farbenlehre und Organik gegangen. „Denkendes Anschauen", „anschauende Urteilskraft", „exakte sinnliche Phantasie" nannte er jene höhere Einheit von Wahrnehmung und Denken, „die weder einseitig den abstrakten Begriff noch die Wahrnehmung für sich betrachtet, sondern den Zusammenhang beider." (R. Steiner).

Wie das Dreieck ein Element des geometrischen, so ist dann z. B. die Rose ein Element des „organischen Denkens", in welchem das menschliche Bewußtsein sich zum Erkennen objektiver Weltgedanken erhebt, welche gleichzeitig Kräfte sind, die draußen in der Natur, in Sternenbahnen wie in Kristallformen, in Pflanzen- wie in Tiergestalten wirken.

Warum sollte dieses auch unmöglich sein? Im menschlichen Leibe wirken dieselben Kräfte, die überall in der Natur, in Sternenbahnen wie in Kristallen, in Pflanzen wie in Tieren, in der Atmosphäre wie im Humusboden wirken. Wie später gezeigt werden soll, liegen diese Kräfte zunächst der Leibwerdung in Embryonalzeit und Kindheit zugrunde, werden dann aber im Zusammenhange mit dem Erwachsenwerden des Leibes aus der organisch-gebundenen Tätigkeit „frei" und betätigen sich nun im menschlichen Bewußtsein als Erkenntniskräfte. In unserem gewöhnlichen verstandesmäßigen Denken besitzen wir freilich nur erst einen dürftigen Schatten der Kräfte, die der Organisation unseres Leibes und besonders dem Bau unseres Gehirnes zugrunde liegen. Je mehr wir uns jedoch um ein höheres anschauendes Denken bemühen, desto mehr befreien wir die in unserer Organisation schlafenden Weisheitskräfte und ergreifen in wacher Freiheit immer tiefere Schichten unseres eigenen Wesens.

Wir erkennen dann: was draußen z. B. eine Rose oder Lilie, einen Vogel oder ein Rind organisiert, das lebt auch als organisierende Kraft im menschlichen Leibe und kann durch Bewußt-seinsschulung zur ichdurchdrungenen Kraft unseres Erkennens werden. Dann erkennen die Gestaltungskräfte der Rose in unserem Bewußtsein, die Rose draußen in der Natur, und wir finden zum dumpfen sinnlichen Wahrnehmungsbild der Rose durch aktive Mühe hinzu den „Begriff" d. h. die Geistgestalt, welche ganz real in Same und Knospe wirkt und daraus die Erscheinungsform der materiellen Rose erbildet. „Natur in uns unterweist uns dann über die Natur außer uns" (Goethe), ja, Welt selbst sinnt in uns über sich nach.

Die Goetheanistische Wissenschaftsmethode bildet hier freilich nur den Anfang. Goethe selbst blieb bewußt beim denkenden Anschauen der sinnlichen Phänomene stehen, er hatte Angst, die Schwelle der übersinnlichen Welt zu überschreiten, obgleich er durch stetes Üben in der vergleichenden Beobachtung der Phänomene (man denke an seine „Farbenlehre" oder an seine „Metamorphose der Pflanzen") sein Denken so weit verlebendigte, daß man durchaus schon vom ersten Aufkeimen übersinnlicher, nicht mehr gehirngebundener Erkenntnisorgane bei Goethe sprechen kann. Den wirklichen Durchbruch aber vollzog nicht er, sondern sein Fortführer und Vollender: Rudolf Steiner. Diesem verdanken wir auch die Methoden zur systematischen Entwicklung übersinnlicher Erkenntniskräfte und deren exakte erkenntnistheoretische Begründung. Goethe wollte sein Denken nur mittelbar in der Erforschung der Phänomene selbst erziehen, ging aber allen Methodenfragen, sowie der Forderung, das Denken selbst unmittelbar und durch besondere Übungen zu schulen, aus dem Wege. Hier setzt nun die Methode Rudolf Steiners ein[1]), die wir im Folgenden kurz kennzeichnen:

Das gewöhnliche Denken verbleibt im bloßen Nach-denken und Theoretisieren über irgendwelche Gegenstände. In ähnlicher Weise wie man nun durch Gymnastik sein Muskelsystem kräftigt, kann man auch die menschliche Denkkraft als solche verstärken, indem man einfache und leicht überschaubare Gedanken in den Mittelpunkt seines Bewußtseins rückt (sich konzentriert) und dann mit Ausschluß aller anderen Gedanken einige Zeit hindurch alle Kraft der Seele auf solchen Vorstellungen ruhen läßt (meditiert). Hierdurch kommt man nach und nach zu einer Verstärkung und Verdichtung des denkenden Bewußtseins, wodurch einerseits unbekannte Tiefen des eigenen Menschenwesens erweckt, andrerseits unbekannte Wirklichkeiten in der Welt wahrnehmbar werden.

Was hier geschieht, kann man sich etwa so verdeutlichen: Unsere körperlichen Sinnesorgane gleichen „Resonanzapparaten" bzw. „Schirmen", welche nur ganz bestimmte, ihnen entsprechende (nämlich physisch-materielle) Eindrücke „auffangen", ins Bewußtsein „zurückspiegeln" bzw. darauf „ansprechen", alle übrigen (also die nicht physisch-materiellen) Weltwirklichkeiten aber durch sich hindurchtreten und ins Unbewußte versinken lassen. Die Physiker sind nun bestrebt, das Bereich der menschlichen Sinneswahrnehmung dadurch zu erweitern, daß sie Apparate ersinnen, welche auch noch solche physisch-materiellen Wirkungen auffangen und registrieren, für welche die körperlichen Sinnesorgane des Menschen unempfänglich sind. Etwas Ähnliches geschieht nun, wenn auch auf anderer Ebene, durch die oben erwähnten Konzentrations- und Meditationsübungen: Das alltägliche schattenhafte Bewußtsein verdichtet sich und es entwickeln sich in ihm, nun nicht materielle, sondern geistige Sinnesorgane, die eine über-

---

[1]) Vgl. R. Steiner, Die praktische Ausbildung des Denkens, Dresden 1939, Wie erlangt man Erkenntnisse höherer Welten, Dresden 1939.

sinnlich-geistige Wirklichkeit, im Menschen selbst und in der Welt, in Form einer wesenhaften Bilderwelt wahrnehmen. Solches Wahrnehmen ist freilich kein stumpfes Hinstarren, wie das der physischen Sinne, es ist vielmehr von höchster innerer Aktivität und Regsamkeit durchdrungen und gleicht insoferne wieder einem Bewußtseinszustand, den der gewöhnliche Mensch nur in Augenblicken intensivsten mathematischen Denkens erreicht. „Imagination" kann man die hierdurch erreichte Erkenntnisstufe nennen, „nicht aus dem Grunde, weil man es mit „Einbildungen" zu tun habe, sondern weil der Inhalt des Bewußtseins nicht mit Gedankenschatten, sondern mit Bildern erfüllt ist" (R. Steiner).

Durch diese bildhafte, imaginative Bewußtseinsstufe erfahren wir die erste, über die physisch-materielle Welt hinausliegende „ätherische Welt"; ätherisch nicht in Anknüpfung an den abstrakten Äther der gegenwärtigen Physik, sondern in Anknüpfung an einen Begriff der griechischen Kosmologie (Aristoteles, Poseidonios) und um damit eine konkret erfahrbare dynamische Geistwirklichkeit zu bezeichnen. Diese liegt (als ätherische Organisation) auch allen Lebens-, Gestaltungs- und Wachstumsvorgängen der Organismen, also dem „Vegetativen" in Pflanzen, Tieren und Menschen zugrunde. Im Menschen aber befreit sich ein Teil dieser Kräfte im Zusammenhang mit dem Erwachen des Bewußtseins von ihrer ursprünglichen organischen Tätigkeit und verwandelt sich in die Denkkräfte. „Es ist von der allergrößten Bedeutung zu wissen, daß die gewöhnlichen Denkkräfte des Menschen die verfeinerten Gestaltungs- und Wachstumskräfte sind" (R. Steiner). Diese Kräfte können in dem Grade innerhalb des Bewußtseins aufleuchten, in welchem der menschliche Leib sein Wachstum einstellt und endlich altert. Beim Menschen ist daher Altern nicht nur Leibes-Verfall (wie bei Tieren und Pflanzen) sondern kann zum Geist-Erwachen führen.

Durch bestimmte weitere Bewußtseinsübungen kann man nun über die Stufe eines geistigen Schauens (Imagination) zu einer Stufe gelangen, welche man einem geistigen Hören (Inspiration) vergleichen kann. Von beiden Begriffen muß nur strenge alles Sinnlich-Äußere ferngehalten werden, weil man sonst das geistige Schauen und Hören mit Visionen und Halluzinationen verwechseln würde. Sie ähneln aber in nichts äußerer Sinneswahrnehmung, eher schon konzentriertestem inneren Nachdenken bzw. Erinnern. Dem inspirierten Bewußtsein wird nun die Kräfteorganisation vernehmbar, welche Tiere und Menschen innerlich durchdringt und ihnen animalische Empfindlichkeit und Beweglichkeit verleiht. Im Hinblick auf bestimmte Zusammenhänge, die später behandelt werden sollen, kann man diese Kräfteorganisation „seelisch-astralisch" und die ihr zugehörige Wirklichkeitsebene der Welt „astralische Welt" nennen.

Zur unmittelbaren Erfahrung dessen endlich, was den Menschen als Menschen auch noch über das Tierreich hinaushebt, ist die Entwickelung eines noch höheren Bewußtseinszustandes („Intuition") nötig. In diesem wird der innerste ichhaft-geistige Wesenskern unseres Menschseins erweckt und gleichsam zum Sinnesorgan gebildet für die Erkenntnis einer Welt des Ichhaft-Geistigen innerhalb der Mitmenschen, sowie innerhalb des Kosmos. In moralischer Willensverantwortlichkeit und im Gewissen erfährt aber schon das gewöhnliche Bewußtsein ein Hereinragen dieser intuitiven Wesenswelt.

Nicht durch eine Verfeinerung unserer technischen Apparate, noch durch eine Verfeinerung des gewöhnlichen intellektualistischen Denkens, wie es in der modernen Naturwissenschaft geschieht, erschließen wir uns demnach die höheren, in der Stufenfolge der Naturreiche überall zum Ausdruck kommenden Weltbereiche (mit beiden bleiben wir vielmehr durchaus der räumlichen-materiellen Ebene verhaftet), sondern einzig durch innere Erweckung unseres gesamten Menschseins. Schon Goethe erkannte im Menschen selbst das wahre Erkenntnisorganon und Forschungsmittel. Denn dieser „Mensch" ist eben nicht nur ein räumlich-materielles Gebilde, wie unsere Laboratoriumseinrichtungen, sondern birgt in sich eine Stufenfolge höherer Kräfteorganisationen, durch deren streng methodische Erweckung die ihnen entsprechenden Ebenen der Welt erfahrbar werden.

Dieses ist in beifolgendem Schema veranschaulicht: Rechts sind die über das Räumlich-Materielle stufenweise hinausführenden tieferen Wirklichkeitsebenen der Welt, links die über das sinnlich-intellektuelle Bewußtsein hinausführenden höheren Erkenntnisstufen vermerkt. Beide entsprechen stufenweise einander. So wie sich unser eigenes Wesen in unserem materiellen Körper, bzw. in

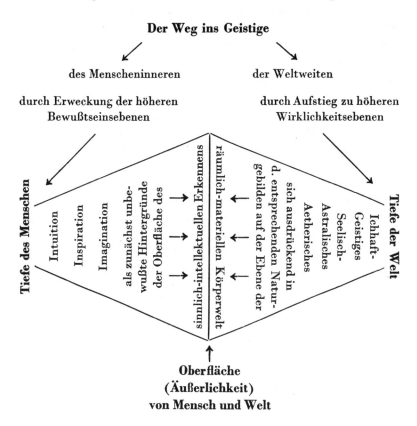

Der Weg ins Geistige

des Menscheninneren

der Weltweiten

durch Erweckung der höheren
Bewußtseinsebenen

durch Aufstieg zu höheren
Wirklichkeitsebenen

Tiefe des Menschen

Intuition

Inspiration

Imagination

als zunächst unbewußte Hintergründe
der Oberfläche des

sinnlich-intellektuellen Erkennens

räumlich-materiellen Körperwelt

sich ausdrückend in
d. entsprechenden Naturgebilden auf der Ebene der

Aetherisches
Astralisches
Seelisch-
Geistiges
Ichhaft-

Tiefe der Welt

**Oberfläche
(Äußerlichkeit)
von Mensch und Welt**

der Oberfläche unseres sinnlich-intellektuellen Bewußtseins physiognomisch ausdrückt, so erscheint das Wesenhafte der Welt physiognomisch in der Signatur der räumlich-materiellen Naturgebilden. Von dieser am meisten veräußerlichten Ebene an uns selbst und an der Welt muß alles wissenschaftliche Erkennen zunächst seinen Ausgang nehmen. Von hier aus dringt es einerseits in die übermateriellen und überräum-

31

lichen Tiefen der Natur[1]) um uns, anderseits in die übersinnlichen und überintellektuellen Tiefen unseres eigenen Wesens. Der Weg zum Geistigen des Weltalls ist zugleich der Weg der Erweckung des Geistigen im Menschen.

Wer auf diesem Wege fortschreiten will, kann z. B. versuchen, mittels einer Verstärkung seines Bewußtseins den materiellen Körper eines Mitmenschen gleichsam zu durch-schauen und die ihn durchdringenden ätherischen Wachstumskräfte, zunächst zu erspüren und endlich immer klarer zu schauen. Man schafft in solchem Falle den materiellen Körper durch reale „Abstraktion" beiseite und macht sich dadurch frei zur Wahrnehmung übersinnlicher Kräfte. Mehr oder weniger unbewußt tut dies jeder Arzt am Krankenbett und besonders die großen Kliniker vergangener Generation besaßen oft ein hohes Maß solcher Hellfühligkeit. Diese instinktiven Erkenntniskräfte versiegen nun zwar heute unaufhaltsam, sie können jedoch auf neuer Ebene durch die angegebenen Bewußtseinsübungen gewonnen werden. Ohne sie ist eine Vertiefung ärztlicher Diagnose, Prognose und Therapie in der Zukunft wohl nicht möglich. Raffinierte Laboratoriumsapparate allein genügen jedenfalls dazu nicht.

---

[1]) Dies ist eingehend begründet in meinem Buche „Erde und Kosmos".

ZUSAMMENFASSUNG

Das zusammenfassende Ergebnis unserer methodischen Untersuchungen ist nun also, daß es vier Stufen wissenschaftlicher Natur-
und Menschenerkenntnis gibt, deren jede die berechtigten Ergebnisse der niederen in sich mit umfaßt.

1. Der Materialismus. Dieser sieht überhaupt nicht den Formen-
und Qualitätenreichtum der Wirklichkeit und meint daher, alles
entstehe und bestehe aus dem Zusammenwirken materieller Stoffe
und Kräfte im Raume und sei daraus restlos erklärbar. Hier darf
man wohl mit Recht von einem dogmatischen Denken sprechen.

2. Die nächste Stufe ist das kritische Denken. Unvoreingenommene Beobachtung findet nämlich, daß es Naturphänomene,
wie z. B. die Lebewesen, gibt, zu deren Verständnis die Gesetzmäßigkeiten der physisch-materiellen Welt nicht ausreichen (z. B.
Kant und Driesch). Mit diesem Eingeständnis stößt zwar das gewöhnliche Denken bewußt an seine eigenen Grenzen an, da es jedoch keine Möglichkeiten einer Entwicklung und Verwandlung der
Erkenntniskräfte ahnt, bleibt es bei der Feststellung dieser Grenzen
stehen, bzw. steigert sie zu absoluten Erkenntnisgrenzen, jenseits
derer nur religiöser Glaube oder mystisches Fühlen, nicht aber
Wissenschaft möglich sei. Bestenfalls gelangt man zum metaphysischen Postulat z. B. einer Entelechie (Driesch), über deren nähere
Beschaffenheit man aber nichts wissen könne.

3. Die dritte Stufe ist das denkende Anschauen im Sinne
des Goetheanismus. Im vergleichenden Studium der Naturgebilde im Ganzen (z. B. Pflanzen und Tiere) bzw. einzelner Organe
(z. B. Wurzel und Blatt, Leber und Niere) und Funktionen (z. B.
Atmung und Ernährung) erweckt man höhere Erkenntnisorgane
und erfährt zugleich ein wohldifferenziertes Reich übermaterieller
Kräfte und Gestaltungsprinzipien, welche sich in den materiellen
Organen und Funktionen spiegeln. Im Gegensatz zu Kant ist
Goethe von den Entwicklungsmöglichkeiten der menschlichen Er-

kenntniskräfte überzeugt. Dann aber bilden die Gestalten, Gesten und Bewegungen der Naturgebilde für das denkende Anschauen ebensoviele Brücken aus dem Sinnlichen ins Übersinnliche. Diese Methode kann man daher auch die „physiognomische" nennen.

Sie versucht durch ein Studium der Gestalt, Gebärde und Bewegung (also der „Signatur") eines Gebildes die in ihm wirkenden Kräfte zu erkennen. Hierbei können sich Verwandtschaften zwischen Gebilden herausstellen (z. B. zwischen Blüte und Insekt etc.), die zunächst ganz verschieden scheinen. Ja, selbst chemische Stoffe können ihre „Physiognomik" besitzen und dadurch z. B. Beziehungen zu bestimmten menschlichen Organen und Funktionen haben. Es ist wie in der Kunstgeschichte: Hier bestehen zwischen der Musik, Malerei, Plastik und Architektur einer Zeit oder eines Volkes, unabhängig von den totalen Verschiedenheiten des Materiales und Gegenstandes, tiefgreifende Verwandtschaften, die auf die Wirksamkeit ähnlicher Kräfte hindeuten. Ihrer „Signatur" nach lassen sich z. B. auch ganz verschiedene Krankheiten zu gemeinsamen Gruppen zusammenfassen, die wieder Beziehungen zu bestimmten Vorgängen in der Natur (Witterung, Pflanzen, Mineralen) besitzen, weil sie mit ihnen dieselbe Signatur teilen. Dies zu wissen ist geradezu grundlegend für alle Diagnostik und Therapie.

4. Auf der vierten Stufe steht die Geisteswissenschaft Rudolf Steiners. Sie schult die menschlichen Bewußtseinskräfte nicht mehr nur, wie der Goethanismus, ausschließlich mittelbar im Studium der Naturphänomene, sondern auch unmittelbar durch Meditationsübungen. Daher können nun auch die Kräfte, Wesenheiten und Gesetze übersinnlicher Welten nicht nur mittelbar (ausgehend von der Sinnesbeobachtung und von den materiellen Naturgebilden) sondern unmittelbar und auf übersinnliche Weise erforscht werden. Auf dieser Stufe besteht daher die Möglichkeit etwas zu erkennen, was sich entweder überhaupt nicht (wie z. B. die Seele eines Abgeschiedenen) oder nur ganz unzulänglich (wie z. B. ein Pflanzenwesen auf dem Samenstadium) im Bereiche des Sinnlich-Materiellen ausdrückt. Dennoch ist klar, daß die beiden zuletzt genannten Methoden innig miteinander verflochten sind, woraus sich

auch die historische Kontinuität herleitet, die zwischen Goethe bzw. den Goetheanisten (z. B. K. Chr. Planck, C. G. Carus, H. Steffens, P. V. Troxler, Hufeland, Burdach, aber auch Hegel und Schelling) und Rudolf Steiner besteht.

In diesem Buche wird nun die Goetheanistische Methode angewendet, deren denkendes Anschauen der Signaturen der Naturgestalten und Naturprozesse in uns den „physiognomischen Blick" als Vorstufe des „diagnostischen und therapeutischen Blickes" erwecken kann. Hierbei legen wir allerdings bestimmte Ergebnisse der Geisteswissenschaft zugrunde, ohne die dieses Buch nicht möglich wäre. Wer den Mut zur Sachlichkeit aufbringt, kann heute nicht mehr bestreiten, daß wir den Geisterkenntnissen Rudolf Steiners auf biologischem, medizinischem, landwirtschaftlichem und pädagogischem Gebiete entscheidende Anregungen verdanken[1]). Wer sich mit diesen Erkenntnissen vorurteilsfrei und gründlich beschäftigt, kann bald entdecken: Das sind Gesichtspunkte und Methoden, aber keine Dogmen; also etwas, was die wissenschaftliche Forschung anregt und sich vor allem in der Praxis bewährt. Diese Bewährungsprobe in Forschung und Praxis muß als Wahrheitskriterium gelten und sich, entgegen allen „Hemmungen", die der Einzelne empfinden mag, schließlich durchsetzen.

---

[1]) Die wichtigsten Schriften R. Steiners in diesem Zusammenhange sind: Grundlegendes für eine Erweiterung der Heilkunst, 1925, Was kann die Heilkunst durch eine geisteswiss. Betrachtung gewinnen? 1930, Geisteswissenschaft und Medizin, 1937, Allgemeine Menschenkunde als Grundlage einer Pädagogik, 1939, Methodik des Lehrens und Lebensbedingungen des Erziehens, 1924, Der pädagogische Wert der Menschenkunde, 1939, Von Seelenrätseln, 1939. Weiteres darüber in den 8 bisher erschienen Bänden der „Natura" (Zeitschrift z. Erweiterung der Heilkunst nach geisteswiss. Menschenkunde) 1926 ff. Verwandte landwirtschaftliche Fragen behandelt die „Demeter", Monatsschrift für biol. dynam. Wirtschaftsweise.

II. ABSCHNITT

DIE POLARITÄTEN DES MENSCHLICHEN DASEINS

1. GESUNDHEIT UND KRANKHEIT

In diesem Abschnitt soll an Hand grundlegender Phänomene des menschlichen Lebens gezeigt werden, daß der Mensch trotz der Einheitlichkeit seines Daseins ein kompliziertes Gebilde ist, innerhalb welchem nicht nur wesensverschiedene, sondern sogar einander entgegengesetzt gerichtete „Wirklichkeitsebenen", „Kräftebereiche", „Wesensglieder" (R. Steiner) oder wie man es sonst nennen mag, tätig sind. Dieser Tatbestand wird schon durch den Reichtum und die Verschiedenartigkeit menschlicher Lebenszustände, ganz besonders aber auch durch die Entwicklungskrisen und Krankheitsmöglichkeiten dargetan.

Der gegenwärtigen Medizin bzw. Naturwissenschaft ist aber der Blick für solche Polaritäten und Mehrschichtigkeiten fast vollständig verloren gegangen. Sie ist daher der Meinung, das Pflanzlich-Lebendige sei nur eine Fortentwicklung des Leblosen, das Animalisch-Bewußte nur eine höhere Stufe des Lebensprozesses und der Mensch eine Steigerung der Tierheit. Aber auch Forscher, welche den Materialismus zu überwinden streben und von der „Eigengesetzlichkeit des Lebendigen", von der „organischen Ganzheit" oder von der „Seele" zu sprechen wagen, wenden dann Begriffe wie „Leben", „Ganzheit", „Organismus", oder „Seele" in ununterschiedener Weise auf Pflanzen, Tiere und Menschen, Schlafende und Wachende, Ernährungs- und Bewußtseinsprozessen an. Mit solchen „vitalistischen" Allgemeinbegriffen ist aber dem wissenschaftlichen Verständnis der einzelnen Lebensphänomene, Organe und Krankheiten ebenso wenig gedient, als mit einem mechanistischen Dogma. Die Kunst scharfer Beobachtung und strenger Begriffsbildung des jeweils Verschiedenen und polarisch Entgegengesetzten, wodurch Physik, Chemie und Technik groß wurden, muß vielmehr auch auf diesen höheren Gebieten betätigt werden.

36

Welcher Anatom aber legt seiner Darstellung die grundsätzliche Polarität des menschlichen Bauplanes zugrunde, wie sie z. B. zwischen Gehirnschädel und Gliedmaßenskelett, oder zwischen Lunge und Leber, Blut und Nerv besteht? Welcher Botaniker betrachtet die Polarität zwischen Wurzel, Blatt, Blüte, Frucht und Samen? Welcher Zoologe studiert die grundsätzlichen Verschiedenheiten zwischen Raupe und Imago, Polyp und Meduse, oder Insekt und Wirbeltier und sucht auf solche Weise in das verborgene Gesetz des Tier-Kreises einzudringen? Welcher Physiologe ist sich darüber klar, daß das menschliche Dasein bis in chemische Einzelheiten nur verständlich wird, wenn man von den Polaritäten Jugend (Embryonalzeit) und Alter, Schlafen und Wachen, Besonnenheit und Unbeherrschtheit etc. ausgeht?[1])

Statt dessen aber wird breit abgehandelt, was infolge einer gewissen Mechanisierung mit physikalisch-chemischen „Modellen" deutbar scheint: In der Physiologie der Ernährung z. B. die Kalorienwerte (der Mensch als Verbrennungsmotor), in der Physiologie des Kreislaufs z. B. die Gesetze der Hydrostatik und Hydrodynamik (der Mensch als Wasserleitung und Pumpwerk) etc. Aber schon der Embryologe kann mit solchen Vorstellungen nichts anfangen, weil er es mit der Frage nach den Ursachen der werdenden Organe und Funktionen zu tun hat, die allem mechanisch Deutbaren vorhergehen. Aus ähnlichen Gründen kann schließlich das meiste dessen, was in unseren physiologischen Lehrbüchern steht, auch dem praktischen Arzt nichts helfen, denn alles Heilen muß auf dieselben Kräfte zurückgreifen, welche in Embryonalzeit und Kindheit den Leib gestalten und ihn später mit Sensibilität und Motilität durchdringen, also auf ein gänzlich Unmechanisches und Unmaterielles.

Wie sich nun zeigen läßt, wirken aber im Menschenleben nicht nur verschiedene Kräftebereiche (Wesensglieder), die ihre Schwer-

---

[1]) In neuester Zeit macht sich hierin allerdings ein bedeutsamer Wandel bemerkbar, vgl. die Bände „Korrelation" im Handb. der norm. u. path. Physiologie, R. Ehrenberg, Theoretische Biologie, 1923, sowie auf anatomischem, zoologischem und botanischem Gebiete die Arbeiten von H. André, Böker, Bolk, Braus, Dürken, E. Jakobshagen, Fritz Klein, Arnim Müller, Troll etc.

punkte jeweils in bestimmten Körperregionen, Organen und Funktionen besitzen. Diese haben vielmehr Geschehensrichtungen, welche einander polarisch entgegengesetzt sind: Das Mineralisch-Tote ist der innere Gegenspieler des vegetativen Lebens; dieses der innere Gegenspieler des animalischen Bewußtseins; endlich das animalische, d. h. ichlose Bewußtsein der innere Gegenspieler des vollerwachten Selbstbewußtseins und der persönlichen Verantwortungskraft. Im Grunde ist die ganze Physiologie voll solcher Gegensätze: Einerseits wird Nahrung aufgenommen und körpereigene Substanz aufgebaut, andrerseits aber wird zugleich ausgeschieden und abgebaut. Wir atmen ein und aus, schlafen und wachen, zeigen Verjüngungs- und Alters-, Erwärmungs- und Abkühlungs-, Verflüssigungs- und Verhärtungsprozesse etc. Zu jedem Organe und Vorgang im Menschen könnten andere, entsprechende aufgefunden werden, die ihnen entgegengerichtet sind, und beseitigen, was jene aufbauten und umgekehrt.

Dennoch geht dadurch die Ganzheit des Menschseins nicht verloren. Sie wird vielmehr umso lebendiger, je mehr Kräftebereiche (Wesensglieder) in ihr tätig sind. Wahre, d. h. lebendige Ganzheit beruht nämlich nicht auf Gleichartigkeit und Spannungslosigkeit ihrer Teile, wie es für tote Ganzheiten, z. B. Maschinen gilt. Letztere verdanken ihren Bestand der inneren Gleichartigkeit und Einheitlichkeit, weil hier jeder „Widerspruch" die Vernichtung brächte.

Im Leblosen, Mechanischen und Intellektuellen ist mit Recht der „Widerspruch" verpönt. Die lebendige Wirklichkeit ist jedoch voller Widersprüche, ja, sie lebt geradezu aus der Kraft des „Wider-Sprechens" der von ihr umschlossenen Wesenheiten, Kräfte und Gesetzmäßigkeiten, wodurch sich im höheren Sinne erst der „Zusammenklang" als stets bedrohtes und stets wiederhergestelltes Gleichgewicht erzeugt. Daher sind auch Denken, Fühlen und Wollen eines wirklichen blutvollen Menschen voller Wider-Sprüche, die zugleich bedrohend und lebensschwanger wirken können. Ebenso sind menschliche Charaktere, Schicksale, Lebensläufe, sowie menschliche Gemeinschaften keine starren und abstrakten Ganzheiten, sondern lebensvolle Wesenheiten, die in sich das Wider-sprechende tragen, an ihm wohl zerbrechen, aber auch zur höheren Kraft erstarken können.

Nur der abstrakte Intellekt fürchtet diese Widersprüche, weil er an Stelle des Lebens den Mechanismus bzw. ein „widerspruchsfreies" Paragraphensystem setzen möchte. In der Angst vor dem Widerspruch, in letzter Hinsicht also vor dem eigenen persönlichen Schicksal, ist der letzte Grund zu suchen für jede mechanistische und materialistische Weltanschauung. Klinisch gesprochen wird dann in Form der „Neurose" der Widerspruch der verdrängten lebendigen Menschen gegen jeden solchen intellektualisierenden bzw. moralisierenden Zwang offenbar.

Damit ist zugleich der Zusammenhang von Krankheit und Heilung untereinander und mit dem Wesen des Menschen erkannt. „Leben " und „Gesundheit" sind nämlich keine stabilen Zustände, sondern höchst empfindliche Gleichgewichte, die immer wieder gewonnen, im Gewinnen verloren und wiedergewonnen werden müssen. Denn das Leben trägt den Tod, die Gesundheit die Krankheit, die Ganzheit die Zerstreuung, das Gestaltende das Zerstörende in sich. Je mehr daher ein Gebilde entgegengesetzte Kräftebereiche (Wesensglieder) umschließt, umso mehr muß es an seinen inneren Widersprüchen erkranken können, umso höhere Formen des Lebens und der Gesundheit entspringen dann aber auch der inneren Überwindung von Krankheit, Entartung und Zerfall.

An diesem Punkte ist klare Unterscheidung und strenge Begriffsbildung besonders nötig: Bei einem Mineral kann weder von „Krankheit" noch von „Gesundheit" gesprochen werden,[1]) denn Krankheit ist etwas grundsätzlich anderes als äußere Beschädigung, Gesundheit etwas anderes als störungsfreie Ruhe. In diesem Sinne können auch Pflanzen nicht eigentlich erkranken und gesunden. Werden sie nämlich durch klimatische Umstände geschädigt oder durch Insekten und Pilze äußerlich zerfressen, so liegt hier, wie sich leicht zeigen läßt, etwas grundsätzlich anderes vor als im Krankwerden des Menschen. Selbst bei Tieren, besonders bei den niederen, kann von Krankheit nur in sehr eingeschränktem

---

[1]) Im übertragenen Sinne redet der Praktiker freilich z. B. von der „Zinnpest" oder der „Müdigkeit" eines Stahles.

Sinne die Rede sein. Erst bei den höheren Tieren, besonders den Warmblütern, und hier wieder besonders bei den überzüchteten, in enger Lebens- und Seelengemeinschaft mit dem Menschen gehaltenen Haustieren beginnen dann die eigentlichen Krankheiten. Die Wurzel des Krankseins liegt nämlich dort, wo die Wurzel des Menschseins liegt: Im Ineinanderwirken entgegengesetzter Prozesse und Wesensglieder. Der Mensch erkrankt primär an Störungen seiner inneren Gleichgewichte. Diese Gleichgewichte sind „rhythmisch", deshalb sind die rhythmischen Systeme (Herz, Blutkreislauf, Atmung, aber auch Wachen — Schlafen) für die Gesundheit entscheidend und machen alle Arhythmien krank. Man kann daher erkranken an zu wenig und zu viel Schlaf bzw. Wachen, an zu wenig und zu viel Bewußtsein, zu wenig und zu viel Erinnern und Vergessen, zu starker und zu schwacher Entfaltung der materiellen, wie auch der Lebens- und Seelenkräfte, an zu starker und zu schwacher Atmung, bzw. Assimiliation, Dissimilation, Ernährung und Ausscheidung etc. Jede einseitige menschliche Konstitution (und jede Konstitution hat ihre Einseitigkeiten) ist daher, wie wir wissen, für ganz bestimmte Krankheiten disponiert[1]). Schließlich aber besitzt jeder einzelne Mensch seine höchstindividuellen „Krankheiten" und folglich auch „Gesundheiten", welche zu steuern Aufgabe des Arztes ist.

Ein vorurteilfreies Studium der Krankheitsphänomene ergibt ganz klar: Dieselben Kräfte und Prozesse liegen den Krankheiten wie den Gesundheiten zugrunde. Nur Richtung und Gleichgewicht sind verschieden. Daher kann jedem Krankheitsbild ein Gesundheitsbild zugeordnet werden und man muß auch von Gesundheiten im Plural sprechen.

Äußere Störungen (z. B. „Erkältungen"), Gifte und Bakterien sind daher immer nur die Veranlasser, die Krankheiten selbst aber muß der Mensch aus sich erzeugen. Krankheiten sind nämlich keine

---

[1]) Die Literatur darüber ist in raschem Wachsen. Man vgl. Die Biologie der Person, Handb. der allgem. u. spez. Konstitutionslehre, herausg. von Brugsch 1931. J. Bauer, Konstitutionelle Disposition zu inneren Krankheiten, 3. Aufl., Berlin 1924, E. Risak, Der klinische Blick, 2. Aufl. 1940.

bloßen Defekte, sondern schöpferische Tätigkeiten bestimmter Wesensglieder des Menschen, man denke z. B. an Tumoren, Fieber, Steinbildungen, Spasmen, Ausschläge, Sklerosen, Exsudate etc. Die krankheitserregenden Kräfte von Witterungen, Klimaten, Giften und Bakterien beruhen nur darin, daß in diesen Gebilden dieselben Kräftekonstellationen wirken, wie in den Krankheiten des Menschen. Nicht nur Giftpflanzen, sondern auch bestimmte Witterungen, oder Bakterienarten, ja selbst mineralische Substanzen (z. B. Metalle wie Cu, Hg, Fe, Ag) haben ihre ganz bestimmte „Physiognomik", wodurch sie durch „Ansteckung" die ihr entsprechende „Physiognomik der Krankheit" im Menschen anregen. Bakterien und Giftpflanzen, aber auch Witterungen sind in ihrer Einseitigkeit gleichsam verselbständigte und verobjektivierte Krankheitsformen und es ist wie z. B. beim Gähnen: Gähnen steckt an, d. h. die Geste eines Menschen überträgt sich auf seine Mitmenschen, — aber nur wer selbst Gähnen kann, wird davon ergriffen und infiziert. Wer dies begriffen hat, besitzt den Schlüssel zu Krankheit und Heilung.

Im Folgenden versuchen wir aus den Phänomenen die vier grundlegenden Kräftesysteme (Wesensglieder) des Menschen zu enthüllen. Stößt man hierbei auf uralte Erkenntnisse, so besagt das nichts gegen ihre Wahrheit, wichtig ist nur, daß man die alten Wahrheiten in neuer Weise, d. h. dem gegenwärtigen wissenschaftlichen Bewußtseinszustande gemäß findet und gründlich durchdenkt.

2. WACHEN UND SCHLAFEN

Um das Verständnis der sehr verwickelten Polaritäten des Menschenlebens zu erleichtern, schicken wir voraus, daß offenbar zunächst, im Zusammenhang mit Schlafen und Wachen, die Möglichkeit besteht, „Bewußtes" und „Bewußtloses" zu unterscheiden.

Bewußtsein ist dem Menschen mit den Tieren (zum mindesten mit den höheren) gemeinsam. Dies bedingt die Notwendigkeit, innerhalb des Bewußtseins die spezifisch menschliche ich-wache Form begrifflichen Denkens und moralischer Verantwortung zu unterscheiden von den mehr affekthaften und triebbedingten Bewußtseinsformen, die wir den Tieren (aber auch den Menschen in bestimmten Zuständen) zuschreiben müssen.

Bewußtlosigkeit ist dem Menschen gemeinsam mit dem Mineralisch-Leblosen, aber auch mit dem Pflanzenhaft-Lebendigen. Bewußtlos ist sowohl der Schlafende wie der Tote. Man kann also hier unterscheiden, was der Mensch als Leiche mit dem Mineralischen (Physik, Chemie) und was er als Schlafender mit der Pflanze teilt.

So ergibt sich, ausgehend von der Zweiheit bewußt-bewußtlos bzw. Wachen — Schlafen, eine Vierheit: Selbstbewußtsein (Durchgeistigtsein), Bewußtsein (Beseeltsein), Leben (Belebtsein), Tod (Leblossein). Die Kräfte (Wesensglieder), die sich in dieser Vierheit von Phänomenen spiegeln, sind nun im Folgenden herauszuarbeiten, wobei Einseitigkeiten in der Darstellung zunächst unvermeidbar sind und die ganze Komplikation des Ineinanderwirkens erst am Schlusse deutlich werden kann.

A) Spannung und Lösung

Das Phänomen des Schlafes (des Einschlafens und Aufwachens) kann in zweierlei Weise studiert werden: Objektiv an einem Mitmenschen und subjektiv an sich selbst. Beide Wege ergänzen einander, weil sie auf verschiedene Seiten des Phänomens hinblicken.

1. Der objektive Vorgang: Wir beobachten, etwa in der Eisenbahn, einen uns gegenübersitzenden Menschen. Erregt von den Vorbereitungen zur Reise kam er ins Abteil, sammelte sich dann allmählich und blickt nun gespannt in die vorüberziehende Landschaft. Haltung und Gesichtsausdruck verraten stärkste Aufgeschlossenheit gegenüber den Eindrücken der Umgebung. Allmählich aber beginnt diese Spannung nachzulassen. Der Blick schweift eigentümlich ins Leere und hält nichts mehr fest. Der Tonus der Muskulatur erschlafft: der Unterkiefer sinkt herab, die Augenlider schließen sich, der Kopf senkt sich auf die Brust und endlich fällt der ganze Körper schwer in sich zusammen und wird zum passiven Spielball des Rüttelns und Schüttelns der Eisenbahn. An die Stelle der früheren wahrnehmungs- und tätigkeitsbereiten

42

Aktivität und Weltzuwendung ist nun vollständige Passivität und Teilnahmslosigkeit getreten[1]).

Was nunmehr vor uns in der Ecke zusammengesunken sitzt oder liegt, ist einerseits ein massiges Ding, vergleichbar jedem Stein, andrerseits aber keineswegs leblos, sondern, wie die Pflanzen, von Ernährungs-, Wachstums- und Gestaltungsprozessen durchdrungen. Ja, wie sich beobachten läßt, erfahren diese Prozesse sogar im Schlafe eine deutliche Steigerung. Einerseits ist da zwar der Leib erschlafft, andrerseits aber breitet sich eine eigentümliche gelöste Zufriedenheit über das Antlitz aus. Besonders bei Kindern kann man beobachten, wie der schlafende Leib gleichsam vor Vitalität aufquillt, erblüht und sich, infolge vermehrter Durchblutung und Ernährung, rötet und erwärmt. Deshalb wird auch das Einschlafen durch alles befördert, was die vegetativen Leibesvorgänge anregt, also z. B. durch Nahrungsaufnahme.

Der vorurteilslose Beobachter der eben geschilderten Phänomene fühlt unmittelbar: Hier hat sich ein Etwas, eine Kraft oder Wesenheit zurückgezogen, die früher den Leib von innen her durchdrang und ihm sowohl die gestraffte Aktivität (Motilität) als auch die teilnahmsvolle Aufgeschlossenheit gegenüber der Umwelt (Sensibilität) verlieh. Diese Kraft hat den Leib gleichsam „fallen“ gelassen, so daß dieser nun ganz sich selbst, d. h. ausschließlich und sogar noch vermehrt den vegetativen Wachstums-, Ernährungs- und Regenerationsvorgängen überlassen ist. Die herkömmliche Physiologie spricht hier von einem Absinken der Erregbarkeit des Sinnes-Nervensystems[2]). Dies ist zwar durchaus richtig, selbst aber nicht primäre Ursache, sondern nur sekun-

---

[1]) Vgl. die zusammenfassenden Darstellungen von U. Ebbecke, Physiologie des Schlafes, Hdb. d. norm. u. path. Physiologie, Bd. 17, 1926, C. v. Economo, Die Pathologie des Schlafes, ebdt. Sante de Sanctis, Psychologie des Traumes, Hdb. d. vgl. Psychologie, herausg. v. Kafka, Bd. 3, 1922.

[2]) Auch die Reflexerregbarkeit des Rückenmarks ist im Schlafe vermindert, z. B. Hautreflexe, Sehnenreflexe, Kremasterreflex. Im Zusammenhang mit der herabgesetzten Erregbarkeit des Zentralnervensystems sind auch folgende Funktionen verändert: Herz schlägt langsamer, Atmung ruhiger und vertieft, Sekretion der Tränendrüsen, der Speichel- und Schleimdrüsen und Nieren vermindert, Bewegungen des Magen-Darmtraktes, sowie der Tonus der Blasen-

däres Symptom für die Trennung von zwei während des Wachens einander intensiv durchdringenden Wirklichkeiten. Das eintönige Schwingen und Summen der Eisenbahn hat aus dem menschlichen Leibe gleichsam etwas herausgelöst, wodurch dieser Leib auf einen pflanzenhaften Zustand herabsank.

Diese Trennung und Loslösung, welche oft einem Herausreißen ähnlich sieht, ist unter Umständen von einer ruckartigen Erschütterung bzw. einem Zusammenzucken des Körpers begleitet. Es kann dieses sowohl von einem Beobachter objektiv festgestellt werden, wird aber auch vom Einschlafenden selbst gelegentlich empfunden und kann dann zum Aufschrecken aus dem eben beginnenden Einschlafen führen.

Nennt man nun „körperlich-leiblich" dasjenige Prinzip, welches dem Menschen materielle Massigkeit bzw. pflanzenhaftes Leben verleiht, „geistig-seelisch" aber dasjenige Prinzip, welches ihn mit Empfindlichkeit und Beweglichkeit durchdringt, so geschieht offenbar im Einschlafen etwas wie eine „Entseelung" bzw. „Entgeistigung" des Leibes. Wie der Chemiker eine scheinbar einheitliche Substanz in ihre Komponenten zerlegt, so sind die Phänomene des Einschlafens ein großartiges Naturexperiment, welches die Gliederung des Menschen in eine geistig-seelische und eine körperlich-leibliche Komponente dem unvoreingenommenen Beobachter beweist. Hierdurch wird gleichzeitig auf den Einschnitt zwischen dem Mineral- und Pflanzenreich auf der einen, dem Tier- und Menschenreich auf der anderen Seite hingewiesen.

Dieser Einschnitt wird heute auch von denen zu wenig beachtet, welche dem Mineralisch-Leblosen zwar das „Belebte" und „Beseelte" entgegensetzen, Belebtheit und Beseeltheit aber einander

muskulatur herabgesetzt. Als Ursachen hierfür wird von der üblichen Physiologie bald Hypo- bald Hyperämie des Gehirnes, Anhäufung von Kohlensäure oder Ermüdungsstoffen im Blut, schließlich die Tätigkeit eines Schlafzentrums in Zwischen- und Mittelhirn angenommen. Alles dieses kann richtig sein, berührt jedoch nicht die eigentlichen Ursachen des Schlafens bzw. Wachens, denn diese müssen letztlich im selben Prinzipe gesucht werden, das der animalischen Organisation (z. B. Nerven-, Zirkulations- und Atmungssystem) überhaupt zugrunde liegt und sie vom Pflanzlich-Vegetativen grundsätzlich unterscheidet.

44

gleichstellen, wie es leider auch August Bier in seinem bedeutsamen Buche tut[1]). Studiert man aber die Vorgänge des Wachstums und der Ernährung (also des Vegetativen), so findet man hier nichts, was von ihnen zu Bewegung, Empfindung und Bewußtsein führen könnte. So wenig man durch eine Weiterführung der chemisch-physikalischen Prozesse zum pflanzenhaften Leben, so wenig gelangt man durch Fortführung der pflanzenhaften Lebensprozesse (Wachstum, Ernährung) zum Animalischen und Bewußtseinshaften.

Wie man diesen Unterschied begrifflich b e z e i c h n e t, ist nebensächlich, wichtig für Ärzte und Biologen ist nur, daß man ihn s i e h t.

Doch zurück zum Schlaf. Die bisher besprochenen objektiven Phänomene des Einschlafens werden nun ergänzt durch die des Aufwachens:

Unser Gegenüber fährt plötzlich empor, als der Zug am Bestimmungsorte hält, öffnet krampfhaft die Augen, blinzelt und sucht sich zu orientieren. Wie nämlich das Einschlafen („Herauslösen" und „Fallenlassen") eine gewisse, bei verschiedenen Personen und Konstitutionen sehr verschieden lange Zeit benötigte (bzw. bei Schlaflosigkeit hochgradig erschwert sein kann), so erfordert nun auch das Erwachen („Wiederhineindringen" und „Wiederergreifen") eine gewisse Zeit[2]). Erst nach und nach gelingt es nämlich dem Geistig-Seelischen wieder, den Leib von innen her gänzlich zu ergreifen, ihn der Schwere zu entreißen und zu straffen, bzw.

---

[1]) A. B i e r, Die Seele, München 1939, „Das Wesen der Seele ist Belebung". „Ich schreibe der Seele zwei kennzeichnende Merkmale zu, Reizbarkeit und zielstrebige Handlung". Daher spricht Bier auch den Pflanzen eine Seele zu.

[2]) Für das ärztliche Verständnis des Ineinandergreifens des Physisch-Körperlichen und des Geistig-Seelischen ist es wichtig, die konstitutionell und durch die Lebensweise bedingten Verschiedenheiten im Erwachen und Einschlafen zu beobachten. Erschwertes und verspätetes abendliches Einschlafen ist oft gekoppelt mit erschwertem und verspätetem morgendlichen Erwachen und kennzeichnet gewisse neurasthenische Typen. Während der normale Schlaf vor Mitternacht rasch zum einzigen, tiefen Schlafmaximum absinkt, kennzeichnet sich der gestörte Schlaf durch zwei oder mehrere seichtere Maxima, die sich oft bis weit in den Morgen ausdehnen. Es gibt Menschentypen, die rasch einschlafen,

ihn durch Empfindlichkeit und Beweglichkeit sinngerecht mit den Anforderungen der Umwelt zu verbinden. Wie daher das Einschlafen (als „Auszug" des Geistig-Seelischen) begleitet war von vermehrter Ausatmung und Herabsinken der Gliedmaßen, so ist nun das Aufwachen (als „Einzug" des Geistig-Seelischen) begleitet von verstärkter Einatmung, Gähnen, Recken der Gliedmassen. Freilich müssen die hier gebrauchten Begriffe „Einzug und Auszug", von jedem räumlichen Sinngehalt freigehalten werden, d. h. von allem, was abergläubischen Meinungen von einem „Seelen- oder Geiststoff" Vorschub leisten könnte[1]). Die exakten Begründungen dieser Verhältnisse aus dem Wesen des Raumes und der Materie sind zu finden in meinem Buche „Erde und Kosmos".

2. Der subjektive Vorgang: Er lehrt uns, in der Beobachtung des eigenen Einschlafens die Loslösung des Geistig-Seelischen vom Körperlich-Leiblichen unmittelbar und von innen zu erkennen, während für die objektive Beobachtung diese nur mittelbar und von außen aus den körperlichen Phänomenen erschließbar war. Der Arzt muß sich aber gerade auch in solcher Selbstbeobachtung

---

tief und ruhig schlafen, sowie rasch und früh erwachen, und andere Typen die schwer einschlafen, flach und unruhig schlafen, sowie morgens schwer und wenig erquickt erwachen. Bei manchen Menschen sind Schlafen und Wachen klar gesondert, bei anderen wieder vermischen sie sich oft bis zum „Tagträumen", das oft erst abends in „Arbeitsfieber" übergeht und einen entsprechend unruhigen Schlaf zum Gefolge hat. („Nyktopathen", nächtliches Aufschrecken, Auffahren, Schlafsprechen etc., vgl. W. Hellpach, Geopsyche, 5. Aufl. 1939, S. 174ff.). Beides, Überwachheit wie Verschlafenheit, sprunghafte wie verzögerte morgendliche „Inkarnation", können die ersten Keime bzw. Symptome von Krankheiten sein.

[1]) Was in medialen oder spiritistischen Sitzungen geschieht, mögen oft Geistbekundungen („Materialisationen", „Telekinesen" etc.) sein. Die „Spiritisten" sollten aber bedenken, daß sich in der menschlichen Embryonalentwicklung, sowie im allmorgendlichen Erwachen, ja, in jeder Gliedmaßenbewegung viel gewaltigere Geistoffenbarungen vollziehen, die zudem gesund und nicht pathologisch sind, wie alles was in jenen „Zirkeln" geschieht. Leider kennzeichnen solche „Zirkel" gerade unsere materialistische Zeit, die, unfähig das Übersinnliche in allem Körperlichen zu erblicken, es durch solche Experimente beweisen zu müssen glaubt.

üben, weil er hier viel vom Geistig-Übersinnlichen erfahren kann, wodurch sich ihm späterhin auch objektive physiologische und pathologische Befunde blitzartig erhellen.

Der subjektive Vorgang des Einschlafens ist besonders leicht zu beobachten beim flachen und kurzdauernden Einnicken nach dem Mittagessen bzw. abends, wenn wir bei großer Übermüdung z. B. einem wissenschaftlichen oder musikalischen Vortrage beiwohnen. In diesem Falle reißen wir zwar krampfhaft die Augen auf, vermögen aber trotzdem nichts mehr eigentlich wahrzunehmen und zu fixieren. Die Sehbilder erscheinen doppelt, und endlich löst sich alles wie im wogenden Nebel auf. In ähnlicher Weise entschwindet uns beim Zuhören, trotz aller Bemühungen, alsbald der Sinnzusammenhang eines schwierigen Vortrages, wir hören nur mehr Worte, bis endlich auch diese Worte nur wie aus großer Ferne herübertönen und verflattern und endlich das Bewußtsein in einem allgemeinen Rauschen vergeht. So löst sich im Einschlafen der während des Wachens scharf und klar gegliederte Sinnesteppich unserer Augen und Ohren auf. Er wird zunächst fern und verschwommen, beginnt dann hier und dort Löcher aufzuweisen, zusammenhanglos und fadenscheinig zu werden (Intermittenzen unseres Bewußtseins) und schließlich ganz im Grenzenlosen in einem allgemeinen Flirren, Flimmern und Wogen unterzugehen.

Wie das Gefüge des Sinnesteppich nach außen, so löst sich nun auch nach innen das Gewebe unseres Denkens, Vorstellens und Erinnerns auf. Es fällt uns immer schwerer, z. B. einen bestimmten Begriff in das Licht des Bewußtseins zu rücken, ihn dort festzuhalten und mit anderen Begriffen sachgültig zu verbinden. Es geht uns vielmehr nach und nach die aktive Herrschaft über unsere Erlebnisse verloren. Gleichzeitig verwandeln sich aber die bisherigen klar konturierten und starren Begriffe in bewegliche, verschwimmende, auf- und abflutende und sich ineinander verwandelnde Bilder. Nicht wir sind es aber, die diese Bilder erzeugen und beherrschen, sondern sie steigen wie von selbst aus unbekannten Tiefen oder Fernen auf und unser klares Ichbewußtsein wird vom Strome dieser Bilderwelt fortgespült.

In diesem Augenblicke haben wir die materielle Welt um uns und unseren eigenen materiellen Körper „verlassen", leben aber zunächst noch in einem eigentümlichen Zwischenbereich, welches auch bald versinkt, d. h. in den bewußtlosen Schlafzustand übergeht. Dieses Zwischenbereich ist der Traum. Bei den früher geschilderten Störungen der Schlaftiefe, kann dieses Zwischenbereich peinigend die ganze Nacht durchziehen. In kleinen oder größeren Perioden wechseln dann oberflächliches Einschlafen und halbes Erwachen wirre miteinander ab. Am deutlichsten ist dies bei gewissen Fiebern, Infektionskrankheiten und Intoxikationserscheinungen, wo wir dann morgens unerquickt und wie „gerädert" erwachen.

In diesen Zwischenzuständen ist unser Geistig-Seelisches weder vollständig vom Körper „gelöst", noch auch mit ihm so enge wie im Wachzustande verbunden. In unsere Träume spielen daher einerseits die Erinnerungen des Tagesbewußtseins, anderseits Wirkungen der Umwelt und unsere Leibeszustände hinein. Dieses alles aber wird nicht in beherrschter Sachlichkeit, sondern verzerrt, d. h. durch Triebe und Stimmungen bzw. Organzustände modifiziert erlebt: Gesteigerte Herztätigkeit oder Übererwärmung unseres Körpers im Bette erscheinen z. B. im Bilde einer Feuersbrunst, aus der wir uns angstvoll zu retten streben. Blähungen und Verdauungsbeschwerden können sich in den Beklemmungen einer engen Höhle und dem Verfolgtwerden durch ein Ungeheuer symbolisieren. Oder es spinnt sich um das Geräusch eines herabfallenden Gegenstandes ein ganzer Roman, der von aufregenden Kämpfen erfüllt ist und etwa mit einer großen Explosion endet.

Wesentlicher als die einzelnen, dem Bestande des Tagesbewußtseins und der Außenwelt entnommenen Bilder, ist der dramatische Verlauf des Traumes. Dieser kann so stark sein, daß es schließlich zu körperlichen Äußerungen (Stöhnen, Aufschreien, aus dem Bette springen bzw. zum Schlafwandeln) kommen kann. Ist umgekehrt die durch das Einschlafen bedingte geistig-seelische „Lockerung", und „Enthemmung" in Ausnahmefällen nicht von der entsprechenden körperlichen Erschlaffung und Bewegungslosigkeit, d. h. vom wirklichen Einschlafen begleitet, sondern ergreift sie den Körper und offenbart sich durch ihn nach außen so können tobsuchtähnliche Erregungszustände, verbunden mit mehr oder weniger vollständiger Desorientiertheit die Folge sein. Solches beobachtet man bei psychopathischen Kindern besonders vor dem Einschlafen, in Krankheitsdelirien, aber auch bei Berauschten und Übermüdeten, bzw. unter besonderen atmosphärischen Verhältnissen (Föhn, Frühlingsrausch, Tropenkoller). Die Kämpfe und Schlachten, die sonst nur in der Seelenwelt des Traumes geschlagen werden, greifen hier auf die physische Welt über.

Jedenfalls scheint im Traume eine unmittelbare schöpferische Gestaltungskraft des Geistig-Seelischen durchzubrechen, die sonst nur im künstlerischen Menschen zur Offenbarung gelangt, im nüchternen Tagesbewußtsein jedoch verschüttet ist. In einer intellektualisierten und technisierten Zeit wie der unsrigen, preßt sich nämlich das Geistig-Seelische tief in die Körperlichkeit des Menschen bzw. in die umgebende materielle Welt hinein. Es erblickt seine einzige Aufgabe darin, diese Welt mittels Sinnen, Maß, Zahl und Gewicht nachzubilden und zu beherrschen. So haben wir nur die Bilder der Außenwelt im Bewußtsein der Seele, nicht die Seele selbst. Wer daher in „introspektiver Selbstbeobachtung" in sich hineinblickt, schaut in einen wesenlosen Abgrund, aus dem sich ihm lediglich die Nachbilder der Außenwelt entgegenspiegeln und er kommt zum Ergebnis, „Seele" sei nur ein Bündel wirrer Sinneseindrücke und Erinnerungen, aber nichts Wesenhaftes.

Sobald sich jedoch unser Geistig-Seelisches aus der Verhaftung an die materielle Umwelt und an unsern Körper teilweise (wie im Traume), oder ganz (wie im tiefen Schlafe) löst, erwachen die wesenseigenen Urkräfte und Urbilder. Im Traume vermengen sich diese zwar noch mit den Erinnerungen des Tagesbewußtseins, im traumlosen Schlafe jedoch tritt ihr Eigenwesen unmittelbar hervor. Während nun freilich eben deshalb normalerweise jede Spur menschlichen Bewußtseins verlischt und es uns scheint, als wäre unser geistig-seelisches Wesen nachtsüber einfach ausgelöscht (weil wir unberechtigterweise „Wesen" und „Bewußtsein" gleichsetzen), entfaltet es vielmehr gerade dann eine intensive leibgestaltende Tätigkeit. In diesem Sinne kann man den menschlichen Leib einen „Traum" des Geistig-Seelischen nennen, einen Traum, der so mächtig und wesenhaft geträumt wird, daß er die Wachstumsprozesse der Organe ergreift und in bestimmte Bahnen lenkt. Verstärken wir im Sinne der eingangs erwähnten Meditationsübungen die Kraft unseres Bewußtseins, so verliert dieses seine Schattenhaftigkeit und es erwachen in ihm bewußt jene geistig-seelischen Urkräfte und Urbilder, die sich im gewöhnlichen Traume verzerrt, in der Leibesgestaltung aber in ihrer Wahrheit kundgeben.

In vorstehenden Ausführungen kann es leicht als Widerspruch erscheinen, daß sich das Geistig-Seelische im Schlafe einerseits aus dem Leibe „löst", anderseits aber gerade dann eine intensive Gestaltungstätigkeit am Leibe entfaltet. Solche scheinbaren Widersprüche hängen jedoch mit der Kompliziertheit der Sache und den Unzulänglichkeiten sprachlichen Ausdrucks zusammen und werden sich im Folgenden bald aufklären.

Aber ist es nicht überhaupt unwissenschaftlich, vom Geistig-Seelischen in anderem Sinne als von bloßen „Gehirnfunktionen" zu sprechen? Keineswegs! Und es ist möglich, hierfür eine Autorität wie August Bier zu berufen: „Wenn bestimmte physische Vorgänge, und zwar die höchsten, die Bewußtseinsvorgänge, zweifellos an das Gehirn gebunden sind, so ist das so zu erklären, daß die Seele zwar im ganzen Körper sitzt, daß das Gehirn aber das Hauptinstrument ist, auf dem sie spielt."[1]) Gehirn und Sinnesorgane sind also wohl Spiegelungsapparate für das Zustandekommen des Tages-

---

[1]) A. Bier, Die Seele, 1939. Ähnlich denken heute schon viele Kliniker und besonders die psychotherapeutischen Kenner der Neurosen. Auf diesem Gebiete erledigt sich der sog. „psychophysische Parallelismus" von selbst und die „psychophysische Wechselwirkung" wird unausweichlich. Vgl. den von O. Schwarz herausg. Sammelband: Psychogenese und Psychotherapie körperlicher Symptome, Wien, 1925 (zahlreiche Krankengeschichten!), auch G. R. Heyer, Der Organismus der Seele, 1937. — Aber auch sonst ist es für die Beurteilung des Wesens des Gehirns, und um sich von der Überschätzung dieses Organes freizuhalten, wichtig zu wissen, daß dieses Organ die einzelnen Körperfunktionen (z. B. Gehen, Sprechen, Verdauen, Ausscheiden) nicht selbst hervorbringt, sondern sie nur steuert und in gegenseitige nervöse Beziehung (Korrelation) bringt. Sämtliche Organe und Funktionen des Körpers sind auf das Gehirn, genauer auf die Großhirnrinde „projiziert", sie werden dort zusammengefaßt und haben Gelegenheit einander zu durchdringen. Dieser Synthese dient das Netzwerk der Neurofibrillen, die Verbindungen (Bahnungen)

bewußtseins, keineswegs jedoch die Schöpfer des Geistig-Seelischen selbst. Der Physiologe, der mit dem fertigen, weitgehend mechanisierten Sinnes-Nervensystem experimentiert, ist hier immer versucht falsch zu schließen, d. h. Wesen und Bewußtsein zu verwechseln. Der Embryologe hingegen muß radikaler fragen: Wodurch entsteht denn der Wunderbau dieses Nerven-Sinnessystems selbst, welches, einmal entstanden, das Bewußtsein ermöglicht? Und er ist bei vorurteilsfreier Beobachtung gezwungen, die Ursachen in einem Geistig-Seelischen zu suchen, das erst aus Weltgedanken das Gehirn wie den ganzen Leib bauen mußte, um dann mittels des Gebauten (Mechanisierten) bewußt denken (bzw. fühlen und wollen) zu können." Es ist richtig, daß die Gedanken, welche die Seele erlebt, Ergebnisse der Gehirntätigkeit sind. Aber die Gehirntätigkeit ist erst das Ergebnis der Geisttätigkeit der Seele. In der Verkennung dieser Tatsache liegt das Ungesunde der materialistischen Weltanschauung." (R. Steiner.) Deshalb muß der kindliche Leib bis zu bestimmten Entwicklungsstufen entfaltet sein, damit sich stufenweise jeweils ganz bestimmte Bewußtseinskräfte frei nach außen hin zeigen können[1]). Deshalb muß auch immer wieder der Schlaf dem Wachen folgen bzw. diesem vorhergehen.

Die Traumerlebnisse gehören also einem mittleren Bereiche zwischen Tagwachen und traumlosen Tiefschlafe an. In dieses Bereich fallen daher von beiden Seiten her Wirkungen. Von den Einwirkungen der Reize der Umwelt und körperlichen Innenwelt sprachen wir schon. Ein Schlaf von solchen alltäglichen Träumen durchzogen ist nicht besonders erholsam, weil hier nur das Tagesgetriebe weiterläuft. Es gibt jedoch auch andere „Träume". In ihnen spiegeln sich, wenn auch symbolisiert durch Bilder des Alltagsbewußt-

---

nach allen Seiten ermöglichen (Assoziationsgebiet). (Vgl. das Standardwerk von v. Monakow, Die Lokalisation im Großhirn und der Abbau der Funktion durch kortikale Herde, Wiesbaden 1914.)

Zum Problem „Gehirn — Seele" vgl. auch O. Feyerabend, Das organologische Weltbild, 1939, S. 117 ff.

[1]) Ausführlicher und mit Hinblick auf die Pädagogik habe ich dieses dargestellt im Buche: Der Mensch als Selbstgestalter seines Schicksals, 2. Aufl. 1940, S. 83 ff. Kap. „Woher kommt das Bewußtsein ".

seins, die Wirklichkeiten einer übersinnlichen Welt, der wir nun mit unserem eigenen Wesen ganz angehören. Aber wir „träumen" dann nicht im gewöhnlichen Wortsinne, sondern erleben etwas Unaussprechliches, zugleich aber tief Bedeutsames und Wunderbares. Es kann uns scheinen, als wären wir eingetreten in ein Reich wesenhafter Weltenmusikalität, Weltgedanklichkeit und Weltensprechen[1]). Nicht von außen aber und mit dem gewöhnlichen Wahrnehmen oder Träumen irgendwie vergleichbar, kommen diese „Töne, Worte und Gedanken" an uns heran, sondern wir werden innerlich von ihnen durchdrungen, wir leben in ihnen, ja sie bilden unser innerstes Wesen. In solchen seltenen Augenblicken fällt offenbar in unser Bewußtsein ein leiser Abglanz einer sonst verdeckten Welt, aus der heraus letztlich auch unser Leib Gestaltung und Kraft empfängt.

Nach dem Erwachen aus solchem Schlafe, kann es uns scheinen, als wären wir nachts noch in ganz anderer und unvergleichlich tieferer Weise mit der Natur, den Mitmenschen und unserem eigenen Wesen verbunden als während des Tages. In meinem Buche „Erde und Kosmos" wurde eingehend begründet, daß in der räumlich-materiellen Wirklichkeit, die wir meist als die alleinige und letzte Wirklichkeit halten, nur eine Grenzebene der umfassenden Welt vorliegt, innerhalb derer sich zwar die höheren, übermateriellen Wirklichkeiten abschatten („projizieren") und innerhalb derer auch unser eigenen Wesen zunächst zum vollen Bewußtsein gelangt, die wir aber nur zu Unrecht für die alleinige Wirklichkeit halten. Im Tagesbewußtsein bedient sich nun unser Wesen der materiellen Organe unseres Körpers, und verbindet sich dadurch mit dem engbegrenzten „Hier" eines geometrischen Ortes innerhalb des Raumes. Daher muß uns dann auch die Welt als räumliches Ordnungsgefüge materieller Körperdinge erscheinen, deren „Gegen-Ständen" wir äußerlich und fremd gegenübertreten. In früheren Zeiten nannte man diese Weltebene „natura naturata", d. h. Reich der erstarrten

---

[1]) Man denke an Richard Wagners „Tristan", an Novalis „Hymnen an die Nacht" und an den „Logos" Heraklits, in dessen Reich die Schlafenden leben. Vgl. auch die Traumsammlung von J. Ježower, Das Buch der Träume, 1928.

Produkte des überräumlichen und übermateriellen Weltenschaffens. Letzteres nannte man „natura naturans". Im tiefen Schlafe sind wir nun mit unserem eigenen Wesen in diese „natura naturans" eingebettet und während wir uns einerseits aus der Verhaftung an die körperlichen Organe und an die Hier-Gebundenheit unseres Standpunktes (d. h. aus dem Tagesbewußtsein) lösen, wirken wir anderseits, mit den Schöpfermächten der Welt vereint, erneuernd an den Organen unseres Leibes und bereiten diese dadurch zu neuem Wachen vor.

Gedanken wie die eben ausgesprochenen müssen freilich dem üblichen wissenschaftlichen Denken phantastisch erscheinen. Dies ist aber doch nur der Fall, weil dieses Denken obige Gedanken zuerst im grob-materialistischen Sinne mißversteht, um sie nachher zu belächeln. Man darf nämlich nicht glauben, die übersinnliche Kräftewelt, davon wir einen Teil in unserem eigenen Wesen tragen, sei etwas „Stoffliches" und irgendwie im räumlichen Sinne von der Körperwelt „abgetrennt". Wie in meinem Buche „Erde und Kosmos" dargetan, ist sie vielmehr überall, d. h. durchdringt als übermaterielle und überräumliche Wirklichkeit die ganze räumlichmaterielle Körperwelt. Unser Tagesbewußtsein kann freilich diese Wirklichkeit deshalb nicht erblicken, weil es sich lediglich körperlicher Organe (Sinne, Gehirn, Nerven) bedient und diese Organe selbstverständlich nur auf Eindrücke ansprechen können, welche mit ihnen gleicher, d. h. ebenfalls materieller Natur sind.

Aufwachen und Einschlafen sind also totale Richtungs- und Beziehungswechsel des Geistig-Seelischen zum Physisch-Leiblichen. In seltenen Fällen kann es gelingen diesen Vorgang, der zumeist schon jenseits der Bewußtseinsschwelle liegt, in symbolischen Träumen zu erhaschen. Wir schildern im Folgenden einige solcher „Aufwacherlebnisse".

Jemand träumt, er gehe über eine weite lichtvolle Ebene. Plötzlich sieht er vor sich einen hohen runden Turm aufragen. Dieser Turm hat weder Türen noch Fenster. Als er aber emporblickt, bemerkt er doch hoch oben ein vergittertes Fenster. Dieses Fenster hat es ihm angetan! Wundersam klettert er an der glatten Mauer empor und versucht zunächst mit dem Kopf voran einzudringen. Es geht nicht; und nun beginnt ein seltsames Bemühen in den abenteuerlichsten Stellungen, kopfüber-kopfunter, bis es endlich doch gelingt mit den Beinen voran einzudringen und schließlich auch den Kopf durch die Gitterstäbe hindurchzuzwängen. — Da erwacht der Träumer mit dem Gefühl dumpfer Kopfschmerzen!

Der Sinn des Traumes ist klar: Der Turm ist, wie auch in vielen Märchen und Mythen Bild des menschlichen Körpers, sein oberes, durchfenstertes Ende der Kopf mit den Sinnesorganen. Das geistig-seelische Menschenwesen erlebt seinen Leib von außen und erfährt die Schwierigkeiten, diesen Leib wieder zu ergreifen und zu durchdringen im Bilde der eben geschilderten abenteuerlichen Bemühungen. Wahrscheinlich ist es überhaupt nur den Widerständen zu verdanken, welche der von Dumpfheit benommene Kopf dem Erwachen entgegenstellte, daß sich dieser Vorgang hier ausnahmsweise als Traum ins Bewußtsein hereinspiegeln konnte.

Ein anderes Aufwacherlebnis: Jemand erlebt sich schwebend in lichtvollen Weiten. Bald aber bemerkt er unter sich etwas Dunkles, Wogendes wie ein Meer. Schon fühlt er sich wie von einem Sturm erfaßt, bis zum Schwindel herumgewirbelt und schließlich vom brausenden Meere angesogen und verschlungen. Da erwacht er. — Bei diesem Traume scheint das dunkle, brausende Meer auf den Blutstrom des menschlichen Körpers (der sich auch bei Tage leicht als Brausen im Ohre vernehmbar macht), der Wirbelsturm aber auf die Atmung hinzudeuten, zumal wir wissen, wie nahe Einatmung und Erwachen (z. B. beim Neugebornen), Blutkreislauf und menschliches Selbstgefühl (z. B. bei Affekten, bei Erröten und Erblassen) zusammenhängen.

Ein verwandtes, besonders schönes Aufwacherlebnis ist folgendes: Jemand fühlt sich von Wasserströmungen ergriffen. Das Brausen wächst und steigert sich schließlich zu einem ungeheuern musikalischen Tönen. Er sinkt immer tiefer bis er schließlich zwischen die weit geöffneten Schalen einer Riesenmuschel gerät, die sich um ihn wie um eine Perle donnernd schließen, — wodurch er erwacht. — Dieser Traum macht ein altehrwürdiges Mysterienbild verständlich: Der menschliche Körper als Muschelschale, das lichtvolle Geistwesen als Perle[1])!

Die seltsamsten Aufwacherlebnisse aber sind die, wobei der Mensch sich schwebend über seinem eigenen bewegungs- und empfindungslos daliegenden Körper erlebt. Er schaut in voller Deutlichkeit, ja in Überwachheit auf diesen Körper wie auf ein fremdes Ding herab, ja er kann sogar unter besonderen Umständen die ganze Umgebung wahrnehmen. Solange dieser Zustand währt, fühlt man keine leiblichen Schmerzen (z. B. Zahn-, Kopf- oder Wundschmerzen), die aber sogleich auftreten, wenn man sich mit seinem Leibe wieder vereinigte.

In solchen seltenen Fällen besitzt der Mensch ein leibfreies, übersinnliches Bewußtsein vor dem Ergreifen seiner Körperlichkeit, ja letztere kann dem Ergreifen und dadurch dem eigentlichen Erwachen starken Widerstand entgegensetzen (Gefühl lähmender Starrheit). Wer jemals solche Erlebnisse hatte, weiß nun nicht nur um die Wirklichkeit eines Geistig-Seelischen, sondern auch um die Möglichkeit eines von Gehirn und Sinnesorganen unabhängigen Bewußtseins. Die eingangs besprochenen Meditationsübungen R. Steiners lehren aber, ein solches Bewußtsein zu entwickeln, unabhängig von solchen seltenen und immerhin pathologischen Zuständen, also inmitten des Tages und in voller Freiheit.

Schließlich sei noch bemerkt, daß sich die einzelnen Körperregionen und Seelenkräfte zum Aufwachen und Einschlafen verschieden verhalten. Es hängt dies zusammen mit der später zu be-

---

[1]) Vermischen sich derartige und andere Traumerlebnisse mit dem Tagesbewußtsein, ja greifen sie sogar unmittelbar in die Bewegungen und das Verhalten des Körpers ein, so kommt es zu Somnambulie bzw. Psychopathie. Der Wahnsinnige kann dasselbe erleben wie der Träumer bzw. der ins Übersinnliche Eingeweihte, er trägt es aber infolge seiner gestörten Organisation herein in den physisch-materiellen Alltag, er „träumt mit offenen Augen", ja beginnt seine Traumgebilde (z. B. Angst- und Kampfträume) sogar physisch zu verwirklichen (Agressivität, Verfolgungswahn etc.). Weiteres darüber bei C. v. Economo, Pathologie des Schlafes, Hdb. d. norm. u. path. Physiol., Bd. 17, 1926.

sprechenden Polarität und Dreigliederung des Menschenwesens. Wir beobachten nämlich folgendes: Beim Einschlafen liegen meist schon unsere Gliedmaßen totmüde im Bette und unser Bewegungswille ist schon längst erloschen, aber der Kopf ist noch wach und wehrt sich oft gegen das Einschlafen mit chaotischen Zwangsgedanken, Sorgen und Erinnerungen. Beim Erwachen ist es umgekehrt. Da zeigen unsere Glieder schon Beweglichkeit, wir strecken und dehnen uns, ja es kann bei bestimmten Menschen bereits einige Zeit vor dem Erwachen ein eigentümliches Zucken der Extremitäten, besonders der Beine auftreten. Der Kopf aber liegt noch in tiefer traumhafter Benommenheit.

Das Erwachen beginnt also in der Peripherie des Leibes, besonders in den Gliedmaßen und bewegt sich von dort nach und nach gegen den Kopf hin. Es hebt also an als dumpfer, schlafverwandter Bewegungsdrang und Wille und leitet über gefühlsähnliche Zustände hinüber zur vollen Bewußtheit des Wahrnehmens und Denkens. Denselben Weg durchläuft auch die Bewußtseinsentwickelung des Säuglings und Kleinkindes: Periphere körperliche Beweglichkeit ist das erste und viel später werden dann die zentraleren und zugleich ichbewußteren Stufen erklommen. Umgekehrt verläuft der Weg des Einschlafens bzw. die „Lösung" des Geistig-Seelischen, wie sie sich beim dahinwelkenden Greise vollzieht: Da ist der periphere Bewegungswille des Körpers und der Gliedmaßen schon längst erloschen, aber der Kopf ist noch wach und „Gedanken und Erinnerungen" sind das letzte, womit unser Tages- wie unser Lebenslauf endet.

Der Rhythmus von Schlafen und Wachen gleicht einem großen Atemholen, das sich (wie Lungenatmung und Herzschlag) erst im Laufe von Kindheit und Jugend einschaukelt. Denn dieser Rhythmus hängt ab vom jeweiligen Gleichgewichte des Körperlich-Leiblichen zum Geistig-Seelischen. In der ersten Jugend steht im Vordergrund die Leibwerdung. Das Wachen tritt daher, je mehr wir uns der Geburt nähern, an Quantität und Qualität zurück und verschwindet vollkommen in der Embryonalzeit. Mit der schrittweisen Vollendung der Leibwerdung entwickelt sich umgekehrt das Wachen und beim Erwachsenen verlegt sich der Schwerpunkt von der Leibwerdung auf die Bewußtwerdung[1]). Man kann dann dumpfe, mehr der Verdauung zugeneigte und hellwache, mehr vom Nerven-Sinnessystem bestimmte Konstitutionstypen unterscheiden.

Der Rhythmus von Wachen und Schlafen zeigt aber auch das verschiedene Verhältnis des Körperlich-Leiblichen zum Geistig-Seelischen, wie es kosmisch kennzeichnend ist für verschiedene Witterungen, Jahreszeiten und Klimate, geschichtlich aber für bestimmte Kulturen und Epochen. Wir wissen heute, daß altvergangene Zeiten noch nicht die Schärfe der Sinnesbeobachtung und des Verstandesdenkens hatten, wie sie Voraussetzung moderner Naturwissenschaft und Technik sind. Verglichen mit unserem Bewußtsein müssen jene Bewußtseinsformen „traumhaft" genannt werden. Es stand daher auch nicht die räumlich-materielle, sondern eine geistig-seelische Welt im Vordergrunde des Tagesbewußtseins. So konnte sich die „Lösung" des Einschlafens leicht vollziehen, denn die Schwelle zwischen Wachen und Schlafen war noch nicht so schroff wie heute.

Heute ist das „Atmen" von Schlafen und Wachen gestört, weil unser Geistig-Seelisches allzu einseitig der körperlich-materiellen Welt verhaftet ist. Schlaflosigkeit breitet sich heute, unabhängig von besonderen Krankheiten, als „epidemische Zeitkrankheit" aus und wird selbst zur primären Ursache verschiedenartigster Krankheiten. Die Disposition hierzu liegt in allen Menschen unseres technisch-intellektuellen Zeitalters.

Der Materialismus ist die tiefste Wurzel der Schlaflosigkeit! Einschlafen ist nämlich gewissermaßen ein Akt realer Religiosität und Spiritualität. Darunter dürfen freilich nicht äußerliche Bekenntnisse verstanden werden, sondern die reale Rückanknüpfung des Geistig-Seelischen des Menschen an das Göttlich-Geistige des Weltalls. Solange ein ahnungsvolles Wissen hiervon noch das menschliche Tagesbewußtsein durchdrang, lebten in diesem noch die Brücken, die abends zum Einschlafen hinüberführen konnten. Heute sind diese Brücken abgebrochen und sogar die letzten traditionellen Reste lösen sich auf. Daher scheint heute

---

[1]) Dies ist ausführlich dargestellt in meinem Buche: „Der Mensch als Selbstgestalter seines Schicksals, 3. Aufl. 1940, S. 50 ff.

der Schlaf (wie der Tod) den Menschen ins Nichts zu führen. Er wird daher von unbestimmter Angst befallen, wenn der feste Boden unter den Füßen sowie sein selbstsicheres Ichbewußtsein vergeht. Jahrhunderte haben wir das „Aufwachen" ins Körperlich-Materielle und Intellektuelle geübt, — — nun sind wir darin so fest verhakt, daß es uns immer unmöglicher wird hier „loszulassen" d. h. einzuschlafen. Verhärtete, verstopfte, spastische und intellektualisierte Konstitutionstypen zeigen dies besonders stark.

Die Therapie der Schlaflosigkeit darf daher nicht symptomatisch, sie muß vielmehr konstitutionell sein, d. h. sie muß auf die Anregung des atmenden Rhythmus beider Richtungen menschlichen Wesens bedacht sein. In letzter Hinsicht wird sie daher nicht nur den körperlichen Menschen, sondern auch die ganze Art seines Bewußtseins, seines Denkens und seiner Lebensführung, seiner Moralität und seiner Weltanschauung berücksichtigen müssen.

An diesem Punkte wird die universale Bedeutung der Ärzte aber auch der Erzieher deutlich. Das Einschlafen setzt nämlich die Kraft selbstloser Hingabe voraus, diese aber wiederum die Gewißheit, daß wir im Schlafe nicht in einem dunklen Abgrund versinken, sondern sowohl mit unserem Körperlich-Leiblichen wie mit unserem Geistig-Seelischen von einer Welt überragender Weisheit, Liebe und Schöpferkraft aufgenommen werden. Dann aber gilt Folgendes: Jede spirituelle Erkenntnis und jede lieberfüllte Tat, die wir im Tageslaufe uns erarbeiten, ist zugleich eine Brücke zum Schlafe und damit zum Rhythmus der Gesundheit, jeder materialistische Gedanke und jeder haßerfüllte Egoismus aber ein Weg zur Schlaflosigkeit und Krankheit.

In der Narkose bzw. beim Gebrauch gewisser Schlafmittel beobachten wir wohl den Eintritt von Bewußtlosigkeit, es fehlt hingegen meist nach dem Erwachen die Erfrischtheit des normalen Schlafes. Dies macht darauf aufmerksam, daß offenbar „Bewußtlosigkeit" nicht mit „Schlaf" gleichgesetzt werden darf. Viele Schlafmittel blockieren wohl auf chemischem Wege (Lipoidsubstanzen des Großhirns!) die Organe des Bewußtseins, so daß Bewußtlosigkeit eintritt, fördern aber als solche noch

58

nicht die Aufbauprozesse[1]). Letztere werden höchstens indirekt begünstigt, weil wenigstens die aufreibenden Seelenerlebnisse einer schlaflosen Nacht vermieden werden. Hierin liegt eine gewisse symptomatische Berechtigung der Schlafmittel. Die Heilung des gestörten Gleichgewichtes der menschlichen Wesensglieder wird freilich nicht erreicht, ja durch Beseitigung des Symptoms der Schlaflosigkeit eher erschwert.

B) Abbau und Aufbau

Der handwerkende Mensch besitzt zwei Möglichkeiten, in die Außenwelt einzugreifen: 1. Er kann sich ein Stück Materie zueignen, um es in bestimmter Weise zu formen. Dann senkt sich seine Kraft ganz in die Gestaltung dieses Stückes hinein und es wird etwas organisiert und aufgebaut. 2. Er kann aber auch, nach stattgefundener Formung, durch das Geformte als Werkzeug in die Umwelt wirken. Dann wird zwar in letzterer etwas geschaffen, das Werkzeug selbst aber wird beansprucht und dadurch abgebaut. Beide Tätigkeiten schließen einander aus und zwar muß die erste, wenigstens bis zu einem gewissen Grade, vollendet sein, ehe die zweite anhebt. Aber die erste muß auch wieder auf die zweite folgen, wenn durch den Gebrauch das Werkzeug schadhaft wurde.

Dieses einfache Beispiel beleuchtet den Zusammenhang des Geistig-Seelischen mit dem Körperlich-Leiblichen im Schlafen und Wachen. Im Schlafe ist nämlich dieser Zusammenhang nicht vollständig unterbrochen. Er verändert vielmehr, tiefer betrachtet, nur seine Richtung. Unsere bisherigen Betrachtungen sind daher einseitig und bedürfen der folgenden Ergänzung:

Die Beobachtung ergibt nämlich, daß auch der schlafende bzw. embryonale Leib kein bloßer pflanzenhaft vegetativer Organismus

---

[1]) Dies hat zuerst ausgesprochen M. Verworn (Die Narkose, 1912, u. Allgem. Physiologie, 1909). Ihm widersprach jedoch Winterstein (Die Narkose, 1919). Sicher ist heute aber, daß nach Gebrauch von Schlafmitteln das Erwachen erschwert ist und oft längere Zeit eine gewisse „Benommenheit" herrscht (Economo, Hdb. d. norm. u. pathol. Physiol., 1926, Bd. 17). Bei starken Schlafmitteln ist ein Erwecken erst möglich, wenn sie zerstört bzw. ausgeschieden wurden. Dies ist ein Wesensunterschied zwischen normalem und künstlichem Schlafzustand.

ist, denn im Schlafe (besonders im Schlafe der Kindheit und im Tiefschlaf der Embryonalzeit) wird die menschliche Organisation zumal auch in den Teilen ausgebildet, welche die Funktionsträger ues späteren Bewußtseins sind (Gehirn, Nerven, Sinnesorgane). Sich selbst überlassene, rein pflanzliche Lebenskräfte könnten dieses niemals vollbringen. Vollbringen sie es dennoch, so müssen ihnen offenbar die leitenden Urbilder zu ihrer organisierenden Tätigkeit aus einem höheren Bereiche zuströmen und dieses Bereich ist eben das geistig-seelische Menschenwesen. Dieses bereitet sich also während der Embryonalentwicklung, sowie im Schlafe, eine solche körperlich-leibliche Organisation nach innen zu, mittelst deren es dann später nach außen die Bewußtseinsfunktionen (Sensibilität und Motilität) entzünden kann.

Die unterschiedliche Wirksamkeit des Geistig-Seelischen im Wachen und Schlafen kann daher folgendermaßen charakterisiert werden (vgl. Abb. 1):

1. Das Wachen. Hier greift das Geistig-Seelische einerseits intensiv in das Körperlich-Leibliche ein, dringt aber zugleich durch dessen Sinnes- und Bewegungsorgane hinaus zur Umwelt und verbindet den Menschen im bewußten Erkennen und Handeln innig mit dieser[1]). Hierdurch wird die Vitalität des Leibeslebens bis zu

---

[1]) Dies kennzeichnet das normale Erwachen. Die körperlichen Organe (Sinne, Nerven, Muskeln etc.) erweisen sich hierbei „durchlässig" für das Eingreifen und Hindurchwirken des Geistig-Seelischen. Ist jedoch diese Durchlässigkeit (meist infolge „Deformation" bzw. Erkrankung der Organe) gestört, so „staut" sich das Geistig-Seelische in den Organen und es kommt zu Krampf bzw. Schmerz. Verkrampfte Menschen verfügen zwar oft über bedeutende Energien, sie verhaken sich dann aber, bleiben in der bloßen Bereitschaftsspannung und finden nicht den Weg zur tätigen Lösung nach außen. Im „Krampf" zerstören dann dieselben Energien (z. B. motorische Impulse) schmerzvoll die Organe, die bei gelöster Funktion durch die Organe hindurch lustvoll nach außen wirken sollten. Krämpfe sind partiale oder totale „Fehlinkarnationen"; sie stellen sich daher besonders leicht beim morgendlichen Erwachen ein, (z. B. Wadenkrämpfe, Epilepsie) bzw. werden durch Aufregungen oder plötzliche Bewegungen gefördert. In solchen Fällen ist es für den Arzt wichtig, die Physiognomik, besonders die Schädelkonfiguration (Epileptiker!) zu beobachten, aber auch an bestimmte Unzulänglichkeiten innerer Organe zu denken. Richtet sich das Bewußt-

einem gewissen Grade zurückgedrängt (abgebaut) und an die Grenze des Krankwerdens herangeführt. Tagsüber ist das geistig-seelische Menschenwesen sich selbst und den in ihm wirkenden Urbildern der menschlichen Organisation entfremdet, weil es gänzlich mit den Abbildern der umgebenden materiellen Welt erfüllt ist. Vergegenwärtigt man sich die Fülle flirrender und lärmender Sinneseindrücke, sprunghafter und hastiger Zweckgedanken und schließlich die zwischen Sympathie und Antipathie hin- und hergerissenen Gefühle und Strebungen, welchen besonders der moderne Städter ausgesetzt ist, so erkennt man unschwer: Dieses ganze Bewußtseinschaos ist nicht imstande den menschlichen Leib aufzubauen und zu erneuern, sondern wirkt umgekehrt abbauend und zerstörend und das umsomehr, je tiefer sich die Erlebnisse des Tagesbewußtseins nach innen in die Organisation hineinsenken. Ja, man kann geradezu sagen: Das Sinnes-Nervensystem hat zwar einerseits die Aufgabe, uns mit der Umwelt zu verbinden, andrerseits fängt es aber zugleich wie ein Spiegel die Eindrücke der Umwelt auf, spiegelt sie zurück, macht sie bewußt und verhindert dadurch, daß sie in tiefere Schichten hinabwirken.

Trotzdem durchstoßen noch genügend viele Tageserlebnisse diesen „Bewußtseinsspiegel". Es sind dies besonders die stark gefühls- und affektbetonten Erlebnisse, weil Gefühle an sich selbst schon den halb- und unbewußten Tiefenschichten unseres Wesens und damit auch den leiblichen Vorgängen näher stehen als Wahrnehmungen und Gedanken. Das menschliche Bewußtsein hat die Aufgabe, die Tageserlebnisse zu „verdauen" und sie dadurch zu bewältigen. Ist dies in richtiger Weise geschehen, so können sie „vergessen" werden, d. h. sich mit den tieferen leibesnahen Schichten unseres Wesens verbinden, ohne zu schaden. Geschieht dies nicht, sei es weil unsere Bewußtseinskraft zu schwach ist, oder wir gar absichtlich unangenehme Er-

---

sein in Angst oder Erwartung auf die verkrampften Organe, so verstärkt es den pathologischen Zustand. Ablenkung vom eigenen „Ich" auf die Umwelt, sinnvolle Übungstherapie, Wärme, Musik, bestimmte Medikamente und Massagen hingegen entspannen.

lebnisse verdrängen, so bleiben diese „unverdaut" liegen, sie bedrücken, beängstigen, ja vergiften — — genau so wie unbewältigte Nahrung. Es ist bekannt, welche verheerenden Folgen hinuntergewürgte Kränkungen und Enttäuschungen, aber auch Schrecken, Ekel und Ängste bis in physiologische Organfunktionen (besonders Atmung, Herzschlag, Verdauung, Menses) zeigen können, und das, je vollständiger und frühzeitiger sie vergessen wurden. Besonders die Kindheitseindrücke sind hier ausschlaggebend, wie uns die Psychotherapie und die Lehre von den Organneurosen zeigen.

Hieraus ist nun die Bedeutung der Tatsache zu ermessen, daß nicht nur während des Schlafes, sondern auch im Wachen ein großer Teil der menschlichen Organisation normalerweise den Bewußtseinsfunktionen, d. h. den unmittelbaren Eingriff der Eindrücke der Außenwelt entzogen, also in dauerndem Schlafe ist. Es ist dies, im Gegensatz zum „oberen" mehr vom Nerven-Sinnes-System beherrschten und nach auswärts gewandten Menschen, der „untere" mehr von den Ernährungs-, Stoffwechsel- und Gestaltungsvorgängen beherrschte, nach innen gewandte Mensch[1]). Hiermit ist zugleich auf die später ausführlich zu besprechende Polarität bzw. Dreigliederung des Menschen hingewiesen. Bei bestimmten, besonders den sog. „hysterischen Typen", sind diese Bereiche nicht klar gesondert, weshalb hier einerseits die Neigung besteht, normalerweise unbewußte physiologische Organvorgänge ins Bewußtsein heraufzuspiegeln, wodurch die Sachlichkeit des Erkennens und die Nüchternheit des äußeren Handelns verwirrt wird, andrerseits die Eindrücke des Tagesbewußtseins die organisch-physiologischen Vorgänge ergreifen. Es können dann z. B. sogar schwangerschaftsähnliche Symptome produziert werden.

In keiner Weise enthält also die dem Tagesbewußtsein erschlossene sinnlich-materielle Außenwelt die wahren Ursachen und Ur-

---

[1]) Selbstverständlich durchdringen beide Systeme den ganzen Menschen. Nerven und damit die Möglichkeit von Bewußtsein breiten sich auch z. B. in Darm und Leber, Ernährungsvorgänge auch in Auge oder Gehirn aus, nur haben sie jeweils ihren anatomischen und physiologischen Schwerpunkt hier bzw. dort. Auf diese Polarität wies zuerst R. Steiner hin in seinem Buche „Von Seelenrätseln", 1921.

bilder der menschlichen Organisation, vielmehr sind darin die Zerr-
bilder alles Abbauenden, Hemmenden und Zerstörenden wirksam.
Im Wachzustande ist daher sowohl das geistig-seelische wie das
körperlich-leibliche Menschenwesen in einem Zustande der Selbst-
entfremdung. Wir pressen da eine fremde und feindliche
Umwelt sowohl in unser Körperlich-Leibliches als in
unser Geistig-Seelisches hinein. Besonders natürlich im
Nerven-Sinnessystem unseres Kopfes, von dort aber hinabwirkend
in unsere ganze Organisation, wird also im Wachen unser Leib mit
den abstrakten Gedanken und Sinneseindrücken wie „austape-
ziert" und dadurch verhärtet, wodurch freilich anderseits die Möglichkeit wachen, freien Bewußtseins entsteht[1]).

In diesen Zusammenhängen wurzelt das Wesen der „Ermüdung",
d. h. das Bedürfnis, sich von dieser Umwelt zu lösen und einige Zeit
ganz dem Innen- und Eigenwesen zu leben, d. h. zu schlafen. In
gewisser Hinsicht schlafen wir nicht ein, weil wir müde sind, sondern wir sind müde, weil wir einschlafen, d. h. uns zurückziehen
wollen. Daher veranlaßt z. B. mangelndes Interesse an einer Sache
„Gähnen" bzw. „Einnicken", usw.

2. Das Schlafen. Sobald sich das Geistig-Seelische aus den
Organen des Bewußtseins (also besonders aus dem Sinnes-Nervensystem) zurückzieht, beginnen diese aufzuleben, gesteigerte Wachs-
tums-, Regenerations- und Aufbauprozesse zu zeigen, d. h. zu
schlafen. Das Geistig-Seelische selbst ist aus der Verhaftung mit
den Sinneseindrücken der Umgebung gelöst und seinem eigenen
und dem ihm verwandten Wesen einer geistig-seelischen Welt hingegeben. Es sitzt nun nicht „mittelpunkthaft" geballt im Körper
(besonders im Zentralnervensystem) und verbindet diesen durch
die zentrifugalen Bewußtseinsfunktionen mit der materiellen

---

[1]) „Wir versetzen fortwährend Totes in das Lebendige indem wir Bewußtsein entwickeln; und je bewußter wir werden, desto mehr pressen wir in unsern
lebendigen Menschen einen toten hinein ... Der Schlaf hat dann die Aufgabe,
die toten Einschlüsse wieder aufzulösen, bis auf gewisse Reste die da bleiben
und dem Gedächtnis zugrunde liegen. Würde alles durch den Schlaf aufgelöst,
so würden wir kein Gedächtnis haben." (R. Steiner.) Was nicht aufgelöst wird,
sind besonders die Ganglienzellen des Gehirns die zeitlebens teilungsunfähig
und maximal durchstrukturiert verharren.

Umwelt, sondern es umfaßt ihn gleichsam von der Peripherie und strahlt in zentripetaler Richtung die leitenden Urbilder für die vegetativen Ernährungs- und Aufbauprozesse des Leibes in diesen herein. Die Ausdrücke „Mittelpunkt" und „Peripherie" dürfen hier freilich nur als Gleichnisse zur Veranschaulichung zweier grundsätzlich verschiedener Wirkungsrichtungen des Geistig-Seelischen verstanden werden. (Vgl. Abb. 1.)

Vorurteilsfreier Betrachtung ist es klar, daß die Form des menschlichen Körpers im ganzen wie im einzelnen nicht in den chemisch

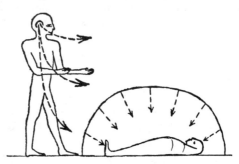

Abb. 1

Die Wesensrichtungen des Wachens und Schlafens. (Zugrundegelegt sind altägyptische Darstellungen.)

physikalischen Kräften der Umwelt, sondern in einer „Geistgestalt" wurzelt, deren Hineinbildung in die materielle Leibgestalt der Inhalt der Embryonalentwicklung bzw. der Erneuerungsvorgänge des Schlafes ist. Soferne also der menschliche Leib wacht, hat er zur Umwelt die materiellen Dinge und steht ihren Einflüssen durch die Sinnesorgane offen. Er wird dadurch verhärtet, abgebaut und an die Grenze der Erkrankung herangeführt (Ermüdung). Soferne er aber schläft, hat er gleichsam zur „Umwelt" ein Geistig-Seelisches und empfängt daraus die Urbilder, welche die Richtung des embryonalen Organwachstums bzw. der vegetativen Aufbauvorgänge des Schlafes bestimmen. Um sich dieser geistig-seelischen Welt störungsfrei zu überlassen, schließen sich Schlafende, und noch mehr Embryo, von der Außenwelt ab und rollen sich im Bette bzw. im Mutterleibe zusammen.

64

Zusammenfassend kann man sagen: Das Geistig-Seelische entfaltet gegenüber dem Körperlich-Leiblichen eine zweifache Wirksamkeit: Eine gestaltende und insoferne aufbauende im
Schlafe, eine abbauende und verbrauchende im Wachen,
wobei man sich klar machen muß, daß beide Vorgänge in den einzelnen Organsystemen, besonders im oberen und unteren Menschen
verschieden stark betont sind[1]). Im Wachen liegt der Zielpunkt des
Geistig-Seelischen, in der materiellen Umwelt (Wahrnehmen und
Handeln), im Schlafen umgekehrt in unserem Leibe. Oberflächlicher Betrachtung erscheint der Schlafende als rein körperlich-
materielles Wesen, in Wahrheit jedoch sind gerade die im Schlafe
stattfindenden Ernährungs- und Aufbauvorgänge Ausdruck übersinnlicher Gestaltungskräfte und der schlafende Mensch in diesem
Sinne ganz und gar „Spiritualist". Hingegen ist gerade das sinnlich-intellektuelle Alltagsbewußtsein, welches dem gewöhnlichen
Urteil das wahrhaft „Geistige" zu sein scheint, ein Zustand mate-
rialistischer Auswärtswendung und Selbstverdunkelung unseres
wahren Wesens.

Aus zweifachen Gründen finden wir uns daher nach
dem Schlafe erfrischt: Erfrischt ist unser Leib, weil er (ähnlich wie in der Embryonalzeit) abgesondert von den Eindrücken
der Umwelt ganz den übersinnlichen Urbildern seiner Organe hingegeben und durch diese erneuert ward. Erfrischt ist aber auch
unser Geistig-Seelisches, weil es nicht mittelst Gehirn und Sinnesorganen in eine ihm fremde materielle, sondern in eine ihm wesens-
verwandte geistig-seelische Welt eingebettet war, und aus dieser
Inspirationen empfing. Wer gewohnt ist, intime Feinheiten zu be-

---

[1]) Die moderne Physiologie bestätigt dieses und spricht von der Herab-
setzung des „Betriebsstoffwechsels" und der Erhöhung des „Baustoffwechsels"
im Schlafe. Verworn (Allgem. Physiologie, 1909) unterscheidet eine dissimilatorische (katabolische) und eine assimilatorische (anabolische) Stoffwechselphase und bringt erstere mehr mit dem Wachen (erhöhte Sensibilität und Motilität), letztere mehr mit dem Schlafen in Zusammenhang. Am klarsten aber
hat dies ausgesprochen M. Barbàra (Il problema della genesi del sonno, Mitteil.
d. R. Accad. delle scienze mediche, Palermo, 1920) vgl. de Sanctis, Psycholog.
d. Traumes, Hdb. d. vgl. Psychol., Bd. 3, 1922, S. 239 ff.

obachten, kann aber überall, auch noch im Laufe des Tages und unter der dünnen Schichte des Bewußtseins Weisheiten, Gewissens und Schicksalsmahnungen aus dieser Welt aufsteigend finden.

Faßt man das Bisherige zusammen, so ergibt sich, daß offenbar zwei grundsätzliche Möglichkeiten bestehen, das Einschlafen zu befördern und daß das Umgekehrte dann für die Beförderung des Aufwachens gilt:

1. Die Beförderung der Aufbauvorgänge des Körperlich-Leiblichen, z. B. durch Nahrungsaufnahme und alles was die Ernährung und Durchblutung fördert, also auch warme Bäder, Wärmflaschen, Massagen, Medikamente. Vermehrtes Schlafbedürfnis beobachten wir daher auch in der Jugend, in der Rekonvaleszenz nach schweren Krankheiten, größeren Blutverlusten und bei Wundheilungen, sowie nach körperlichen Strapazen und seelischen Anspannungen.

2. Die Beförderung der Loslösung des Geistig-Seelischen, z. B. durch Rauschen von Wasser und Wind, Wiegen- und Wogengeschaukel, nicht zuletzt aber durch die Rhythmen der Musik, die Bilderwelt der darstellenden Kunst und Dichtung. Das Einschlafen wird auch befördert durch die Rückschau über unsere Tageserlebnisse bzw. wenn es gelingt, uns ganz in die Weite einer Landschaft oder die Majestät des Sternenalls hinauszuleben.

Es ist für das gesamte medizinische Denken von größter Bedeutung, sich klar zu machen, daß die Funktionen des Bewußtseins keineswegs die direkten Fortsetzungen oder gar Steigerungen organischer Funktionen (Ernährung, Wachstum, Formbildung) darstellen, sondern ihnen vielmehr polarisch entgegengerichtet sind. Ein Studium der normalen und pathologischen Entwickelung des Menschen zeigt daher, daß Bewußtseinsprozesse erst dort und dann zur Entfaltung kommen, wo Wachstums-, Ernährungs- und Formbildungsprozesse ihr Ende fanden, d. h. in ganz bestimmten Einschnitten der kindlichen Entwickelung. Deshalb sind auch normalerweise die den Aufbauprozessen gewidmeten inneren Organe und Lebensvorgänge (z. B. Verdauung, Nierensekretion) zeitlebens dem Bewußtsein entzogen,

d. h. durch tiefen Schlaf verdeckt. Sie machen sich jedoch sogleich in Gestalt diffuser oder lokalisierter „Organgefühle" bzw. Schmerzen bemerkbar, wenn sie gestört (krank) sind.

Von diesem Gesichtspunkt aus kann man sagen: „Schmerzen" sind am unrichtigen Orte entwickelte Bewußtseins- d. h. Abbauprozesse und deuten deshalb auf Krankheiten hin. Krankheiten selbst sind aber (worauf R. Steiner hinwies), Bewußtseinsentwickelungen am unrichtigen Orte, d. h. in Organen, in denen das Geistig-Seelische normalerweise nur die vegetativen Ernährungs- und Gestaltungsvorgänge lenken, aber nicht zu tief, d. h. abbauend eingreifen soll[1]).

Alles ist hier richtig und falsch zugleich, je nach seinem Orte (Organ) und nach seiner Zeit (funktioneller Rhythmus). Für das Gehirn z. B. ist der rhythmische Wechsel von Auf- und Abbau mit deutlicher Betonung des Abbaus normal. Die gesteigerten Regenerations- und Ernährungsprozesse des Schlafes müssen hier immer wieder von Entvitalisierungs-, Strukturierungs- und Abbauvorgängen, d. h. vom Wachen zurückgedrängt werden, wenn dieses Organ „seine" Gesundheit bewahren soll. Der Alters- und Absterbevorgang, der mit jeder Bewußtseinsentwickelung eines Organes verbunden ist, ist also für das Gehirn normal (vgl. Abb. 5a—c S. 87), d. h. weder „Schmerz", noch eigentliche „Krankheit". Derselbe Zustand wäre jedoch für Leber, Magen oder Niere schwer pathologisch und müßte zu Funktionsstörungen und endlich zu anatomischen Veränderungen, z. B. zu Verhärtungen führen. Denn diese Organe müssen zeitlebens schlafen, d. h. sich ausschließlich auf der Ebene unbewußter vegetativer Stoffwechselprozesse betätigen. Das Gehirn hingegen muß periodisch wachen, dauernder Schlaf wäre hier pathologisch und müßte z. B. Erweichungen und Struktureinschmelzungen nach sich

---

[1]) „In der Geist- und Seelenfähigkeit hat man also die Ursachen des Krankseins zu suchen und das Heilen muß in einem Loslösen des Seelischen und Geistigen von der physischen Organisation bestehen." „Auch das normale Eingreifen des Seelischen und Geistigen in den menschlichen Körper sind eben nicht den gesunden, sondern den kranken Lebensvorgängen verwandt." (R. Steiner).

ziehen. So hat jedes Organ seinen ihm eigentümlichen Wachheitsgrad bzw. Rhythmus von Wachen und Schlafen. Besonders gut kann man dies an den Regionen des Verdauungskanals gelegentlich des Durchtritts von Speisen studieren: Von den stark bewußten und der Willkür unterworfenen Bewegungs- und Empfindungsgebieten der Mundhöhle führt eine Stufenfolge herab bis zu den tief- und dauernd unbewußten Vorgängen des Dünndarms. Hiervon wird im zweiten Teile näher zu sprechen sein.

Diese Polarität von Lebens- und Bewußtseinsvorgängen, Aufbau und Abbau ist für den Physiologen und Arzt besonders im kindlichen Lebensalter leicht zu beobachten: Übersteigerte Bewußtseinsbeanspruchung in der Schule ist oft mit einem Erblassen verbunden; das Kind zeigt verminderten Appetit und vermehrte Reizbarkeit, es magert ab, blickt müde und gleichgültig, die Haut wird eigentümlich durchsichtig, der ganze Organismus ist wie innerlich ausgehöhlt und durchlöchert. Wo nämlich die „Lichtprozesse" des Bewußtseins auftreten sollen, muß die „Dichtigkeit" des Leiblich-Substantiellen zurücktreten. Es entstehen so gewissermaßen „Hohlräume", in denen sich nun aber das Geistig-Seelische bewußt entfalten kann. Diese „Aushöhlung" führt schließlich zur Übermüdung und damit sogar (infolge allzuweitgehender Zurückdrängung aller Aufbau- und Ernährungskräfte) zur Schlaflosigkeit. Es ist dies ein eigentümliches Paradoxon, mit dem der Physiologe rechnen muß.

Bei verminderter Bewußtseinsbeanspruchung, nach reichlichem Schlaf und bei guter Ernährung zeigt nun im Gegenteil das Kind eine von innen her erfüllte, dichte und kompakte Stofflichkeit, die mit Bewußtseinsdumpfheit verbunden ist und schließlich von der anderen Seite her zu Krankheiten führen kann. Es ist Aufgabe des Pädagogen, das Verhältnis von Bewußtseinsabbau und Ernährungs- und Wachstumsaufbau für jedes Entwickelungsalter und nach Möglichkeit für jede kindliche Konstitution so zu regeln, daß die Gesundheit gewährleistet wird. Dasselbe Lernmaß (z. B. Auswendiglernen) kann für das eine Kind zu wenig sein (es weiß dann mit seinen überschüssigen Vitalkräften nichts anzufangen, ist gerötet und wird leicht jähzornig), für ein anderes ist es vielleicht schon zu viel (dieses wird blaß und still).

Das Gesagte kann durch Experimente an Tieren bis in die histologischen Einzelheiten bewiesen werden. Abb. 2 a, b zeigt die substanzerfüllte Dichte der ausgeruhten schlafhaften bzw. die ausgehöhlte Leere der überanstrengten wachenden Ganglienzelle eines

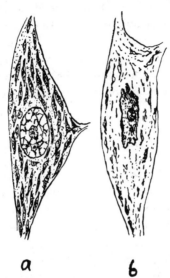

Abb. 2   **a**   **b**

Ganglienzellen aus dem Lendenmark eines a) ausgeruhten, b) erschöpften Hundes. In letzterem Falle Reserveschollen im Plasma verbraucht, Kern deformiert und geschrumpft (nach G. Mann aus Hesse-Doflein).

Hundes. Auch die Unterschiede der Ganglienzellen jugendlicher und alter Organismen (Abb. 5 S. 87) gehören von diesem Gesichtspunkt hierher.

Schließlich mache man sich klar, daß ein bestimmtes Wechselverhältnis von Wachen und Schlafen, Abbau und Aufbau kennzeichnend ist für jeden Konstitutionstypus, hier aber auch wieder verschieden ist, je nach Altersstufe[1]), Jahres- und Monatszeit, Klima

[1]) Es gibt eine konstitutionelle Schlaflosigkeit. Solche Menschen werden nachts nie ganz bewußtlos und leben trotzdem scheinbar ungestört weiter. Daß

und Witterung, Beschäftigungsart (Beruf) und augenblicklichem Funktionszustand. Es macht schließlich auch einen Unterschied, mit welchen Inhalten wir tagsüber unser Bewußtsein erfüllen. Die gewöhnlichen, besonders die abstrakten und intellektualistischen Bewußtseinsinhalte wirken eindeutig abbauend. Gelingt es uns jedoch unser Bewußtsein mit den erhabenen Urgedanken und Urbildern der schöpferischen Natur zu erfüllen, also zum Wesenhaft-Geistigen durchzudringen, so hört das Bewußtsein auf, ein Gegenspieler des Lebens zu sein, weil in ihm nun dieselben Urbilder und Urkräfte wirken, die während des Schlafes und in der Embryonalzeit die Wachstumsvorgänge unserer Organe lenken (Bedeutung meditativen und kontemplativen Lebens!)

3. LEBEN UND STERBEN

Die Phänomene des Wachens und Schlafens bewiesen die Gliederung des Menschen in eine körperlich leibliche und eine geistig-seelische Komponente und machten auf den Einschnitt zwischen dem Pflanzen- und Mineralreich und dem Tier- und Menschenreich aufmerksam. Der Schlafende „lebt" nun aber, ja er zeigt sogar vermehrte vegetative Lebendigkeit. Diese aber trägt die Möglichkeit des Todes in sich. Die körperlich-leibliche Komponente des Menschen umschließt also noch einmal in sich eine polarische Spannung und weist zugleich auf den Unterschied zwischen dem Mineral- und Pflanzenreich hin. Um dies zu verstehen kann man zunächst die Unterschiede studieren, die sowohl objektiv als subjektiv zwischen Sterben und Einschlafen bestehen[1]).

---

trotzdem eine schwere Anomalie vorliegt, beweist die hochgradige Bradykardie. Man zählt in manchen Fällen nur 40—44 Pulse in der Minute.

Der Embryo schläft dauernd und unerweckbar tief. Der Säugling wacht im Zusammenhang mit der Nahrungsaufnahme kurze Zeit. Ein 2—5jähriges Kind braucht 12 Stunden Nachtschlaf und 2 Stunden Tagschlaf. Ein 6—18jähriger Mensch 10 Stunden Nachtschlaf, ein Erwachsener 7—8 Stunden, ein 65—75-Jähriger nur mehr 3—4 Stunden Nachtschlaf.

[1]) Vgl. die zusammenfassende Darstellung von S. Hirsch, Das Altern und Sterben des Menschen, Hdb. d. norm. u. pathol. Physiol., Bd. 17, 1926, ausführl.

1. Die subjektiven Phänomene. Das Erlebnis des Einschlafens ist von einem eigentümlichen und unaussprechlichen Wohlgefühle, gleichsam von Sättigung und Fülle durchdrungen. Sogleich wie sich unser Geistig-Seelisches aus der intensiven Verhaftung an die Bewußtseinsorgane (Sinnes-Nervensystem) und an die Dinge der Umwelt löst, beginnt unser vegetatives Leibesleben aufzublühen, und wir werden gewissermaßen von ihm aufgenommen. Daher genießen wir, besonders in der Jugend, im Schlafe das Erblühen unseres Leibes, saugen gewissermaßen an den aufbauenden und nährenden Brüsten des Schlafes.

Von alledem ist nun bei jenen Zuständen nichts zu bemerken, welche zum partiellen oder totalen Sterben hinüberführen und in Grenzzuständen äußerster Erschöpfung (z. B. Versagen des Herzens oder Überanstrengungen des Gehirnes) beobachtet werden können. Hier besteht dann nicht das Gefühl wohliger Ermüdung, sondern das der Leere und Ausgehöhltheit, ja einer Überwachheit, die keineswegs zu normalem Schlaf, höchstens zu Schwindel und ohnmachtähnlichen Zuständen hinüberführt. Der Arzt beurteilt daher die Lage günstig, wenn der Patient nach einer Krankheitskrise in tiefen Schlaf verfällt, hingegen ungünstig, wenn dies nicht der Fall ist, ja sich im Gegenteil Zustände eigentümlich gelöster Überwachheit und gesteigerter Fernfühligkeit einstellen (Delirien).

Der Schlaf ist also nicht so sehr ein Bruder als vielmehr ein Gegenspieler des Todes. Im Tode gewinnt das Gesetz der Materie die Oberhand über das Gesetz des vegetativen Lebens. Wie wir nun im vergangenen Kapitel sahen, wirken aber auch die Bewußtseinsvorgänge des Geistig-Seelischen dem vegetativen Leben entgegen. Es werden also die Kräfte, welche der Ernährung, dem Aufbau und der Regeneration unseres Leibes zugrunde liegen, von zwei Seiten her in ihrer Entfaltung eingeschränkt und bedroht: Von seiten der materiellen Stoffe und Kräfte (Physik und Chemie) und

Literaturangaben, charakterist. Abbildungen. Eine Zusammenfassung der objektiven und subjektiven Phänomene des Sterbens mit vielen Beispielen, teilweise von historischen Persönlichkeiten, gibt O. B l o c h, Vom Tode, 2 Bde., Stuttgart 1903.

von seiten der Bewußtseinsvorgänge. Materie und Bewußtsein, in gewissem Sinne Materie und Geistig-Seelisches, tragen also den Tod in sich und hierin gründet die eigentümliche Beziehung, welche zwischen den Vorgängen des Sterbens und denen des Bewußtwerdens besteht. Der modernen Physiologie[1]) gilt mit Recht das Gehirn, besonders das Großhirn, als Pol der Alters- und Absterbevorgänge, zugleich aber ist es, wie wir sahen, auch der Pol der Bewußtseinsvorgänge. (Vgl. Abb. 2 und 5).

Bringt man also das Einschlafen in Zusammenhang mit den Ernährungs- und Aufbauvorgängen, welche ihren physiologischen und anatomischen Schwerpunkt mehr im „unteren" Menschen haben, so ergibt sich für das Sterben eher eine Verwandtschaft mit den Verhärtungs- und Abbauvorgängen, die ihren Schwerpunkt im „oberen" Menschen besitzen. „Im Schlafen kehrt der Organismus zu den Betätigungen zurück, die am Ausgangspunkte seiner Entwickelung liegen, in der Embryonal- und ersten Kindheitszeit. Im Wachen herrschen diejenigen Vorgänge vor, die am Ende dieser Entwickelung liegen, im Altern und Sterben" (R. Steiner). Würde der Alters-, Todes- und Bewußtseinspol des Kopfes sich über den ganzen Leib und über alle seine Funktionen ausbreiten, so stürbe der Mensch. Einsicht in diese Zusammenhänge verrät das Märchen vom „Gevatter Tod". Der Arzt in diesem Märchen, der vom Tod selbst in die Geheimnisse des Lebens eingeweiht wurde, kann jeden Kranken heilen, wenn er die Gestalt des Todes zu Häupten des Kranken, also dort erblickt, wo Todesvorgänge normalerweise wirken dürfen. Er kann und darf jedoch an Heilung nicht denken, wenn er die Gestalt des Todes zu Füßen des Kranken erblickt, wenn sich also die Todeskräfte bereits in der Region des Schwerpunktes der Aufbau-, Ernährungs- und Heilungskräfte selbst eingenistet haben.

Je älter der Mensch wird, umso weniger kann er sich auf die Aufbaukräfte seines lebendigen Leibes stützen und umso weniger erquickend wird schließlich der Schlaf. In äußersten Erschöpfungszuständen, sowie im Sterben fühlt sich der Mensch aber schließlich

[1]) Literatur bei E. Korschelt, Lebensdauer, Altern und Tod, 2. Aufl. 1922 und Handb. d. norm. u. pathol. Physiologie Bd. 17.

ganz von diesen Leibeskräften verlassen. Er erfährt etwas wie ein Zerbröckeln und Hinschwinden des Bodens unter seinen Füßen. Der Einschlafende erlebt mit Wohlgefallen die vermehrte Durchblutung, gleichmäßige Erwärmung und Ernährung seines Leibes. Der Sterbende erlebt das Gegenteil. Im Einschlafen vergehen leibliche Schmerzgefühle, weil das Bewußtsein erlischt und das Geistig-Seelische sich inniger mit den vegetativen Leibesvorgängen verbindet. Im Sterben jedoch vergehen sie, weil der Zusammenhang mit dem Körper überhaupt verloren geht und das Bewußtsein oft nicht so sehr herabgedämpft als vielmehr eigentümlich frei, licht und weit wird. Diese „Euphorie" des Sterbenden wird von ihm selbst oft als beginnende Gesundung und Hoffnung eines neuen Lebens empfunden. Der Arzt fühlt sich oft veranlaßt zu lächeln, denn er weiß es anders, — irrt aber dennoch. Denn der Sterbende hat recht, wenn er die Befreiung von einem Körper, der lebensuntauglich geworden war als Heilung und Aufbruch einer neuen Daseinsform erlebt, — wenn er auch dieses Erlebnis oft selbst mißversteht und als Wiedererlangung der Erdengesundheit deutet.

Die vorstehenden Phänomene beweisen unvoreingenommener Betrachtung, daß sich im Sterben das Geistig-Seelische nicht nur, wie im Einschlafen, von der funktionellen Durchdringung des Nerven-Sinnessystems und von der Außenwelt zurückzieht, um sich umso intensiver der Lenkung der Ernährungs- und Aufbauprozesse des gesamten Leibeslebens (einschließlich des Nervensystems) zuzuwenden, sondern daß es den Körper gänzlich „fallen läßt" und dabei aus ihm auch noch jene Kräfteorganisation mit herausreißt, welche die körperlichen Stoffe mit Gestaltungs- und Wachstumskräften durchdrang, den Leib also mit pflanzenhaftem Leben begabte. Dies wird noch deutlicher durch Betrachtung der objektiven Phänomene des Sterbens.

2. Die objektiven Phänomene: Im Schlafe entspannt sich der Leib, um vegetativ zu erblühen, im Tode sinkt er zusammen, um zu verfallen. Als Vorzeichen des Todes wird daher z. B. die Haut wächsern, die Nase spitz, die Schläfen fallen ein, die Augäpfel werden glanzlos und sinken in ihren Höhlen zurück und statt des warmen Schweißes, der das gut durchblutete und gerötete Ge-

sicht etwa eines schlafenden Kindes bedecken kann, erscheint nun kalter Schweiß verbunden mit gelblich-grünlich-bläulicher Blässe, die eine Gegenfarbe des roten Blutes ist.

An jenen Vorgang, den wir Sterben nennen, schließt sich mehr oder weniger unmittelbar die Auflösung des Körpers. Diese kann sich schon einige Zeit vor dem Tode vorbereiten z. B. in ödematösen Schwellungen der Beine, Hydrops der Bauch- und Brusthöhle, Ansammlung von Schleim in den Atmungswegen (Röcheln), zunehmender Diskoordination verschiedener Funktionen, (z. B. des Schluckens) etc. In gewisser Hinsicht ist aber die ganze zweite absteigende Lebenshälfte die Vorbereitung des Sterbens, ja dieses beginnt eigentlich schon mit jenen Vorgängen der Embryonalentwicklung, die zur Strukturbildung, Ausformung und Verfestigung der Organe führen. In diesem Sinne ist der ganze körperliche Entwicklungsweg des Menschen, von der Konzeption angefangen, der Weg des Alterns und Sterbens, als dessen Endergebnis die Leiche vorliegt.

In den Verhärtungen und Funktionsstörungen des Alterns (z. B. in Sklerose, Diabetes, Nieren- und Gallenkonkrementen, Gicht etc.), sowie in den Zerfallsvorgängen am Sterbenden und an der Leiche wird eine Seite des menschlichen Daseins offenbar, die in Gesundheit und Jugend verborgen blieb: die Dämonie der Materie. Bei sehr alten Menschen kann man oft schon längere Zeit vor dem Tode beobachten, wie sich eine gewisse Kräfteorganisation aus dem Körper zurückzieht und dadurch dessen Stoffe und Kräfte sich selbst überläßt, wodurch diese alsbald mit der Auflösung des Körpers beginnen. In den Stoffen und Kräften der materiellen Welt wirken nämlich Gesetzmäßigkeiten, welche allem Lebendigen feindlich sind. Dennoch erbaut sich das Lebendige seinen Körper aus dieser Welt und nimmt dadurch seinen Gegenspieler in sich selbst hinein.

Ein noch so genaues Studium der den menschlichen Eikeim oder die Nahrung bildenden Stoffe findet in diesen nichts, wodurch der Aufbau der menschlichen Gestalt erklärt werden könnte. Vielmehr sind die materiellen Stoffe und Kräfte innerhalb des menschlichen Körpers, sowohl im chemischen wie im morphologischen

Sinne, in eine ihnen selbst fremde Gestaltung gebracht, in der sie nur so lange verbleiben als sie von einem bestimmten höheren Kräftesystem festgehalten werden. Wie die Eisenfeilspäne im Magnetfelde Anordnungen zeigen, die nicht den einzelnen Eisenteilchen, sondern dem übergeordneten, Gestalt und Ganzheit stiftenden Kraftfelde entstammen, so werden auch die in ein Lebewesen, z. B. mit der Nahrung, von außen eintretenden materiellen Stoffe und Kräfte dort von einem übergeordneten Kraftfelde ergriffen, welches ihre atomistischen Eigentendenzen überwindet und dadurch einen lebendigen Leib erbaut[1]).

Sobald dieses übergeordnete Kraftfeld sich zurückzieht, beginnen die körpereigenen Substanzen, Gewebe und Säfte aus sich selbst heraus zu zerfallen. Bakterien und Pilze sind keineswegs die Ursache, sondern die Folge dieser Zerfallstendenz. Sie setzen nur fort und führen zu Ende, was mit dem Absterben der Stoffe bereits begann. Tote Organe und Körperflüssigkeiten muß man daher „sterilisieren" und „konservieren", bei lebendigen ist dies nicht nötig. Es ist notwendig, sich einmal das Wunderbare klar zu machen, das darin gelegen ist, daß die Organe eines Lebewesens während des Lebens durch Pilze und Bakterien nicht in Gärung oder Fäulnis geraten. Dies gilt auch z. B. für die Mundhöhle des Menschen, die trotz reichlich vorhandener Nährstoffe und massenhafter Pilz- und Bakterienkeime in gewisser Hinsicht steril ist. Diese Sterilität geht aber verloren z. B. bei hochgradig geschwächten Säuglingen bzw. bei kachektischen Greisen. Die Flüssigkeiten und Schleimhautoberflächen der Mundhöhle werden dann sogleich zu einem idealen Nährboden für verschiedene Pilze. Es ist also offen-

---

[1]) Die Gegensätzlichkeit von materiellem Substrat und gestaltendem „Feld" betont Gurwitsch. Es gelang ihm, durch radikales Zentrifugieren an Eiern so starke Entmischungsvorgänge der Eisubstanzen, verbunden mit inneren Umlagerungen zu erzeugen, daß nicht nur die grobe, sondern auch die feinste Eistruktur vernichtet wurde. Dennoch entwickelten sich nachher solche Froscheier normal. Ähnliches fand Morgan. Gurwitsch folgert daraus, daß weder in der morphologischen, noch in der chemischen Beschaffenheit des Eies, also in nichts Materiellem der wahre Grund der Entwickelungsvorgänge zu suchen sei, sondern in einem organisierenden „Felde". (A. Gurwitsch, Die histologischen Grundlagen der Biologie, 1930).

bar eine dauernde Kraftleistung nötig, die zahlreichen, chemisch außerordentlich labilen Substanzen des menschlichen Körpers vor ihren eigenen Zerfallstendenzen bzw. vor dem stets bereiten Angriff der Bakterien und Pilze zu schützen. Diesen in der Gesundheit undurchbrechbaren „magischen Kreis" ziehen offenbar dieselben Kräfte, welche diese labilen Protoplasmastoffe und Säfte, entgegen aller chemischen Wahrscheinlichkeit, aufbauten.

Die ganze Embryonalentwicklung der Pflanzen, Tiere und Menschen ist ein einziger unwiderleglicher Beweis für die Wirklichkeit eines gestaltenden Organisationsfeldes[1]), das mit Souveränität über die materiellen Stoffe gebietet, aber auch Störungen, Verletzungen und Asymmetrien des schon entwickelten Organismus nach Möglichkeit ausgleicht. Hier einige Beispiele: Gewisse niedrigstehende Tiere kann man zu feinem Brei zerhacken, hernach noch durch ein Sieb pressen, um jeglichen Zusammenhang der Gewebezellen zu zerstören — — dennoch gestaltet sich aus dieser formlosen Masse nach einiger Zeit ein neuer geordneter Organismus. Schneidet man den Gipfelsproß eines Nadelbaumes ab, so richtet sich alsbald der zunächst gelegene Seitensproß auf, übernimmt die Führung und stellt die Gesamtgestalt des Baumes wieder her. Werden Laubbäume oder Sträucher in beliebiger Weise äußerlich beschnitten, so nehmen sie, sich selbst überlassen, mit der Zeit doch wieder die für sie charakteristische Wuchsform an. Hierbei müssen die einzelnen Zweige sehr verschieden rasch wachsen, was nur durch das Eingreifen eines übergeordneten Gestaltungs- und Organisationsfeldes möglich ist. Wachsen zwei oder drei Bäume derselben Art so enge beisammen, daß es jedem einzelnen unmöglich ist, seine Krone frei zu entwickeln, so werden vom übergeordneten Organisationsfeld alle

---

[1]) Wichtige Literatur: B. Dürken, Entwicklungsbiologie und Ganzheit, 1936, A. Gurwitsch, Die histologischen Grundlagen der Biologie, 1930, H. Driesch, Philosophie des Organischen, 1930 , H. André, Urbild und Ursache in der Biologie, 1931, P. Weiß, Morphodynamik, 1926, W. Trolle Gestalt und Gesetz, Flora, N. F. 18, u. 19. Bd. L. Bertalanffy, Kritisch, Theorie der Formbildung, 1928. — Grundsätzliches über den Zusammenhang der „organisierenden Kraftfelder" mit dem Räumlich-Materiellen bei O. J. Hartmann, Erde und Kosmos, 2. Aufl. 1940.

zwei oder drei zu einem Gebilde höherer Ordnung zusammengefaßt, und der ganze Baumkomplex zeigt nun die für die betreffende Baumart charakteristische Kronenform. Hier bestimmt also das Organisationsfeld die Wachstumsrichtungen und Intensitäten der Äste verschiedener Baumindividuen und faßt sie zu einem harmonischen Gebilde zusammen. Bei den Kompositen, z. B. der Kamille, sind die einzelnen Blütchen auf dem Blütenboden in einer komplizierten parabolischen Form angeordnet, wobei Richtung und Wachstum der einzelnen Blütchen vom übergeordneten Feld so gelenkt wird, daß die regelmäßige Gestalt des gesamten Gebildes auch nach eventuellen Störungen gewährleistet ist. Die oberirdischen Fruchtkörper der Hutpilze bestehen aus einem wirren Geflecht einzelner Pilzfäden (Hyphen). Im Innern des Gebildes wachsen diese Hyphen regellos nach allen Seiten. An bestimmten Grenzflächen jedoch ändern alle zu gleicher Zeit und wie auf Kommando die Wachstumsrichtung, sie biegen ab und erzeugen dadurch die nach außen einheitliche und geschlossene Gestalt des Pilzes im ganzen, sowie seines Hutes und der einzelnen sporentragenden Lamellen an dessen Unterseite.

Es ist nun außerordentlich bemerkenswert, daß dieselben Gesetze der Gestaltung, Ganzheitsbildung und Symmetrie, welche im Bereiche des Organisch-Leiblichen gelten, auch auf psychologischem Gebiete bestimmend sind[1]). Sie beherrschen hier z. B. die Vorgänge im menschlichen Sehfeld (Gesichtsfeld). Das Gesichtsfeld ist keineswegs ein Nebeneinander unverbundener Gestalt- und Farbeindrücke. Diese sind

---

[1]) Im Gegensatz zur älteren atomistisch-mechanistischen Assoziationspsychologie kommt die moderne Gestaltpsychologie zum Ergebnis: Das Ganze (die Gestalt) ist vor den Teilen. Ein Gestaltendes und Ganzheitsstiftendes beherrscht alles Materialhafte und liegt aller Ganzheit und Gestalt zugrunde. Vgl. R. Matthaei, Das Gestaltproblem, München 1929, (ausführliche psychologische Literatur), A. Wenzl, Der Gestalt- und Ganzheitsbegriff in der mod. Psychologie, Biologie und Philosophie, Philosophia perennis, 1930. Die Zeitschrift dieser Richtung ist die „Psychologische Forschung" herausg. v. Koffka, Köhler u. A. Verlag Springer, Berlin. Die Brücke zwischen Psychologie und Medizin schlägt hier: K. Goldstein, Die Lokalisation der Großhirnrinde, Handb. d. norm. u. path. Physiol. Bd. 10.

vielmehr nur das Material, aus dem ein gestaltendes Organisationsfeld jeweils die Ganzheit des Gesichtsfeldes synthetisch aufbaut. Jeder Eindruck des Gesichtsfeldes wird nämlich mit jedem anderen verbunden, die Eigenart jedes „färbt ab" auf die Eigenart jedes anderen. In der Nähe eines Kreises gewinnt z. B. ein Quadrat eine andere Nuancierung als in der Nähe eines Dreieckes; in der Nachbarschaft eines Rot wird ein Grün verstärkt und vertieft, in der Nachbarschaft eines Blau hingegen abgeschwächt. In ähnlicher Weise arbeiten alle einander benachbarten Form-, Farb-, Helligkeits- und Dunkelheitseindrücke wechselseitig aneinander, schwächen sich ab oder verstärken und modifizieren sich nach korrelativen und komplementären Gesetzmäßigkeiten. Hierauf beruhen auch die sog. Sinnestäuschungen. Objektiv gleich lange bzw. parallele Gerade werden durch die Nähe anderer geometrischer Gebilde oder durch Überschneidungen so modifiziert, daß sie verschieden lang, gekrümmt oder divergierend bzw. konvergierend erscheinen (Abb. 3).

Das menschliche Gesichtsfeld ist also, zum Unterschied des Gesichtsfeldes einer photographischen Platte, kein passives Nebeneinander, sondern ein aktives Kraftfeld, das alle einzelnen Eindrücke in bestimmter Weise untereinander und zu einer Gesamtgestalt verbindet.

Ein solches organisierendes und ganzheitstiftendes Kraftfeld liegt auch allem künstlerischen Schaffen zugrunde. Ein Gemälde bzw. Musikstück ist „schön", wenn seine einzelnen Teile gesetzmäßig zusammenstimmen und sich nichts Ungestaltetes, d. h. Nicht-Ganzheitsbezogenes darin findet. Dieselben Gestaltgesetze wie in der Kunst wirken im Wahrnehmungsfeld der Sinnesorgane, z. B. von Auge und Ohr, schließlich aber auch in der embryonalen Leibesentwickelung des Menschen, der Tiere und Pflanzen. Die leibliche Natur ist nach denselben Prinzipien gebildet, die auch das Sehen und Hören des Malers und Musikers bestimmen.

Es wird dann auch verständlich, warum in der kindlichen Entwickelung das bewußte Sehen, Hören oder Denken Schritt für Schritt und in dem Maße erwacht, wie die leibliche Organisation einen bestimmten Ausbildungsgrad er-

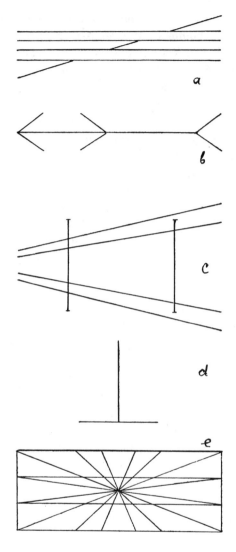

Abb. 3

Gegenseitige Beeinflussung geometrischer Gebilde im Gesichtsfeld
(sog. „optische Täuschungen").

Der Täuschungsgrad beträgt bei b) 10—31%, bei c) 3—9%,
bei d) 14—26%.

reicht und die Differenzierungs- und Wachstumsprozesse der Organe ans Ende kommen. Man muß nämlich fragen: Was geschieht mit den Lebenskräften, die erst Auge und Ohr, Gehirn und Nervensystem aufbauten? Ziehen sie sich aus den ausdifferenzierten Organen zurück und verschwinden restlos, wenn diese verhärten und altern? Sicherlich ist das bei den Pflanzen der Fall. Beim Menschen jedoch machen diese Kräfte eine Metamorphose durch und erscheinen auf höherer Ebene: Sie bilden nämlich die Grundlage für das Bewußtsein. Deshalb bekunden sich in den synthetischen Gestaltungs- und Ganzheitsfunktionen des Hörens und Sehens, sowie des künstlerischen Schaffens dieselben Gesetze, die auch der Leibesgestaltung zugrunde liegen. Es ist dies eine Erkenntnis von einschneidender Bedeutung für alle Psychologie und Physiologie[1]).

Um nun aber auf die Frage: Was sind denn das nun für Kräfte? eine Antwort zu finden, bedenke man folgendes: Soll ein Kraftfeld fähig sein, das räumliche Auseinander materieller Teile zur organischen Einheit eines Embryos zusammenzufassen, soll es fähig sein, das Nebeneinander der Eindrücke des Gesichtsfeldes zur Einheit einer Gestalt zusammenzuschauen, soll es schließlich das Nacheinander von Tönen zur Einheit einer Melodie zusammenhören, so darf es offenbar nicht selbst dem räumlich-zeitlichen Auseinander unterliegen, muß also ein Überräumliches und Überzeitliches sein. Es muß offenbar das Auseinander von Raum und Zeit, d. h. alles Körperlich-Materielle umgreifen. (Vgl. Abb. 4.)

Hiermit ist in wissenschaftlich einwandfreier Weise der Begriff des ersten über das Körperlich-Materielle hinausliegenden, also übersinnlichen Wesensgliedes des Menschen gefunden. Die unmittelbare Wahrnehmung seiner Wirklichkeit erfordert freilich die im methodischen Eingangs-

---

[1]) Am weitestgehenden hat den Parallelismus zwischen dem organisierenden Kraftfeld, welches der Entwicklung des Embryos und allen anatomischen Gestaltungsvorgängen zugrunde liegt und dem psychologischen bzw. kortikalen Kraftfeld, welches sich in der Einheitlichkeit des Bewußtseinsfeldes äußert, herausgearbeitet A. Gurwitsch, Die histologischen Grundlagen der Biologie, 1930.

kapitel (S. 13 f.) erwähnte meditative Steigerung der Bewußtseinskräfte. Wir können also sagen:

Der Mensch besitzt zunächst einen physisch-materiellen Körper
und ist durch ihn, wie jeder andere Körper, ein Teil der physisch-
materiellen Welt. Darüber hinausgehend besitzt er aber, wie alle
Lebewesen, also auch die Pflanzen und Tiere, einen „Äther-
oder Bildekräfteleib" (Rud. Steiner) und ist durch diesen
ein Glied der ätherischen Welt. Unter dem Begriff „Leib"
darf man sich hierbei selbstverständlich nichts Körperlich-Mate-
rielles, sondern nur eine gesetzmäßig zusammenhängende Kräfteorganisation denken. „Bildekräfte-Organisation" kann diese genannt werden, soferne sie den embryonalen Gestaltungs- und
Wachstums-, aber auch den späteren Ernährungs-, Regenerations-
und Heilungsvorgängen zugrunde liegt. Der Name „ätherisch"
lehnt sich nicht an den Begriff der modernen Physik, sondern an
einen Begriff der griechischen Kosmologie an, welcher die erste
Stufe einer über das Irdisch-Materielle hinausgehenden kosmisch-
geistigen Wirklichkeit bezeichnet (vgl. Aristoteles, Poseidonios).

Um die grundsätzliche Wesensverschiedenheit dieser beiden
Wirklichkeiten klar zu durchschauen, kann man folgende Überlegungen anstellen: Alle Naturerscheinungen sind zunächst Wirklichkeiten im Raume. Dieser Raum selbst bietet aber der Betrachtung zwei polarisch verschiedene Seiten dar, nämlich Punkt und
Sphäre, enge Ortsgebundenheit und allumfassende Weite. Diesen
beiden geometrischen Urmöglichkeiten des Raumes entsprechen nun auch zwei Möglichkeiten, in denen sich ein Wirkliches in den Raum eingliedern kann: Wirkliches kann, erstens,
zugeordnet sein der engumschriebenen gleichsam punkthaften
Ortsbestimmtheit im Raume und es kann, zweitens, zugeordnet
sein der allumfassenden peripherischen Weite des Raumes. Erstere
Möglichkeit wird durch das Physisch-Materielle, letztere durch das
Ätherische verwirklicht. Physische Stoffe sind nämlich geradezu
dadurch definiert, daß sie durch Raumorte und Raumgrenzen be-
stimmbar sind (man denke z. B. an Atome und Moleküle), physische Kräfte dadurch, daß sie von materiellen Körpern, mithin von
bestimmten Orten innerhalb des Raumes ausgehen und sich von

ihren jeweiligen Ausgangspunkten in zentrifugaler, mit der Entfernung abnehmender Weise ausbreiten (man denke z. B. an die Schwerkraft). Insoferne kann man die Kräfte der physisch-materiellen Welt „Zentralkräfte" (R. Steiner) nennen. Physisches Geschehen ist dann offenbar durch das Zusammenwirken der einzelnen kraftbegabten materiellen Teilchen bestimmt, ist also wesentlich atomistisch und mechanisch. Im Gegensatz hierzu besitzen nun die ätherischen Kräfte ihren Ausgangspunkt nicht in engbegrenzten ortsgebundenen materiellen Teilchen, sondern in den allumfassenden Raumesweiten und wirken aus diesen in zentripetaler Richtung und sich konzentrierend in die materielle Welt herein. Als außerirdisch kosmische „Sphärenkräfte" (R. Steiner) greifen sie gestaltend und belebend in die materiellen Stoffe der Erde ein und sind die Ursachen alles organischen und ganzheitlichen Geschehens[1]). (Vgl. Abb. 4.)

Hierdurch bedingt sich eine wesentliche Eigenart alles Lebendigen: das Rhythmische. Rhythmisches und Bewegungshaftes ist hier das eigentliche Primäre und alles stofflich Materielle und Körperliche eigentlich nur fixierter Rhythmus und deshalb bereits auf dem Wege zum Absterben. Dies wird schon durch einen kurzen Hinblick auf den Unterschied mineralischer und pflanzlicher Geschehnisse bewiesen. Physikalisch-chemische Prozesse verlaufen gemäß den in ihrer Stofflichkeit wirkenden Kräften und folglich weitgehend unabhängig von der Umgebung und schon gar vom Makrokosmos. Kristallisieren und Auflösen, Verdampfen und Verflüssigen, chemische Bindungen und Lösungen etc. finden statt, gleichgültig ob es draußen Tag oder Nacht, Winter oder Sommer ist. Höchstens wird durch die Temperatur die Geschwindigkeit beeinflußt. Die Pflanzen hingegen sind in allen ihren Gestaltungs- und Lebensprozessen der unmittelbare Spiegel der Rhythmen des Tages-, Monats- und Jahreslaufes. Darüber hinaus aber verkörpert jede Pflanze auch noch die Eigenart ihres bestimmten Standortes und Klimas. So ist das

---

[1]) Die moderne „synthetische Geometrie" bietet hierfür die exakten Grundlagen. Vgl. G. Kaufmann, Strahlende Weltgestaltung, 1934, L. Locher, Urphänomene der Geometrie, 1937.

Pflanzenleben nichts anderes, als der durch die jeweiligen Erden-
verhältnisse entsprechend modifizierte Niederschlag kosmi-
scher Rhythmen. Daß die Pflanze am Licht assimiliert, ist ein
in der ganzen leblosen Welt unerhörter Vorgang. Trotz aller Fortschritte der modernen Chemie ist die Photosynthese der Stärke
unerreicht und unerreichbar. Sollte sie uns aber einmal im Laboratorium gelingen, so müßten wir ganz andere chemische Wege einschlagen als die Pflanze.

Macht man sich in dieser Weise die Verschiedenheit physischer
und ätherischer Kräfte im Zusammenhang mit der Polarität des
Raumes klar, so liegt darin garnichts Phantastisches. Man erkennt
aber zugleich, daß ätherische Wachstums- und Gestaltungskräfte
mittelst der Methoden der gegenwärtigen Physik nicht erforscht
werden können. Es gibt jedoch Methoden, die es möglich
machen. Läßt man z. B. frische Pflanzenpreßsäfte in geeigneter
Verdünnung und unter entsprechenden Vorsichtsmaßregeln in Fil-
trierpapier hochsteigen, so entstehen bestimmte Strömungen, die
schließlich zu einem endgültigen Bilde gerinnen. Solche „Steigbilder" sind charakteristisch für die jeweilige Pflanzenart. Abge-
tötete Säfte zeigen sie vermindert oder garnicht. In ähnlicher Weise
kann man entsprechend verdünntes Menschenblut steigen lassen
und auch dann ergeben sich „Steigbilder", die auf bestimmte konstitutionelle Eigentümlichkeiten hinweisen und zu diagnostischen
Zwecken verwertbar sind. Die homogene kapillare Fläche des Fil-
trierpapiers ist offenbar ein indifferentes Medium, worin die feinen
Gestaltungskräfte überlebender Organe eingreifen können. Statt
der Steigbilder kann man auch Kristallisationsversuche durch-
führen. Die Kristallgestalt eines Stoffes ist zwar durch seine chemische Beschaffenheit bestimmt, die Art jedoch, wie sich in dünner
Schicht eintrocknende Salzlösungen zu komplizierten Kristall-
gefügen zusammenschließen, ist, ähnlich wie die Eisblumen an
Fensterscheiben, weitgehend labil, d. h. durch andere Kräfte be-
stimmbar. Dieser Labilität kann man sich nun bedienen, um mittelst ihrer die im Blut, Organsäften und Pflanzenextrakten wirkenden Gestaltungskräfte im Bilde jeweils sehr verschiedener und
charakteristischer „Kristallisationsbilder" zu veranschau-

6*

lichen. Die Steig- und die Kristallisationsmethode bieten ungeahnte Möglichkeiten zur exakten experimentellen Erforschung der ätherischen Gestaltungs- und Wachstumskräfte[1]).

Was hier experimentell geschieht, das geschieht freilich in großartigster Weise in der Entwicklung jedes Lebewesens. Die Substanzen des Eies sind hier das gestaltungsfähige Material, in welchem nach und nach die „Bilder" des Ätherischen sichtbar werden, d. h. die Organe sich entwickeln. Die Zentralkräfte des Irdisch-Materiellen und die Sphärenkräfte des Ätherischen durchdringen sich hier.

Angesichts eines Eikeimes kann man sich daher sagen: Was an diesem Ei physisch-materiell ist (also einschließlich der es bildenden „Zellen"), das zeigt Tendenzen nach träger Ruhe, Verhärtung und atomistischen Zerfall, will also das Gebilde in die Weiten der umgebenden physisch-materiellen Welt zerstreuen (Zentralkräfte). Sofern sich nun aber dieses Ei entwickelt, ist es eingeschaltet in „Sphärenkräfte", welche den genannten Tendenzen entgegengerichtet sind und die physischen Stoffe und Kräfte, aber auch die einzelnen Furchungszellen des Eikeimes vom Umfassenden her sammeln, so daß daraus ein ganzheitlicher Organismus entsteht. Diese Gegensätzlichkeit von Zentral- und Sphärenkräften ist in Abb. 4 symbolisch veranschaulicht. Es ist völlig abwegig, angesichts der Keimesentwicklung eines Organismus den einzelnen Zellen irgend welche besonderen Kräfte und Fähigkeiten zuzuschreiben. Ebenso wie alle materiellen Stoffe und Kräfte des Keimes sind auch die Furchungszellen bloßes Material, dessen Gestaltungsvorgänge von den ätherischen Sphärenkräften bestimmt werden. Unabhängig hiervon sich kundgebende Eigentendenzen der einzelnen Zellen führen nur zu Mißbildungen oder zum Zerfall des Keimes.

Aussichtslos ist es freilich, diese „Sphärenkräfte" mit Augen

---

[1]) Vgl. zur Steigbildermethode: W. K a e h l i n , Die prophylaktische Therapie der Krebskrankheit, 2. A. 1930. Ders., Die Formensprache des Krebsblutes, „Natura", Jahrg. 1930, L. K o l i s k o , Das Silber und der Mond, R. H a u s c h k a , „Natura", Jahrg. 1929 u. 1930. — Zur Kristallisationsmethode: E. P f e i f f e r , Studium von Formkräften an Kristallisationen, 1931, Ders., Empfindl. Kristallisationsvorgänge als Nachweis von Formkräften im Blut, 1935.

oder Händen bzw. mit physischen Apparaten erkennen zu wollen, da diese nur auf Physisch-Materielles ansprechen. Die Wirklichkeit dieser Sphärenkräfte erschließt sich vielmehr unmittelbar nur dem eingangs gekennzeichneten übersinnlichen Schauen und ist dem gewöhnlichen Bewußtsein nur indirekt in ihren Offenbarungen im Organisch-Lebendigen bzw. in den oben genannten Steig- und Kristallisationsbildern zugänglich. An sich könnte man die ätherische

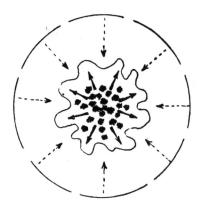

Abb. 4

Polarität der materiellen Zentral- und der lebensbegründenden (ätherischen) Sphärenkräfte, einander begegnend in der plastischen Gestaltung und wechselnden Funktion des lebendigen Organismus. Vgl. auch die Polarität von „gestaltungsbedürftigem Untergrund" (Materialfeld) und „gestaltungsmächtigem Organisationsfeld" im Sinne von H. André, bzw. den Feldbegriff von A. Gurwitsch.

Kräftewelt etwa so kennzeichnen: sie ist nicht starr wie Physisch-Materielles, sondern in steter schöpferischer innerer Wirksamkeit und insoferne im Bereiche der Sichtbarkeit noch am ehesten dem raumdurchwaltenden Licht vergleichbar. „Ätherleiber" sind in gewissem Sinne in stetem Fluten begriffene „Lichtleiber". In ihrem Fließen und Weben gründet auch die später zu besprechende Verwandtschaft mit dem Flüssigen, welche auch durch den Flüssigkeitsreichtum aller jugendlich wachsenden Gebilde nahegelegt wird.

Unter „Leben" haben wir demnach zu verstehen die wechselvolle, in protoplasmatischen Leibern sich vollziehende Durchdringung der physisch-materiellen mit der ätherischen Kräftewelt. Alles Leben muß daher gemäß seiner inneren Polarität zweifach in Erscheinung treten: als Aufleben und als Ableben.

Aufleben findet überall dort statt, wo im Zusammenhange mit reichlichem Flüssigkeitsgehalt (Aufquellen) die materiellen Stoffe und Kräfte vom Ätherischen restlos ergriffen und durchherrscht werden, also in allen Vegetationspunkten, Samen, Knospen, Embryonen, Regenerationsgeweben und Heilungsprozessen. Ableben ereignet sich hingegen in allem Ausgewachsenen, Durchstrukturierten, sich Verfestigenden und Schrumpfenden, also z. B. in pflanzlichen Zellmembranen, in den äußeren und inneren Stützgeweben der Tiere, weiterhin in Pigmentablagerungen, Fasern, Granula, Sekreten und Exkreten, Haaren, Nägeln, Hornschuppen und Federn. Hier (im ausdifferenzierten Organismus) sind alle Leistungen und Einrichtungen weitgehend mechanisiert und daher auch ein mechanistischer Gesichtspunkt berechtigt, nicht aber gegenüber den embryonalen Anfangszuständen, bei denen fast nichts materialisiert ist und deren Schwerpunkt daher fast ganz im Übersinnlich-Ätherischen (d. h. Nichtmechanistischen) liegt.

Besonders charakteristisch im Hinblick auf Aufleben und Ableben ist die Beschaffenheit des Zellprotoplasmas[1]): in jugendlichen Geweben ist es unstrukturiert, zart und durchsichtig und besitzt einen äußerst labilen hochkolloiden Zustand. In ausgebildeten Geweben ist es im Sinne seiner Funktion einseitig strukturiert. In alternden Geweben schließlich trübt und verfestigt es sich noch mehr und zeigt zahlreiche schollenartige Einschlüsse. Diese Vorgänge einer zunehmenden Entvitalisierung und Mineralisierung sind besonders klar an jenen Zellen zu beobachten, die im Zusammenhange mit ihrer Funktion vom Abschluß der Embryonalentwicklung an keine Zellteilungen und Erneuerungen mehr zeigen, sondern das am meisten mechanisierte Gewebesystem darstellen: die Ganglienzellen des Zentralnervensystems, besonders des Gehirnes. An diesen wird deutlich, wie die Bewußtseinsfunktionen des Geistig-Seelischen die ätherischen Wachstums-, Teilungs- und

---

[1]) Vgl. die zusammenfassende Darstellung bei A. v. Tschermak: Allgem. Physiologie, 1. Bd. 1924.

Regenerationsvorgänge zurückdrängen und so den Verhärtungstendenzen des Physisch-Materiellen in die Hände arbeiten. In
Abb. 5 zeigen wir diese charakteristischen Veränderungen.

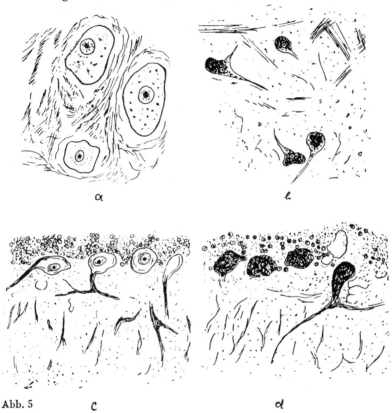

Abb. 5

Altersatrophie des Zentralnervensystems verbunden mit Schrumpfungen und
Ablagerungen in den Ganglienzellen.
  a) aus dem Lumbalmark eines 3jährigen Knaben,
  b) aus dem Hypoglossuskern einer 80jährigen Frau (nach Mühlmann),
  c) aus dem „Wurm" des Kleinhirns eines 2jährigen Hundes,
  d) dasselbe von einem 17jährigen Hund (nach W. Harms).

Für die mechanistische Lebensauffassung war es kennzeichnend,
laß sie gerade in den am meisten verfestigten Plasmastrukturen
Fasern, Waben, Granula etc.) die eigentlichen Lebensträger sehen

87

wollte, hingegen das undifferenzierte und mehr flüssige Plasma vernachlässigte. Heute ist man wieder mehr geneigt, in letzterem das eigentlich Lebendige zu erblicken. Aber diese ganze Alternative ist offenbar verfehlt, denn die Schöpferkraft des Lebens liegt weder in der komplizierten Struktur, noch im formlosen Kolloid, sondern in den ätherischen Bildekräften. Diese bekunden sich, je nachdem, in Strukturbildung, wie in Strukturauflösung, in komplizierten Mechanismen, wie in formlosen Gallertzuständen. Und zwar liegen die Dinge im einzelnen folgendermaßen: Die ätherischen Lebenskräfte können sich nur in einem Materiale bekunden, das weitgehend seiner Eigengesetzlichkeit entkleidet, also strukturlos und bildsam

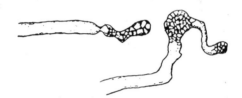

Abb. 6

Homogener Bau der ungereizten, feinwabiger Bau der gereizten, kontrahierten Stellen der Pseudopodien einer lebenden Gromia Dujardini (Protozoon), stark vergrößert (nach Bütschli).

ist. Sollen also Umgestaltungen und Erneuerungen (z. B. Embryonalentwickelung, Regeneration, Heilung) stattfinden, so müssen etwa schon bestehende Strukturen beseitigt, das Zellplasma also homogenisiert und verflüssigt werden. Andrerseits werden nun wieder neue Strukturen gebildet, weil das Leben zwar nicht ein Produkt mechanischer Strukturen ist, diese aber doch immer wieder aus sich erzeugt, um sich darauf als „Werkzeug" zu stützen. So spielen Strukturlosigkeit und Strukturiertheit jeweils ihre bestimmte Rolle im Lebendigen, sind aber nicht selbst das Leben, sondern nur die zwei Formen der Materie, in denen diese dem Leben dient.

Abb. 6 veranschaulicht die souveräne Weise, wie das Plasma seine Struktur im Zusammenhang mit seiner augenblicklichen Funktion verändert: Ungereizt ist es homogen-hyalin, im gereizten und sich zusammenziehenden Zustand hingegen wabig. Der Streit um „den" Bau des Plasmas ist heute sinnlos, weil dieses je nach seiner Funktion diesen oder jenen Bau annimmt.

In Abb. 7, 8, 9 zeigen wir einige solcher Differenzierungen, die im Zusammenhange mit bestimmten, vereinseitigten und insoferne mechanisierten Lebensfunktionen stehen. Beachtenswert hierbei ist, daß auch in den ausdifferenzierten Zellen immer noch ein Rest undifferenzierten Plasmas bestehen bleibt, von dem die Ernährung sowie die Neu- und Umbildung der ausdifferenzierten Fibrillen, Sekret- und Gerüstsubstanzen ausgehen kann. Bei den Nervenzellen kommt es sogar zu einer deutlichen Zweiteilung: Der Nervenfortsatz ist weitgehend entvitalisiert und besteht ganz aus Fibrillen, die Ganglienzelle hingegen ist Träger der Ernährung und evtl. auch der Regeneration des Nervenfortsatzes. (Abb. 8.)

Zelldifferenzierungen können nun mehr morphologischen (Muskel- und Nervenfibrillen) oder mehr chemischen Charakter (Drüsengranula) haben. Wichtig ist nur einzusehen, daß nicht nur die Zellstrukturen, sondern auch die im Plasma erscheinenden chemisch wohl definierten Substanzen (wie z. B. Fette, Lipoide, Cholesterine, Muzine, Amyloide, Glykogen etc.)[1]) bereits der regressiven Stoffwechselmetamorphose angehören, also Absterbe- und Mineralisierungsvorgänge darstellen, die deshalb Werkzeuge ganz bestimmter Funktionen (in unserem Falle der Verdauung, Bewegung und Reizleitung) sein können. Strukturen für animalische Funktionen (z. B. Bewegung und Reizleitung) entstehen unter dem besonderen Einflusse des Geistig-Seelischen und zeigen erneut die verdichtende und entvitalisierende Wirkung derjenigen menschlichen Wesensglieder, die dem Bewußtsein zugrunde liegen (vgl. die Abbildungen!) Im Bereich solcher weitgehend mechanisierter Gewebe finden da-

---

[1]) Normalerweise scheidet das Zellplasma solche Stoffe ab bzw. verwandelt sich selbst teilweise in sie (Sekretgranula, bzw. Schleimpröpfe der Becherzellen!). Aber es baut diese Stoffe auch wieder ab bzw. stößt sie aus. Bei Erkrankungen jedoch häufen sie sich an bzw. es verwandeln sich immer größere Teile des Plasmas und schließlich das ganze in solche Stoffe, es kommt zur pathologischen Degeneration bzw. Infiltration (Herzmuskelverfettung, Fettinfiltration der Leber, hyaline Muskel- und Gefäßentartung, amyloide Degeneration der Milz und Leber etc.). Das Leben bleibt hier also des Chemisch-Stofflichen nicht mehr Herr, sondern wird von ihm überwältigt und schließlich zerstört.

her auch Umgestaltungs- und Regenerationsvorgänge entweder garnicht oder nur nach vorheriger Auflösung der Zelldifferenzierungen (Chaotisierung des Protoplasmas) statt.

Alles morphologisch und chemisch Vereinseitigte und Differenzierte ist also niemals Lebens- sondern immer nur Todes-

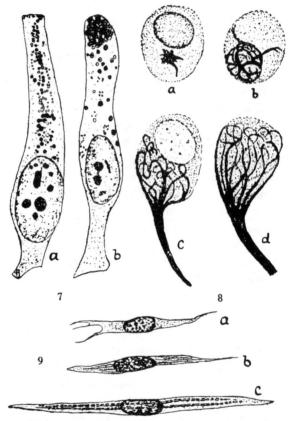

Abb. 7 a b   Entwickelungsstufen der Granula in Schleimzellen aus dem Salamanderdarm, sehr stark vergrößert (nach Heidenhain).

Abb. 8 a—d   Entwickelung des Neuroretikulum und des Achsenzylinders im Zentralnervensystem, sehr stark vergrößert (nach Held).

Abb. 9 a—c   Entwickelung der Muskelbildungszellen (a) zu quergestreiften Muskelfasern (b, c), Säugetiere, sehr stark vergrößert (nach Godlewski).

träger, d. h. materielles Werkzeug des Lebens, um sich in einer materiellen Umwelt zu behaupten, bzw. um zum Bewußtsein zu erwachen. Dies bewahrheitet sich auch beim Hinschauen auf die Jugend- und Altersvorgänge des ganzen Menschen. Dem geistigen Blick zeigt sich der Leib eines kleinen Kindes, besonders bis ins dritte Lebensjahr (erstmaliges Erwachen des Ichbewußtseins!), eigentümlich hell und wie innerlich durchsonnt. Man möchte ihn einem frischen durchsichtig grünen Pflanzensproß vergleichen. Mit zunehmender Erwachsenheit aber und besonders im Zusammenhang mit der Entwicklung des abstrakten Intellektes, sowie des Trieblebens (Pubertät) tritt dann etwas wie eine Trübung und Verdunkelung ein. Diese senkt sich, vergleichbar einem feinen Aschenregen, über die anfängliche Lichtgestalt herab und deutet hin auf die zunehmende Verphysizierung des Menschenleibes, aber auch auf das zunehmende Erwachen des Ichbewußtseins. Diese Verphysizierung und Verschlackung geht bei den einzelnen Menschen im späteren Leben sehr verschieden weit, wobei auch die ganze Art der Ernährung und Lebenshygiene, ja selbst die geistige und moralische Art der Bewußtseinsentwicklung eine Rolle spielen.

Solche Unterschiede sind auch mit Rücksicht auf das ärztliche Handeln wichtig: Weitgehend verdichtete und verschlackte Körper werden nämlich therapeutischen, z. B. medikamentösen Maßnahmen (besonders potenzierten Heilmitteln) einen stärkeren Widerstand als andere entgegensetzen, weil in ihnen die Wirksamkeit des Ätherischen (auf deren Anregung letztlich alles Heilen beruht) sich kaum mehr entfalten kann. In solchen Fällen müssen oft erst z. B. durch heiße Bäder, künstliche Fieber, Schwitzpackungen, Massagen oder Diätkuren die Voraussetzungen für das Eingreifen der Heilmittel geschaffen werden. Auch das Bier'sche Glüheisen in der chirurgischen Wundbehandlung gehört hierher[1]: Durch den starken Reiz bzw. die Zerstörungen, die es im Physisch-Materiellen bewirkt, regt es selbst in alten, trägen Wunden die ätherischen Bildekräfte mächtig an, wodurch es zur raschen

---

[1] Vgl. Bier, Münch. med. Wschr. 1940, Heft 1., E. Poeck und K. Vogeler ebdt. 1940, Heft 25.

Ausbildung von Granulationsgewebe und damit zum Verheilen kommt.

Überall im Lebendigen ist die Beseitigung und Einschmelzung vorhandener Zell- und Gewebestrukturen die Voraussetzung neuer Wachstumsvorgänge[1]). Solche Erfahrungen machten besonders die Botaniker: normale ausgewachsene Pflanzenzellen haben das Teilungsvermögen verloren, nach Verletzungen aber teilen sie sich wieder. Hierbei werden von der Zelle „Wundhormone" gebildet, die auch auf andere, unverletzte Zellen als „Teilungs- und Wachstumshormone" wirken (Haberlandt). Die Gewebe des Flachsstengels z. B. haben stark verdickte (verholzte) Zellmembranen. Werden die Stengel geknickt, so löst die Pflanze die Zellmembranen auf, wodurch die Zellen wieder wachstums- und teilungsfähig werden. (Vgl. darüber auch noch später.)

Überblickt man diese Phänomene, so kann man sagen: Dem Irdisch-Materiellen eignet die Tendenz auf Schwere und stabile Zusammenballung, den ätherischen Bildekräften hingegen (als einem kosmisch-überräumlichen Prinzipe) die Tendenz auf Licht und Leichte. Alles Auflebende, Jugendliche und Sprossende ist daher in gewisser Hinsicht durch-lichtet und durch-leichtet, hingegen sinkt alles Kranke, Welkende und Ersterbende herab und unterliegt der Schwere bzw. der chemischen Eigengesetzlichkeit der Stoffe. Abb. 45 veranschaulicht schematisch diesen Kampf der ätherischen Licht- und Leichtewelt mit der materiellen Dichte- und Schwerewelt innerhalb des Lebens der Pflanze, wobei wieder eine andere Seite des Verhältnisses zur Anschauung kommt als in Abb. 4, S. 85.

Solche Einsichten sind geeignet, Licht auf die Vorgänge der Ernährung und Ausscheidung zu werfen: In der Nahrungsaufnahme bzw. Einatmung nimmt der Mensch materielle Stoffe und Kräfte von außen in sich auf, löst sie auf, entreißt sie ihrer Eigengesetzlichkeit und bringt sie dadurch gewissermaßen zum „Schweben". In diesem Zustande können sich nun die ätherischen Gestaltungskräfte innig den physisch-materiellen Stoffen verbinden. Ist dies

---

[1]) Beispiele hierfür bei E. Korschelt, Regeneration und Transplantation, Bd. I, 1927.

geschehen, dann werden die Stoffe als chemisch und morphologisch geprägte Bestandteile der menschlichen Organisation nach innen zu im Leibe abgelagert und endlich in der Ausscheidung bzw. Ausatmung als Sekret und Exkret (Harn, Kot, Schweiß, Schleim), aber auch in Gestalt sich abschilfernder Hautschüppchen, Darmepithelien, Haare etc. wieder ausgestoßen und den Gesetzlichkeiten der Außenwelt überlassen. Ist dieser Vorgang gestört, so erkrankt der Mensch, z. B. an Stoffwechselkrankheiten (Gicht, Diabetes, Fettdegeneration des Herzmuskels etc.). Pädagogisch ist es auch von Bedeutung, ob wir einem Kinde Haare und Fingernägel kurz schneiden oder lang wachsen lassen. Es werden dadurch, je nach der Konstitution (Temperament) des Kindes, bestimmte Wirkungen auf seine Psyche ausgeübt (R. Steiner).

Den Menschen durchzieht also ein dauernder Substanzstrom, so daß sein Leib durchaus einer Flüssigkeitsfontäne gleicht, d. h. das Bleibende ist nicht die Materie, sondern die Form. Die Form selbst aber ist Ausdruck der menschlichen Geistgestalt. Man kann also sagen: Physisch betrachtet wächst der Leib, weil ihm durch die Nahrungsaufnahme „von unten", d. h. aus dem Erdbereiche Stoffe zuströmen; geistig betrachtet aber wächst er „von oben", weil sich die menschliche Geistgestalt in die Materie einsenkt und einbildet. Der Werkmeister dieser Ein-Bildung ist zunächst der ätherische Kräfteorganismus, weil dieser dem Physisch-Materiellen in gewisser Hinsicht noch nahesteht und daher unmittelbar in dieses gestaltend eingreifen kann. Die Urbilder zu dieser Gestaltung selbst aber empfängt das Ätherische (wie bereits früher, gelegentlich des Schlafes, besprochen wurde) aus höheren, geistig-seelischen Wirklichkeiten und diese bedingen, warum verschiedene Pflanzen- und Tierarten bzw. Menschentypen sich entwickeln.

Dies alles kann jedoch nur solange gelingen, als die materiellen Stoffe und Kräfte innerhalb des menschlichen Leibes in steter Bewegung, Aufnahme und Ausscheidung sich befinden. Sobald hier etwas stockt und sich staut, tritt Krankheit ein, z. B. Konkrementbildung in Muskeln, Gelenken, Arterien, Niere, Gallenblase etc. Solche Erscheinungen sind immer Ausdruck dafür, daß die ätherische Organisation und damit die menschliche Geistgestalt die Herrschaft über die materiellen Stoffe und Kräfte verlor und letztere nun ihren eigenen Schwere-, Verdichtungs- und Kristallisationstendenzen nachgehen. Diese Sklerotisierungstendenzen werden anderseits auch wieder befördert durch mangelhaften Schlaf bzw. gesteigerte intellektuelle Wachheit, also durch die früher geschilderte abbauende Tätigkeit des Geistig-Seelischen. Dieses beeinträchtigt die ätherische Organisation, welche dann ihrerseits die Herrschaft über die materiellen Stoffe verliert. Im einzelnen liegen die Dinge sehr verwickelt und sind je nach der menschlichen Konstitution verschieden.

Besonders an exponierten wenig durchbluteten und durchwärmten Vorragungen der Körperperipherie zeigt das Physisch-Materielle das Bestreben, sich der Herrschaft des Ätherischen zu entziehen. Damit hängen dann die Krankheits- und Absterbedispositionen gerade dieser Körperteile während der zweiten Lebenshälfte zusammen: z. B. die Knötchenbildungen an der oberen Ohrmuschel, arthritische Verhärtungen und Verbildungen an Händen und Füßen oder der Altersbrand der Zehen.

Aber auch abgesehen von solchen pathologischen Veränderungen würde der Mensch frühzeitigem Alterstode verfallen, wenn in seinem Leibe nur die Differenzierungs- und Gestaltungsprozesse der Kindheit herrschten. Wir müssen uns nämlich klar werden, daß wohl einerseits das Ätherische den physischen Leib gestaltet, andrerseits in dem Maße in seiner Wirksamkeit behindert und endlich ganz aus dem physischen Leibe herausgedrängt wird, als letzterer voll erwachsen und ausdifferenziert ist. Die normalen Wachstums- und Differenzierungsprozesse sind in gewisser Hinsicht also zugleich Altersprozesse[1]).

Es gibt aber auch Verjüngungsprozesse. Diese beobachten wir unter Umständen nach fiebrigen Erkrankungen, Hunger, Blutverlusten, sowie nach Verletzungen. In solchen Fällen aktiviert besonders der pflanzliche und tierische Organismus Regenerations-, Wachstums- und Heilungskräfte, die den Kräften der Embryonal-

[1]) Am klarsten hat dies herausgearbeitet R. Ehrenberg in seiner „Theoretischen Biologie“, 1923.

zeit verwandt sind, im ausgewachsenen Organismus und unter normalen Umständen aber nicht mehr beobachtet werden. Er verjüngt sich also. Gewisse Pflanzen und niedere Tiere zeigen ein ungeheures Regenerations- und Heilungsvermögen, wovon wir in den Abb. 10 bis 19 einige besonders wunderbare Beispiele bringen.

Um das Wesen dieser Vorgänge richtig zu beurteilen, sind folgende Überlegungen nötig: Der Sinn der normalen Entwicklung eines Organs bzw. Lebewesens ist offenbar der, die „Geistgestalt" in die materielle „Leibgestalt" überzuführen, man kann auch sagen, die Geistgestalt mit Materie sichtbar zu machen, ihren ideellen „Raum" ganz und gar mit Materie auszufüllen. Dies leisten die ätherischen Bildekräfte. Die Wachstums- und Entwicklungsvorgänge sind demnach gewissermaßen durch die Differenz und das „Potentialgefälle" bestimmt, welche zwischen der urbildlichen Geistgestalt und der abbildlichen Leibgestalt bestehen. Dieses Potentialgefälle (und damit die Entwicklungsintensität und — ge-

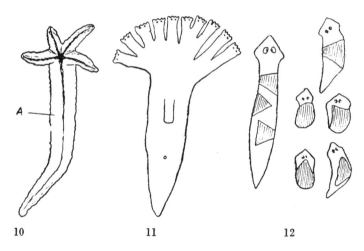

10   11   12

Abb. 10 Abgeschnittener Arm (A) vom Seestern, die fehlenden vier Arme regenerierend (nach Korschelt).

Abb. 11 Dendrocölum lacteum (Wurm), Kopfmehrfachbildung durch fortgesetzte experimentelle Einschnitte am Vorderende (nach J. Lus).

Abb. 12 Planaria maculata (Wurm), herausgeschnittene Teile (schraffiert) sich zu kleinen aber ganzen Tieren auswachsend (nach Morgan).

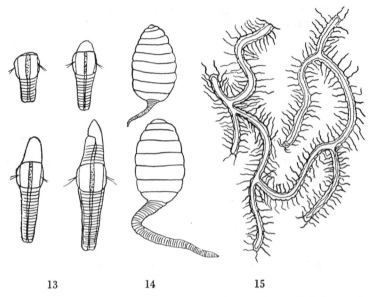

13   14   15

Abb. 13 Lumbriculus variegatus (Ringelwurm), experimentell isoliertes Seg-
ment mit Neubildung von Segmenten nach 24, 29, 39, 58 Tagen (nach
C. Müller).

Abb. 14 Stück vom Vorderende von Lumbriculus rubellus (Ringelwurm) mit
segmentiertem Regenerat (nach Korschelt).

Abb. 15 Syllis ramosa (Meeresborstenwurm) nach Verletzungen zweigförmig
auswachsend (nach Korschelt und Heider).

schwindigkeit) ist umso größer, je weiter die Geistgestalt von ihrer
materiellen Verwirklichung entfernt, je ungestalter und embryonaler also der Leib noch ist. Je mehr sich aber die Geistgestalt ihrer
vollkommenen spiegelbildlichen Verwirklichung in der materiellen
Leibgestalt nähert, desto geringer werden Entwicklungsintensität
und Geschwindigkeit und sinken endlich beim erwachsenen Individuum auf Null.

Mit der restlosen Beseitigung jedes Potentialgefälles wäre aber
vollkommene Starrheit (wie bei den Kristallen) und sofortiger Tod
die Folge. Lebewesen unterscheiden sich aber u. a. dadurch von den
Kristallen, daß sie nicht nur fähig sind, materielle Gestaltung durch Evolution zu entwickeln, sondern sie

96

ganz oder teilweise auch wieder durch Involution einzuschmelzen. Jede Involution, d. h. Gestaltauflösung und Stoff-
beseitigung aber schafft zugleich einen neuen Raum und ein neues
Potentialgefälle für darauffolgende embryonale Wachstums- und
Differenzierungsprozesse, verjüngt also das Lebewesen. So werden
im menschlichen Körper stets z. B. Darmepithel-, Haut- und rote
Blutzellen ausgestoßen und durch neue ersetzt.

Nur im Gehirn unterbleiben solche Erneuerungen. Wir wissen,
daß der Mensch zeitlebens dieselben Ganglienzellen
wie bei seiner Geburt hat. Hier erreichen also die Struktur-
bildungstendenzen ein Maximum, und es ist größte Stabilität gewährleistet, wie es für das Organ des Bewußtseins, das
zugleich „Altersorgan" ist, nötig scheint. (Abb. 2, 5, 8.)

Sofern jedoch der menschliche Leib lebt, sind nicht Strukturbildung, sondern Strukturauflösung, nicht Stoffaufnahme,
sondern Stoffausscheidung das Primäre. In der Ausscheidung liegt eine Lebensaktivität, die vielleicht noch größer ist als
die in der Stoffaufnahme. Das Protoplasma kann nämlich nur
Träger der Lebenserscheinungen sein, wenn es immer wieder de-
strukturiert und ausgeschieden wird. Der materielle Körper ist in
einer Hinsicht Hemmung für die Wirksamkeit des Ätherischen und
dieses kann immer nur dann erneut tätig sein, wenn durch Abstoßung und Ausscheidung materieller Substanzen ein „freier
Raum" für neuen Aufbau geschaffen wurde[1]). Bei den Pflanzen
ist diese Ausscheidung freilich noch eine mehr passive Ablagerung
mineralisierender Substanzen, z. B. in den verdickten Zellmembranen und Verholzungszonen. Ähnlich lagern auch die in dieser
Hinsicht noch pflanzenähnlichen Korallentiere den Kalk nach
außen ab, wodurch der Korallenstock in die Höhe wächst. Bei
den meisten Tieren aber kommt zu dieser passiven Ablagerung
noch der aktive Abbau und die darauf erfolgende aktive
Ausscheidung der Körperstoffe z. B. in Harn und Schweiß hinzu.
Hier wirkt freilich nicht mehr nur die ätherische, sondern die

---

[1]) Es ist dies ein Wesensunterschied zwischen Maschine und Lebewesen,
denn erstere bleibt gerade durch die starre Unberührtheit ihrer Teile funktions-
tüchtig.

später noch ausführlich zu besprechende seelische Kräfteorganisation mit.

Jedenfalls aber begreifen wir nun, warum gerade die mit fiebrigen Krankheiten, Hungerkuren, Aderlässen und Verletzungen verbundenen Substanzverluste von einer verstärkten Aktivierung der Wachstums- und Heilkräfte, also von einer Verjüngung gefolgt sein können. Es geschieht hier dasselbe, wie wenn jemand seinen Schreibtisch revidiert und dabei die Fülle alter Schriftstücke etc., unter der er zu ersticken drohte, verbrennt, oder wenn jemand überflüssigen und belastenden Hausrat beseitigt, oder schließlich mit alten Bindungen bricht und ein neues unbeschwertes Leben beginnt. Ein solcher Mensch häutet sich dann gleichsam. Gewiß, solche radikalen Entschlüsse fallen oft schwer, wir hängen am „alten Kram" und ihn abzustoßen, kann für uns etwas wie ein teilweises Sterben bedeuten.

Aber alles Aufleben ist an ein vorheriges Absterben und Ausstoßen materieller Leichenreste gebunden, wodurch erst Raum für neues Leben entsteht[1]). Allzugroßer Stoffreichtum belastet die Lebenskräfte unseres Leibes oft ebenso wie allzugroßer äußerer Besitz unsere soziale Existenz, besonders dann, wenn diese Stoffe und dieser Besitz „tot" sind, d. h. nicht entsprechend vom Leben durchherrscht werden, wenn sie also Ballast sind. Von solchen Einsichten ausgehend, verwendet man in der Therapie, gerade auch bei schwächlichen, blutarmen, appetitlosen Patienten, unter bestimmten Umständen sorgfältig dosierte Fastenkuren und Aderlässe, **um durch den Entzug materieller Stoffe die ätherischen Bildekräfte zu befreien und anzuregen.**

Ähnlich liegt es bei Verletzungen. Schneidet man also z. B. einem Wassermolch eine Extremität ab, so wird das Gleichgewicht zwischen der Geistgestalt und der Leibgestalt, das hier bestand, ge-

---

[1]) Das großartigste Beispiel hierfür ist die Verwandlung der Raupe in den Schmetterling, wobei während der Puppenruhe, die nur äußerlich betrachtet „Ruhe" ist, alle Raupenorgane eingeschmolzen und ein Teil ausgestoßen werden und aus kleinen Wachstumszentren (Imaginalscheiben) der Schmetterling sich bildet.

stört, die ätherische Kräfteorganisation befindet sich nicht mehr in spiegelbildlicher Deckung mit dem physischen Leib, sondern wird durch den Wegfall der Extremität an dieser Stelle frei. Durch keine materiellen Körperstrukturen mehr gebunden, entfaltet sie nun aufs neue eine ebenso intensive Tätigkeit wie in der Embryonalzeit. Sie beginnt nun die der Wundstelle benachbarten Zellen, die unter normalen Umständen, d. h. ohne Amputation, innerhalb des unbeschädigten Beines schon längst zur Ruhe gekommen waren, zu ergreifen und sie zu intensiver Zellteilung anzuregen und formt endlich aus dem so heranwachsenden Granulationsgewebe nach und nach die neue Extremität. Deren Gewebe (Muskel, Nerven, Knochen, Haut, Sehnen etc.) sind also keineswegs unmittelbare Erzeugnisse der entsprechenden Gewebe des Amputationsstumpfes, sondern nehmen, wie in der Embryonalentwicklung, aus undifferenzierten (bzw. rückdifferenzierten) Zellhaufen ihren Ursprung.

Regeneration und Wundheilung sind also partielle Embryonalzustände des Organismus. Die Zellen selbst sind hierbei lediglich Werkzeuge. Der eigentliche Grund aber ist die, durch den Wegfall eines Körperteiles an einer bestimmten Stelle gleichsam frei gewordene ätherische Kräfteorganisation („Ätherleib"), die nun so lange am Wundrande in Zellvermehrungen und Organformungen tätig ist, bis sie im Regenerat wieder ihr volles materielles Spiegelbild aufgebaut hat und sich mit ihm wieder im Gleichgewicht, d. h. in Wachstumsruhe befindet.

Bei niederen Tieren, z. B. gewissen Würmern (vgl. Abb. 10ff), vermögen kleine Körperstücke auf diese Weise durch Wachstum das Fehlende zu ergänzen, wobei sie die neugebildeten Körperteile auch noch mit Nahrungsstoffen versorgen müssen und hierzu einen Teil ihrer eigenen Zellgewebe verflüssigen. Besonders wunderbare Vorgänge zeigen manche Aszidien (vgl. Abb. 16). Schneidet man das obere, den Kiemenkorb enthaltende Stück eines solchen Tieres ab, so vermag es nicht unmittelbar durch Wachstum das Fehlende zu ergänzen. Es werden vielmehr durch eigentümliche Involutionserscheinungen zunächst alle Organe und Gewebe des abgeschnittenen Stückes eingeschmolzen, bis eine rundliche undifferenzierte

Masse entsteht. Aus dieser erst entwickelt sich dann, wie aus einem Ei, durch Evolution ein vollständiges, nur entsprechend kleines Tier.

Die Abb. 10—19 zeigen weitere Beispiele von Regenerationen zur Veranschaulichung der großartigen Souveränität der ätheri-

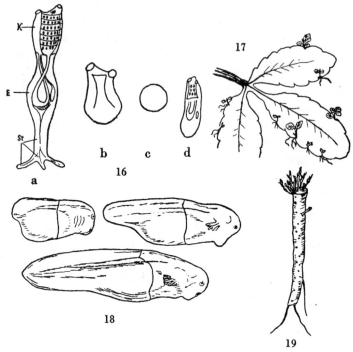

Abb. 16 Ascidie Clavelina, a) ganzes Tier (K Kiemenkorb, E Eingeweidesack, St Stammstolo zur veget. Vermehrung durch Sprossung), b) abgeschnittener Kiemenkorb, c) derselbe 9 Tage nachher, totale Involution zu einem amorphen Zellhaufen, d) nach 17 Tagen daraus entwickeltes kleines aber vollständiges Tier (nach Driesch).

Abb. 17 Blatt von Bryophyllum mit kleinen Pflänzchen an den Randkerben (nach Kerner-Hansen).

Abb. 18 Froschlarven experimentell erzeugt durch Zusammenwachsen eines Vorderendes von Rana sylvatica und eines Hinterendes von Rana palustris, drei aufeinanderfolgende Entwicklungsstadien (nach 2, 26 und 51 Stunden) (nach Harrison).

Abb. 19 Stück einer Pappelwurzel mit Sprossenbildung (nach Vöchting).

100

schen Bildekräfte gegenüber dem Körperlichen. Körperliche Organe, Zellen und Substanzen sind hier wirklich nur Materialien, die bald geformt, bald wieder eingeschmolzen und umgeformt werden, ganz so souverän wie der Plastiker mit weichem Ton oder Wachs verfährt. Die Leistungen der Zellen müssen daher, ganz im Gegensatz zur herkömmlichen Meinung, nicht als Ursachen, sondern nur als Symptome der jeweiligen Wirksamkeit der ätherischen Bildekräfte und ihrer Urbilder gelten.

Der Mensch besitzt nun von allen diesen Fähigkeiten niederer Tiere kaum noch Spuren. Er kann ja nicht einmal den Verlust eines Hautstückes vollständig und so ersetzen, daß es nicht nur zur Vernarbung, sondern zur Bildung eines der ursprünglichen Haut gleichwertigen Gewebes kommt. Und diese an sich geringe Regenerationskraft nimmt außerdem während des Lebenslaufes stetig ab. Beim Jugendlichen verheilt z. B. ein einfacher Knochenbruch rasch, im hohen Alter langsam und unvollkommen und schließlich garnicht mehr. Man muß die Frage aufwerfen: Was geschieht im Menschen mit den ungeheueren ätherischen Wachstums-, Regenerations- und Fortpflanzungskräften der niederen Tiere bzw. mit den immerhin noch bedeutsamen Kräften, welche die Frucht im Mutterleibe oder der Säugling besitzt? Verschwinden sie völlig? Keineswegs! Sie ziehen sich nur aus dem körperlich-materiellen Betätigungsbereich zurück, machen eine Metamorphose durch, werden vom Geistig-Seelischen ergriffen und bilden so die Grundlage dessen, was der Mensch nach außen hin als bewußte Gedanken- und Gedächtniskraft entwickelt.

Durch unsere Bewußtseinsleistungen, besonders durch das Denken, entziehen wir dem Leibe Ernährungs-, Wachstums- und Heilungskräfte. Bei Kindern, aber auch bei gewissen schwächlichen Erwachsenen, kann leicht beobachtet werden, wie jede starke Bewußtseinsbeanspruchung mit einer Verlangsamung bzw. Hemmung von Verdauung, Wachstum, Rekonvaleszenz oder Wundheilung gekoppelt ist. Verglichen mit den Leibern niederer Tiere ist der menschliche Leib an sich lebensarm und wird durch die menschliche Bewußtseinsentwicklung bis nahe an die Grenze des Erkrankens und Sterbens herangeführt.

Diese unbestreitbare Wahrheit darf jedoch keineswegs nur einseitig und pessimistisch betrachtet werden. Denn durch die Ätherverarmung und Entvitalisierung seines Leibes erkauft der Mensch die schöpferische Produktivität seiner persönlichen und geschichtlichen Kulturentwicklung. Vermöchten wir nämlich verlorene Gliedmaßen oder Augen zu ersetzen oder nach Halbierung oder Viertelung unseres Körpers zum Ganzen auszuwachsen, ja besäßen wir auch nur die ungeheuren Ernährungs- und Fortpflanzungskräfte niederer Tiere (z. B. der Bandwürmer), so versänke unser Dasein in schlafhafte Dumpfheit. Auch in höheren Bereichen gibt es nämlich ein „Gesetz der Erhaltung der Energie", d. h. was an Wachstums-, Ernährungs- und Fortpflanzungskräften auf physischer Ebene zurückgestaut wird, das kann auf der Ebene kulturellen Schaffens zum Vorschein kommen.

Niedere Tiere, ja in gewisser Hinsicht alle untermenschlichen Naturbereiche erschöpfen sich in der Produktion physischer Substanz. (Man denke z. B. an die Millionen Eier niederer Tiere.) Der Mensch reißt sich davon los und dient der Produktion geistiger und moralischer „Substanz", die für die Zukunft des ganzen Erdenplaneten entscheidend sein wird. „Wenn ich also denke oder fühle, so denke und fühle ich mit denselben Kräften, die da in den niederen Tieren oder in der Pflanzenwelt plastisch tätig sind und es besteht daher ein vollständiger Parallelismus zwischen dem, was wir innerlich seelisch erleben und dem, was in der äußeren Welt gestaltende Naturkräfte sind" (R. Steiner). Hierdurch fällt erneutes Licht auf die im methodischen Eingangskapitel entwickelte Erkenntnistheorie: Weil wir nämlich in unserem Bewußtsein dieselben Kräfte tragen, welche draußen in der Natur, z. B. Pflanzen und Tiere gestalten, können wir überhaupt die Welt erkennen. Dieses bewußte Erkennen ist dann freilich in uns selbst an die Herabdämpfung, ja an das Welken und Absterben der Lebenskräfte unseres Leibes geknüpft.

Solche Gesichtspunkte können auch zu ganz neuen Beurteilungsmöglichkeiten körperlicher Schwächen und Krankheiten führen. Gewiß sind physische Kraft und Gesundheit wünschenswert und gehört ihre Förderung zum Aufgabenbereich des Arztes. Waren aber nicht andrerseits schwache, kränkliche, ja totüberschattete Menschen (man denke an Novalis oder Christian Morgenstern) gewaltige Geistkünder und zwar keineswegs trotz, sondern gerade wegen ihres körperlichen Zustandes? Man kann nämlich oftmals beobachten, wie hundertprozentig gesunde, robuste Muskel- und Knochenmenschen alle ihre ätherischen und geistig-seelischen Kräfte zum Aufbau ihrer blühenden Leiber benötigen und ganz tief in deren Funktionen versunken sind, während andrerseits schwächliche oder kranke Menschen eigentümlich durchsichtige Leiber besitzen, weshalb die hier frei gewordenen ätherischen und geistig-seelischen Kräfte sich nun Eindrücken und Erkenntnissen zuwenden können, von denen jene robusten Typen nichts ahnen. Dies darf freilich nicht umgedreht werden, denn keineswegs ist jeder Kranke genial, oder muß man sich gar krank machen, um geistig wach und schöpferisch zu werden.

4. ERINNERN UND VERGESSEN

Als letzter Schritt bleibt nun noch, zu zeigen, wie auch die im Zusammenhang mit Einschlafen und Aufwachen charakterisierte geistig-seelische Komponente des Menschen in zwei Glieder zerfällt: Es gibt nämlich eine Art „Einschlafen", darin nicht das Bewußtsein schlechthin und gänzlich, sondern nur die höhere eigentlich menschliche Form des Selbstbewußtseins verschwindet. Dieses „Einschlafen" markiert dann die Grenze zwischen Tier und Mensch und macht auf den Unterschied aufmerksam, der zwischen einem nur beseelten und einem durchgeistigten Wesen besteht[1].

Es ist hier hinzuweisen auf Zustände rauschähnlicher Benommenheit, darin immer ausschließlicher dumpfe Sympathien und Antipathien, Stimmungen, Instinkte und Triebhandlungen füh-

---

[1] Paracelsus wußte noch um diese Unterschiede, wenn er sagt: „Der Geist ist nicht die Seele, sondern wenn es möglich wäre, so wäre der Geist die Seele der Seele, wie die Seele der Geist des Leibes ist." (Paracelsus Werke, G. Fischer, Jena, Bd. 4, 261 f.).

rend werden und dem menschlichen Bewußtsein die Überschau über die wirklichen Zusammenhänge verloren geht. Wir sagen dann etwa: Jemand sei nicht „bei sich", sondern „außer sich", er verliere die menschliche Haltung und Selbstbeherrschung, er benehme sich selbstvergessen, ich- und verantwortungslos, habe keine Möglichkeit, sich selbst und die Sachlage objektiv und distanziert zu beurteilen etc.; er sei also mehr oder weniger unzurechnungsfähig, unansprechbar und unbelehrbar, man müsse also erst warten, bis er sich beruhigt, besonnen und wiederum zu sich selbst gekommen sei.

Selbstverständlich gibt es hier unendlich viele Übergänge von den schwersten Zuständen pathologischen Außersichseins (Rausch, Vergiftungen, Fieberdelirien, Geisteskrankheiten, idiotische Minderwertigkeit etc.) bis zu jenen kaum merklichen Trübungen des höheren Bewußtseins, welche sich z. B. durch Vergeßlichkeit, gedankenloses Daherreden oder fahriges Dahinhandeln verraten. Vom Gesichtspunkt allmenschlicher Verantwortungsbereitschaft und weltweiter Sachlichkeit muß freilich auch das gewöhnliche menschliche Ichbewußtsein noch als halbschlafend und nur als der erste schwache Keim des wahren geistigen Ichwesens gelten. Insoferne ist das Menschsein des Menschen noch keine vollendete Tatsache, sondern überall und in uns allen erst noch im Werden. Ja, es kann scheinen, als verlange jeder von uns nur allzu oft und allzu gerne nach jenem Geistes-Ich-Schlafe und habe das Bedürfnis, sich immer wieder einmal „gehen zu lassen", d. h. sich dem Vergessen, der Gedanken- und Verantwortungslosigkeit hinzugeben.

Denn das „höhere Wachen" im Geistes-Ichbewußtsein erfordert einen Grad persönlicher Mühe, den wir immer nur vorrübergehend, nicht aber dauernd aufbringen können — — oder aufzubringen willens sind.

Solche Erscheinungen interessieren vielleicht zunächst den Arzt wenig. Dennoch machen sie auf ein Wesensglied des Menschen aufmerksam (sein geistiges Ichwesen), das vorhanden sein muß, wenn der Mensch bis in das Anatomische und Physiologische hinein sich entwickeln und normal funktionieren soll. „Ichbewußtsein" darf natürlich nicht mit dem Ichwesen selbst gleichgesetzt werden, weil es nur dessen Ausdruck auf der Ebene des Bewußtseins ist. Das Ichwesen („Ichorganisation", R. Steiner) selbst leitet bereits lange vor dem Erscheinen eines Ichbewußtsein die organischen Gestaltungsvorgänge der Embryonalzeit und frühen Kindheit, wirkt aber auch im Schlafe, um die menschliche Organisation mit Hilfe der ätherischen Ernährungs- und Regenerationsvorgänge so weit zu erneuern, daß sie nach dem Erwachen wieder Träger eines Ichbewußtseins werden kann. Wie auf der Ebene des Bewußtseins die ichbewußte Verantwortungskraft Herr wird über die Vielheit seelischer Stimmungen und Triebe und dadurch die Gestalt des menschlichen Bewußtseins gegenüber dem der Tiere begründet, so durchdringt auf der Ebene des Leibes in Embryonalzeit und Schlafzustand das Ichwesen die gesamten niederen im Menschen wirkenden Kräfteorganisationen, hält sie zusammen und leitet ihre Tätigkeit so, daß eben der Leib eines Menschen und nicht der eines Tieres entsteht. (Vgl. auch S. 116.)

Um diesen Unterschied des Ichhaft-Geistigen von der seelischen Stimmungs- und Kräftewelt, wie sie im Tiere ausschließlich, aber auch in gewissen Regionen des Menschen wirkt, eingehender zu begründen, ist auf den Wesensunterschied zwischen tierischem und menschlichem Verhalten hinzuweisen. Man vergegenwärtige sich hierzu ein auf Jagd befindliches Raubtier: von den Hungerstimmungen seines Leibes getrieben, schweift es spähend, horchend und schnüffelnd durch die Gegend. Es sieht nicht die fernen Berge und Wolken, nicht die nahen Blumen und Steine, ja nicht einmal seine Beute als solche und in sachlicher Klarheit, sondern ihr Anblick erregt in ihm nur den Trieb zum Angriff und zum Fressen. Unvoreingenommene Beobachtung der Tiere ergibt, daß kein Tier jemals sich selbst, ein anderes Tier oder irgend ein Ding der Umwelt in klarer Gegenständlichkeit und so erblickte, wie es z. B. die Voraussetzung künstlerischer oder wissenschaftlicher Betrachtung ist (Begriffsbildung!). Deshalb verfügen Tiere auch nicht über wirkliche „Sprache", sondern ihre Laute und Gebärden sind nur Ausdruck ihrer subjektiven Stimmungen und

Triebe und nicht, wie menschliche Worte, Gefäße sachhaltiger Mitteilungen[1]).

Unvoreingenommene Beobachtung ergibt nun zwar, daß Tiere sehr bewegliche Intelligenz zeigen können, daß diese aber ganz „situationsgebunden" ist, d. h. sich von der unmittelbaren sinnlichen Gegebenheit nicht loszulösen vermag. Daher orientieren sich Tiere zwar außerordentlich rasch in ihrer Umgebung, sie kennen sich in einer Landschaft oder in einem Hause oft besser aus als ein Mensch. Dieses „Kennen" verbleibt jedoch ein unmittelbar praktisches und erhebt sich nicht zum Begriff. Kein Hund wäre daher fähig (auch wenn er es technisch könnte), einen Situationsplan eines Gartens oder Hauses zu zeichnen oder einen solchen zu verstehen — — so sicher er sich an diesen Orten praktisch bewegt. Bei bestimmten Kopfverletzungen wird an Menschen im Zusammenhang mit dem Schwunde der ichbewußten Persönlichkeit Ähnliches beobachtet.

Man muß also sagen: Tiere haben zwar Bewußtsein, d. h. sie empfangen Sinneseindrücke ihrer Umgebung und Zustandseindrücke ihres eigenen Innern, vermögen diese auch in sinnvoller Weise zu verwerten, erheben sich aber nicht zu überschauenden sachlichen und begrifflichen Erkenntnissen. Sie kennen nur Motivdinge, Eßbares oder Gleichgültiges, Anziehendes oder Abstoßendes etc. Ohne jede Möglichkeit zur Freiheit werden sie von den Eindrücken ihrer Um- und Innenwelt regiert. In gewisser Hinsicht kann man das tierische Dasein ein „Träumen mit offenen Augen" nennen. Auch die hohe Moralität und Weisheit, z. B. der Brutinstinkte, ist nicht bewußte Einsicht und Opfertat des einzelnen Individuums, sondern unweigerlicher Ausdruck der von der Natur in seine leibliche und seelische Organisation hineingebauten Verhaltungsweisen.

Damit hängt nun aufs engste die Tatsache zusammen, daß Tiere reine Gegenwarts- und Augenblickswesen sind.

---

[1]) Vgl. O. J. Hartmann, Der Kampf um den Menschen in Natur, Geschichte und Mythos, München 1934 (Kap. Seelenschicksale etc.). H. Poppelbaum, Mensch und Tier, 1937. Eine zusammenfassende Darstellung dieser Probleme gibt A. Gehlen, Der Mensch, sein Wesen und seine Stellung in d. Natur, 1940.

Entferntes oder Vergangenes, d. h. nicht unmittelbar auf ein Tier Wirkendes ist für dieses nicht vorhanden. Selbstverständlich wird Empfinden und Verhalten der Tiere in der Gegenwart maßgebend bestimmt durch vergangenes Verhalten und Empfinden und darauf beruht alle „Erfahrung" bzw. Dressur. Der geschlagene Hund z. B. scheut die Peitsche, bzw. er begrüßt freudig die Ankunft des Herrn. In beiden Fällen wird er zwar in seinem gegenwärtigen Verhalten von vergangenen Ereignissen bestimmt, vermag sich diese selbst aber nicht frei zu vergegenwärtigen, besitzt also nicht ein Erinnerungsvermögen im menschlichen Sinne und könnte also nicht im Alter und rückschauend auf sein Leben seine Biographie schreiben. Er hat keine „besonnte Vergangenheit". Man wird vielleicht entgegnen, ein Hund sei in Abwesenheit seines Herrn traurig, ja er verweigere sogar die Nahrung. Aber dies bedeutet doch nur, daß ihm die Gegenwart des Herrn fehlt, daß er stimmungs-mäßig und bis in seine körperlichen Zustände darunter Mangel leidet, nicht aber, daß er die Kraft besitzt, in sich das Bild des abwesenden Herrn zu erwecken und so an ihn zu denken, wie es ein Mensch, etwa ein Maler oder Dichter vermöchte. Hier liegen aber nicht etwa graduelle, sondern prinzipielle Unterschiede vor.

Die Vorsorge nestbauender, speichernder (Hamster), oder bei herannahendem Winter wandernder Tiere (Zugvögel) hat offenbar nichts mit zeitlicher Überschau und Planung zu tun, sondern erhebt sich aus der Eigenart tierischer Leiblichkeit, ist also instinktiv. Selbst die Menschenaffen sind zu erinnernder Vergegenwärtigung gänzlich unfähig. Nach Köhlers[1]) Versuchen in Teneriffa lernen es zwar Schimpansen, sich eines Stockes zu bedienen, um damit eine unerreichbare Banane herbeizuholen. Der Stock muß jedoch mit der Banane zusammen im Gesichtsfeld liegen. Liegt er außerhalb, also etwa auf der entgegengesetzten Seite des Tieres, so ergreift ihn dieses auch dann nicht, wenn es ihn in anderen Fällen schon mehr-fach als Werkzeug verwendet hatte. Was nicht sinnlich gegenwärtig ist, entschwindet also dem Bewußtsein und kann kaum einen Augen-blick innerlich festgehalten (vergegenwärtigt) werden. „Erinne-rungsinhalte erfüllen die Affenseele vermutlich in höherem Maße

---

[1]) Abhandl. Berl. Akad. 1917.

als alle anderen Tierseelen. Aber diese Erinnerungsinhalte werden nur vom jeweils für das Tier Aktuellen ausgelöst, sie bleiben an das Empfinden des Augenblicks geknüpft und spinnen nicht selbständig weiter, sie führen nicht zur Begriffsbildung. Sie bleiben Seele, werden aber niemals Geist." (H. Fritsche, Tierseele und Schöpfungsgeheimnis, Leipzig 1940).

Um nun das in den Tieren (und nach einer gewissen Seite auch im Menschen) wirksame Seelenprinzip unmittelbar zu schauen, vergegenwärtige man sich folgende Bilder:

1. Die rastlose äußere Beweglichkeit, das Hin- und Herlaufen, Fliegen und Schwimmen, das Angreifen und Fliehen der Tiere, aber auch die innere Regsamkeit ihres Empfindens und Begehrens und ihrer Stimmungen, die bald vibrieren wie eine gespannte Saite, bald wieder in dumpfe Gleichgültigkeit versinken. Man denke an die raschen, oft unvermittelten Launen z. B. einer Katze, die jetzt wohlig schnurrt, im nächsten Augenblicke aber bösartig faucht und kratzt. Man vergegenwärtige sich endlich die innere Beweglichkeit des tierischen Leibes, das kreisende Blut, die strömenden Lymph- und Gewebesäfte, die rhythmischen Bewegungen des Atmungs- und Verdauungssystems etc.

2. Und dann halte man diese innere tierische Beweglichkeit und Regsamkeit mit demjenigen zusammen, was draußen im Wechsel der Atmosphäre bei verschiedenen Witterungen, Tages-, Monats- und Jahreszeiten geschieht und blicke hinaus in das makrokosmische Planetensystem und versuche sich bildhaft vorzustellen, wie da die Planeten in großen oder kleinen Bahnen langsam oder schnell dahinziehen und hierdurch ein gewaltiges makrokosmisches Bewegungsspiel, eine nie rastende und sich immer neu konfigurierende Regsamkeit gegeben ist.

3. Schließlich beobachte man, wie die Reizbarkeit und Gestimmtheit der Tiere in eigentümlichen Zusammenhängen steht mit den Stimmungen, Verwandlungen und Kräftekonstellationen der Erdenatmosphäre und der Erdentiefen (z. B. mit heraufziehenden Gewittern oder sich vorbereitenden Erdbeben oder Springfluten etc.) und diese selbst Auswirkungen bestimmter Konstellationen des Planetensystems sind.

108

Gelingt es alle diese Phänomene geistig zusammenzuschauen, dann erfaßt man ein großes Weltenprinzip, das sich sowohl in der mikrokosmisch-tierischen als auch in der atmosphärisch-tellurischen, als endlich in der makrokosmisch-planetaren Regsamkeit und Wandelbarkeit spiegelt. Man versteht dann auch, warum die Kräfteorganisation, welche den tierischen Leib mit Sinnesempfindlichkeit, Seelengestimmtheit und Beweglichkeit durchdringt, astralische Kräfteorganisation oder „Astralleib" (R. Steiner) genannt werden kann.

Hierbei darf aber wiederum (wie bei „Ätherleib") unter „Leib" an nichts körperlich Materielles, sondern ausschließlich an eine gesetzmäßig zusammenhängende Kräfteorganisation gedacht werden. „Astralisch" (zusammenhängend mit „astrum" Gestirn) aber wird sie im Anschluß an einen bei den Griechen und noch bei Paracelsus gebräuchlichen Namen genannt, welcher andeutet, daß man sich hierbei noch weiter als beim Ätherischen von allem Irdisch-Körperlichen entfernen und in eine Welt reiner Bewegungshaftigkeit erheben muß, wie sie am großartigsten das Planetensystem darstellt. Der Ausdruck „Gestirn" meint ja nicht den einzelnen materiellen Planetenkörper, sondern die Planetenbahn, ja das Bewegungsprinzip und den wechselnden Zusammenklang aller Planetenbahnen, in denen ja, wie eine kurze Überlegung zeigt, auch alle Bewegungen auf Erden (Wasserströmungen und Winde ebenso wie pflanzliches Wachstum und tierische Muskelenergie) letztlich gründen. Die Antike und auch Kepler waren nicht so töricht, als es uns heute scheinen mag, wenn sie vom Zusammenhang der „Weltenseele" mit der „Weltenmusik" und „Weltenmathematik" sprachen und ein Abbild hiervon sowohl in den Planetenbahnen als auch im weisheitsvollen Bau und Verhalten des Tieres zu sehen meinten. (Vgl. „Erde und Kosmos" 2. Aufl. S. 27).

Man kann sich dann Folgendes klarmachen: Nur durch seinen physisch-materiellen Körper ist der Mensch, wie alle materiellen Dinge, ein Glied der Erde. Aber bereits durch die seinen Körper durchdringenden vegetativ-ätherischen Wachstums- und Gestaltungskräfte („Ätherleib") ist er, wie alle belebten Wesen, ein Glied der außerirdischen, kosmischen Raumesweiten und der diese

109

Weiten durchwirkenden ätherischen Welt. Durch seine seelisch-astralischen Empfindungs- und Begehrenskräfte („Astralleib") endlich wird er, wie auch die Tiere, Glied einer noch umfassenderen astralischen Welt, in die auch andere, außerirdische Weltkörper, nämlich die Planeten mit ihren Bewegungen eingewoben sind. Vom Astralischen darf man daher nicht mehr nur sagen (vgl. S. 81) es strahle (wie das Ätherische) allseitig aus den Raumesweiten zentripetal herein und baue auf und belebe organische Leiber. Will man dennoch ein Bild gebrauchen (und solche Schilderungen sind immer nur Bilder), so mag man sagen: Aus dem Überräumlichen hereinwirkend, umkreise das Astralische im Bilde der Planetenbahnen die Erde bzw. die lebendigen Leiber der Tiere und Menschen und tauche, gleich einer Wirbelspirale, bald mehr und bald weniger tief in sie ein. Als Folge hiervon schlagen dann die ätherischen Bildekräfte in der Embryonalentwicke-lung solche Wege ein, daß es zunächst zur Ausbildung der inneren animalischen Organisation (Herz, Lunge, Darm, Sinnesorgane, Nervensystem etc.), weiterhin zu animalischen Funktionen (Atmung, Zirkulation, Nierensekretion, Darmperistaltik etc.) und endlich zum Auftreten von Bewußtseinsprozessen kommt.

„Leben" (wie es die Pflanzen) und „Bewußtsein" („Er-leben") wie es die Tiere besitzen) sind demnach begrifflich streng zu trennen. Sie sind nicht nur verschieden, sondern geradezu entgegengesetzt. „Leben" (bedingt durch das Eingreifen des Ätherischen ins Stoffliche) organisiert, ernährt, baut auf, „Bewußtsein" hingegen (bedingt durch das Eingreifen des Astralischen in die physisch-ätherische Organisation) verbraucht, baut ab und höhlt gleichsam aus. So entsteht in den Tieren der anatomische und physiologische Gegensatz von Organen bzw. Körperregionen, die mehr dem aufbauenden Leben und mithin dem Schlafe dienen (Ernährungs- und Stoffwechselorgane, wie bes. die Leber) und solchen, die mehr Werkzeuge des Bewußtseins und des Wachens sind (Sinnes-Nervensystem, bes. Großhirn). Wie wir später noch zeigen werden, liegt freilich die organisierende Wirksamkeit des Seelisch-Astralischen aller tierischen Organisation (also auch z. B.

der Leber) zugrunde, weil die Embryonalentwickelung aller Tiere gänzlich andere Wege (Gastrulation!) als die rein ätherisch-vegetative Pflanzenwelt durchläuft. Während das Astralische aber in Bau und Funktion z. B. der Leber zeitlebens nur organisierend tätig ist und deshalb bewußtlos bleibt, folgt im Großhirn auf die organisierende Tätigkeit der Embryonalzeit bzw. des nächtlichen Schlafes das tiefgreifende funktionelle Eingreifen und Hindurchwirken in die Umwelt, welches zum Wachen führt und mit einem beträchtigen Abbau (Altern, Entvitalisierung!) dieses Organes verbunden ist.

Im Verholzen und Absterben nähert sich die Pflanze dem Mineralisch-Toten. Im Schlafe scheint sich das Tier vorübergehend der Pflanze zu nähern, weil ätherische Wachstums- und Erneuerungsvorgänge vorherrschen. Diese sind jedoch dann nicht ganz sich selbst überlassen (wie in der Pflanze), sondern werden durch die organisierende Tätigkeit des (jetzt unbewußten) Seelisch-Astralischen so geleitet, daß eben nicht die Gestalt einer Pflanze, sondern die eines Tieres entsteht. Auch das schlafende Tier (bzw. Mensch) ist demnach nicht nur Pflanze.

Wer nun hier einwendet, die Pflanze besitze doch auch Bewußtsein und sei beseelt, weil sie z. B. auf Schatten und Licht sinnvoll reagiere, der müßte konsequenterweise auch den Reaktionen einer Magnetnadel Bewußtsein zuschreiben und verwechselt überdies die pflanzlichen Lebens- und Wachstumsreaktionen auf Umweltreize (Tropismen und Nastien) mit dem tierischen Vermögen, die eigenen Leibeszustände innerlich selbst zu empfinden, sie also zu erleben.

Bezeichnet man das Ätherische auf Grund seiner vorzüglichsten Wirksamkeit als „Wachstums- und Ernährungsleib", so kann man das Astralische „Begierden- und Empfindungsleib" nennen. Der Reichtum tierischer Formen und Verhaltungsweisen ist dann nichts anderes, als die auseinandergelegte Verkörperung eines astralischen Kosmos, d. h. eines Kosmos seelischer Trieb-, Empfindungs- und Begehrenskräfte, deren höhere zusammengeballte und verinnerlichte Einheit im mikrokosmischen Seelenwesen des Menschen erscheint. In diesem Sinne hat J. H. Fichte die Tiere „Partikularwesen", den Menschen „Universalwesen" genannt.

Dies führt uns zur Frage des Wesensunterschiedes von Tier und Mensch, d. h. zur Auffindung des noch fehlenden vierten menschlichen Wesensgliedes:

„Das Bewußtsein, das Ich, ist das Fundament des Vorzuges des Menschen vor den Tieren, die es nicht haben. Identität des Ich". Mit diesen Worten weist Kant auf das eigentliche Zentralmysterium des Menschseins und Hegel nennt dieses Ich „den durch die Naturseele schlagenden und ihre Natürlichkeit verzehrenden Blitz. In ihm erhebt sich die Seele des Menschen im Unterschied von der in der Beschränktheit versenkten tierischen Seele über den beschränkten Inhalt des Empfundenen und kommt dazu, eine von der Leiblichkeit befreite, sich auf sich selber beziehende Totalität zu sein."

Dies ist in der Tat der Unterschied des Ichhaft-Geistigen vom Seelisch-Astralischen, der im Folgenden wenigstens nach einer bestimmten Seite genauer betrachtet werden soll. Es ist dies „Erinnern und Vergessen".

Ein seelisch-astralisches Wesen, wie ein Tier, schwimmt gänzlich im Strome stets wechselnder, entstehender und vergehender Erlebnisse und Stimmungen. Seinem Bau und seinem ganzen Verhalten nach ist es ein Bild ruhelosen Wanderns und friedloser Getriebenheit, die trotzdem nie ans „Ziel" gelangt, weil dieses ausschließlich in der Besonnenheit und Kraft des Ich-bin liegen könnte. Das Tier besitzt keine Möglichkeit, sich selbst im Zeitenstrome als ein Dauerndes zu erleben und zu bewahren. Das Vergangene ist ihm daher auf ewig versunken, das Zukünftige ist noch außerhalb seines Blickfeldes und das Gegenwärtige selbst nur ein schattenhaftes Vorbeigleiten aus dem Noch-nicht in das Nichtmehr. Hiermit steht nicht in Widerspruch sondern in Einklang das außerordentlich feine, an Hellfühligkeit grenzende Zeitempfinden, wie es z. B. Zugvögel entwickeln.

Durch sein Ich hebt sich nun der Mensch aus diesem vernichtenden Zeitenstrome heraus und ergreift in sich ein Zeitüberdauerndes, gleichsam Ewiges, von dem er weiß: „Ich bin, Ich war, Ich werde sein; Ich weiß um mich in allen Zeitenkreisen; Ich erinnere mich meiner als eines Vergangenen, ich fühle mich als einen Gegenwärtigen und ich will mich als einen Zukünftigen." Dergestalt erhebt sich jeder von uns zur Höhe eines Mysterienspruches, der aus alten Zeiten herübertönt und also lautet: „Ich bin der da ist, war und sein wird." Hierin gründet alle Logik, Moralität und alles Gewissen.

Und nun muß man sich Folgendes ganz klar machen: Einzig aus der Kraft dieses Ich-bin vermag es der Mensch, anderes als ein „Es ist" und „Du bist" anzusprechen, sich also über die subjektiven Stimmungseindrücke seiner Umgebung und über seine eigenen Zustände zu erheben und sich selbst und alles Wirkliche in ruhiger Sachlichkeit zu erblicken. Das eigene Ich-bin gibt uns die Kraft, auch allen Dingen das „Sein" zuzusprechen. Ein Tier ist stumpf und rettungslos z. B. dem Sinneseindruck „rot" hingegeben; ein Mensch durchdringt die Sinnesempfindung mit dem Denken und erhebt sich dadurch erst zur wirklichen Wahrnehmung: „Das da ist rot, dieses Rot ist da, ich nehme dieses Rot wahr." So bringt der Mensch die innerste Kraft seines eigenen Ich-bin bereits in der einfachsten Wahrnehmung an die Dinge heran und erfaßt dadurch diese in ihrem Sein und Sosein. Entsprechendes gilt nun auch für die Erinnerung: Der Mensch kann sich vergangener Ereignisse erinnern und sie bis in alle Einzelheiten bildhaft sich vergegenwärtigen, weil es sich seiner selbst erinnern kann und sein eigenes Ich als ein vergangenes, zukünftiges und gegenwärtiges weiß. Alles Vergessen auf Einzelnes gründet daher in letzter Hinsicht in der Selbstvergessenheit, darin der Mensch sein geistiges Ichwesen verliert und im Strome nur seelisch-astralischer Erlebnisse verantwortungslos dahinschwimmt.

Mit der Kraft zur Erinnerung der Vergangenheit geht dann zugleich auch verloren die Kraft zur Vorbereitung der Zukunft, ja auch die Kraft, ein wahrhaft Gegenwärtiger zu sein. Die Ausdrücke „Gedanke", „Gedenken" und „Gedächtnis" sind in der deutschen Sprache verwandt und weisen auf die hier vorliegenden geheimnisvollen Zusammenhänge hin. Entgegen dieser dreifachen Versuchung, sich selbst im Zeitenstrome zu verlieren, muß jeder von uns die Identität und Dauer seines Ich-bin diesem Zeitenstrome abtrotzen, indem er sich in sich sammelt und auf sein

Ewiges konzentriert. Ein Ich-Wesen „ist" man nicht einfach mühelos und von Gnaden der Natur (wie ein Astralwesen, Ätherwesen oder physisches Wesen), man „ist" es nur, wofern man sich selbst als Ich will.

Dieses Ich ist nun aber keineswegs nur eine philosophische, sondern in höchstem Maße eine ärztliche Angelegenheit. Bis in die anatomisch-physiologische Organisation ist nämlich der Mensch eine Ich-Gestalt, die dazu berufen ist, im Laufe der Kindheit und Jugend dem Ichwesen die Möglichkeit zu geben, zum Ichbewußtsein zu gelangen. Geht nun die Möglichkeit dieses Ichbewußtseins verloren, so trübt sich zuerst die Klarheit des Denkens und Erinnerns, hernach auch die Sprache, (sie wird z. B. schwer und lallend), weiterhin verliert der Körper die Fähigkeit aufrechten Standes und sicheren Ganges und schließlich kann, bei noch stärkerer Hemmung der Ichentfaltung, die Menschengestalt selbst zerbrechen und sich tierischen Formen anähneln. (Kretinismus).

Sinkt aber der Mensch derart auf die tierähnliche Stufe eines nur seelisch-astralen Wesens herab, so ist er hilfloser und niedriger als die Tiere. Denn ihn tragen dann nicht weisheitsvolle und moralische Instinkte, sein Leben verläuft nicht wie das der Tiere höchst geordnet und kosmisch gebunden, sondern er stürzt in ein zerrbildhaftes Seelenchaos und schließlich in Krankheit und Mißbildungen, weil seine ganze Organisation zum Unterschied der der Tiere auf die Wachheit seines Ichwesens berechnet ist. In frühester Kindheit ist der Mensch normalerweise ohne Ichbewußtsein, aber dies ist nur ein kurzer Durchgangszustand, wobei außerdem die Iche der Eltern und Erzieher helfend eingreifen und die stufenweise Geburt des kindlichen Ichbewußtseins unterstützen. Unterbleibt diese Geburt, so entstehen pathologische Hemmungsbildungen leichteren oder schwereren Grades.

Besonders entscheidend für das Lebensschicksal eines Menschen ist die Herrschaft des Ichs über das Astralische, d. h. über die Vielheit seelischer Empfindungen, Stimmungen und Leidenschaften. Was hier im Laufe der Embryonalentwickelung geschah und die Voraussetzung zum Entstehen eines menschlichen und nicht eines tierischen Leibes bildete, das muß nun auf höherer Ebene

114

innerhalb des Bewußtseins und in Freiheit geleistet werden. Das Seelisch-Astralische steht nämlich zwischen dem Ich und dem Physisch-Ätherischen und ist im Besonderen das Wesensglied, welches den Menschen durch Sensibilität und Motilität mit der Umwelt verbindet. Wird es also vom Ichbewußtsein nicht entsprechend beherrscht, so muß es in gesteigertem Maße chaotisierend und abbauend auf die ätherischen Ernährungs-, Regenerations- und Wachstumsvorgänge und damit indirekt verhärtend, krankmachend und tötend auf die körperliche Organisation wirken.

Wie wir schon sagten, werden die ätherischen Lebenskräfte von zwei Seiten her bedroht: von seiten der chemisch-physikalischen Materie, aus welcher der menschliche Leib stofflich sich aufbaut, und von seiten des Bewußtseins, welches verbrauchend, aushöhlend und ermüdend auf die vegetativen Lebensprozesse wirkt, und dadurch indirekt den Verhärtungs- und Todeskräften der Materie in die Hände arbeitet. Innerhalb des Bewußtseins entfalten eine solche schädigende Wirkung besonders die hemmungslosen Empfindungen, Reizbarkeiten und Triebe des Seelisch-Astralischen. Es ist bekannt, in wie hohem Grade diese schließlich zu Störungen von Atmung, Blutkreislauf und Magen, aber auch zu pathologischen Veränderungen der Leber-, Gallen-, Milz- und Nierenfunktionen führen können. Solche Störungen können daher nicht einseitig vom Physisch-Ätherischen aus geheilt werden, sie erfordern zugleich eine moralische Seelendiätetik. Ergreift und beherrscht nämlich das geistige Ichwesen das leicht erregbare und chaotisierbare Seelisch-Astralische, so hält es dieses zugleich von einer allzu großen abbauenden Wirksamkeit auf die ätherischen Lebenskräfte zurück und verhindert funktionelle Störungen, sowie vorzeitige Verhärtungen des Leibes. Andrerseits wissen wir, daß Hemmungslosigkeiten des Seelenlebens (Reizbarkeit, Mißgunst, Verzweiflung, Aufregungen) vorzeitige pathologische Schädigungen z. B. am Gefäßsystem (Sklerose, bes. Koronar-Sklerose) bewirken können.

Überschaut man diese Zusammenhänge, so darf man es vielleicht wagen, ein Letztes auszusprechen und dem weiteren Nachdenken zu überlassen: In der ruhelosen Geschäftigkeit tierischen Verhaltens und der Vielgestaltigkeit tierischer Formen prägt sich das Seelisch-Astralische aus, das wir in Zusammenhang bringen konnten mit der ruhelosen Beweglichkeit und den stets wechselnden Konstellationen des Planetensystems. Im Gebiete der Wandelsterne regiert die Zeit. Dann aber kann man das geistige Ichwesen des Menschen der ruhevollen Erhabenheit des Fixsternsystems vergleichen. Dieses ist ein Bild der Ewigkeit, die allen Zeitenwechsel durchgreift und überdauert. Wie dieses Fixsternsystem das Planetensystem umschließt, so umschließt die ruhevolle Gesammeltheit des Ichhaft-Geistigen im Menschen die ruhelose stets wandelbare Beweglichkeit seiner seelischen Stimmungen und Triebe. Diese Ruhe und dieser Friede im Ich-bin darf nicht mit der Todesstarrheit der Materie verwechselt werden. Sie sind nicht Mangel, sondern Ausdruck höchster, zugleich aber beherrschter Fülle und Kraft.

5. DIE VIER WESENSGLIEDER DES MENSCHEN

Die Phänomene des Lebens und Sterbens, Wachens und Schlafens, Erinnerns und Vergessens erwiesen also den Menschen als viergliedriges (vierschichtiges) Wesen, so freilich, daß diese vier Kräftesysteme (man kann sie kurz „Wesensglieder" nennen) kein mechanisches Auseinander, sondern eine komplizierte Ganzheit darstellen. Die Art des Gleichgewichtes bzw. das Überwiegen eines bestimmten Kräftesystemes in den einzelnen Organen kann durch vergleichendes Studium von deren Bau und Funktion näher erforscht werden. In den Nerven z. B. überwiegt das Physische und das Seelisch-Astralische, das Ätherische hingegen tritt zurück, weshalb Nervenfasern wenig vital sind und ein sehr geringes Regenerationsvermögen zeigen. Umgekehrt überwiegen z. B. in der Leber offensichtlich die ätherischen Stoffwechsel- und Ernährungsprozesse usw. Das wird im zweiten Teile näher untersucht.

Im allgemeinen kann man sagen: Die physisch-materiellen Stoffe verleihen uns Massigkeit und Schwere des Körpers. Die ätherisch-vegetativen Kräfte ergreifen diese Stoffe und bedingen dadurch Ernährung und Wachstum, aber auch Regeneration und Heilungsvorgänge. Die seelisch-astralischen bzw. ichhaft-geistigen Kräfte geben den ätherisch-vegetativen Lebensvorgängen während der Embryonalzeit bzw. im Schlafe die Ur- und Leitbilder, gemäß deren die Gestaltungs- und Wachstumsprozesse solche Richtungen einschlagen, daß eine animalische bzw. eine menschliche Innenorganisation entsteht. Sie betätigen sich also zunächst organisierend, im weiteren Verlaufe jedoch, (und zwar besonders im Nerven-Sinnessystem) funktionell und abbauend. Dadurch veranlassen sie ein Zweifaches: einerseits Bewußtsein bzw. Selbstbewußtsein (Wahrnehmen, Denken, Fühlen, Handeln), andrerseits (infolge Zurückdrängung der ätherisch-vegetativen Ernährungs- und Regenerationsvorgänge) eine vermehrte Verfestigung des Leibes und arbeiten in dieser Hinsicht den Erstarrungskräften des Physisch-Materiellen in die Hände. Hieraus wird der Zusammenhang zwischen Krankheit und Tod auf der einen, Bewußtsein und Selbstbewußtsein auf der anderen Seite verständlich. Das Ichhaft-Geistige endlich bremst gewisse Hemmungslosigkeiten des Seelisch-Astralischen ab, ballt die Triebenergien zusammen und hält sie dadurch vor zu tiefgreifender abbauender Wirksamkeit auf die ätherisch-vegetativen Leibes- und Lebensvorgänge zurück. (Man denke an den verzehrenden Einfluß unbeherrschter Leidenschaften und Gereiztheiten.)

Innerhalb des Menschen kämpfen also Ätherisches mit Physisch-Materiellem um Leben und Wachstum, Astralisch-Seelisches mit Ätherisch-Lebendigem um Erwachen und Bewußtsein, Ichhaft-Geistiges mit Astralisch-Seelischem um Besonnenheit und Wiedererinnerung. Die zahlreichen Wechselbeziehungen, die sich hier ergeben können, bilden die Möglichkeiten ebensovieler Gleichgewichtsstörungen (Erkrankungen), als auch Gleichgewichtswiederherstellungen (Heilungen). Wer dagegen sagt: ,,Wozu diese Komplikationen? Genügt es nicht einfach die materiellen Vorgänge zu studieren, um den Menschen zu verstehen?" — der verkennt, daß zwar alle übersinnlichen Kräfteorganisationen des Menschen sich im materiellen (chemischen und morphologischen) Bereiche abschatten, daß aber zum wirklichen Verständnis gerade der materiellen Vorgänge die Gesetze der Materie (der Physik und Chemie) nicht ausreichen. Dies wird wohl heute von allen einsichtigen Forschern zugegeben, wenngleich man sich scheut, die Konsequenzen zu ziehen[1]).

Die Viergliedrigkeit des Menschenwesens steht nun zugleich mit der Viergliedrigkeit der Naturreiche (Mineral-, Pflanzen-, Tier- und Menschenreich) in engstem Zusammenhang, so zwar, daß in jedem folgenden Naturreich zu den bisherigen ein neues Wesensglied hinzutritt, im Menschen also schließlich eine Vierheit von Wesensgliedern gesetzmäßig wirkt. Jedes unterhalb seiner stehende Naturbereich läßt stufenweise ein Wesensglied außerhalb, welches

---

[1]) An dieser Stelle pflegen sich zwei Einwände zu erheben, die in tiefeingefahrenen Fehlvorstellungen unseres landläufigen Denkens wurzeln. 1. Durch das Eingreifen übermaterieller Kräfte würden die Gesetze der Materie (Physik und Chemie) durchbrochen. Hierzu ist kurz folgendes zu sagen: zuerst überschätzt man die Materie, erklärt sie für die alleinige Wirklichkeit und muß dann freilich von „Durchbrechung von Naturgesetzen" sprechen, wenn sich herausstellt, daß es eben auch übergeordnete Gesetzmäßigkeiten des Lebens gibt. In Wahrheit ist aber das Materielle nur eine bestimmte Teil-Ebene der Wirklichkeit, die durch andere Ebenen begrenzt und mitbestimmt wird, aber auch wieder auf diese bestimmend und begrenzend zurückwirkt. So wenig die Gesetze des Lichtes durchbrochen werden, wenn der Lichtstrahl z. B. durch ein Schwerefeld von der Geraden abgelenkt wird, so wenig werden Physik und Chemie durchbrochen, wenn innerhalb belebter oder beseelter Wesen die materiellen Stoffe und Kräfte andere Richtungen einschlagen, als wenn sie allein sich selbst überlassen wären. Die materielle Welt ist nicht absolut in sich geschlossen, sie läßt Möglichkeiten offen, ja sie blickt geradezu auf das Eingreifen höherer Kräfte hin und zeigt eine gewisse „Geeignetheit" dienend ins Lebendige einzugehen. Dies hat mustergültig belegt L. J. Henderson, Die Umwelt des Lebens, 1914. 2. Die Wirksamkeit eines Übermateriellen und deshalb auch Überräumlichen („Geistigen") auf Räumlich-Materielles sei unvorstellbar und daher unmöglich. Hierzu ist zu sagen: Das Übermaterielle ist kein „Jenseits", sondern umfaßt und trägt in sich das Räumlich-Materielle, ja ist der Ursprung, aus welchem sich dieses heraussonderte und verdichtete. Nach dem Grade dieser Verdichtung und Verselbständigung steht dann das Materielle dem gestaltenden Eingreifen des Übermateriellen in verschiedenem Grade „offen". Diese Offenheit ist groß in den labilen Protoplasmastoffen, gering in der anorganischen Erdkruste. Ausführlicher darüber in meinem Buche „Erde und Kosmos", Kapitel „Die Über- und Unterordnung der Seinsebenen". Dort weitere Literatur.

der Mensch in sich trägt. Das Mineralische läßt drei, das Pflanzliche zwei, das Tierische ein Wesensglied jenseits.

Nun ist aber das Folgende zu beachten: Was so von den jeweiligen Naturbereichen nicht mikrokosmisch in die Eigenorganisation aufgenommen und zur inneren Wirksamkeit gebracht wird, das hört darum doch nicht gänzlich auf zu wirken, sondern wirkt nun von außen und aus dem Makrokosmos auf das betreffende Naturgebilde. Die Tiere z. B. haben daher wohl kein individuelles Ich, sind aber doch vom Ichhaft-Geistigen, womit sich der Mensch innerlich durchdringt, wie „überleuchtet" und wie von außen „regiert". Sie gleichen daher medialen Schlafwandlern, welche vom Ich eines Magnetiseurs geleitet werden. Um dies zu verstehen, denke man an die Instinkte der Insekten, deren Weisheit und soziale Moralität ihnen selbst gänzlich verborgen ist und sich an ihnen wie im medialen Trancezustand vollzieht. Schließlich wirkt in der Pflanzenwelt das Seelisch-Astralische, welches die Tiere innerlich mit Sensibilität und Motilität durchdringt, makrokosmisch und wie von außen und gliedert z. B. das Astwerk der Bäume bzw. erscheint in Gestalt, Chemismus, Farbe und Duft der Blüten. Davon wird dann noch im Folgenden ausführlich die Rede sein.

Es gibt wissenschaftliche Bestrebungen, welche sich bemühen, durch das Aufsuchen von „Analogien" die klaren Wesensunterschiede zu verwischen, die für unvoreingenommene Betrachtung zwischen den Naturreichen, sowie zwischen den menschlichen Wesensgliedern bestehen. Man spricht dann z. B. sowohl den Kristallen wie den Lebewesen „Gestalt" und „Ganzheit", den Tieren sowohl wie den Menschen „Seele", „Bewußtsein", „Verstand" und „Sprache" zu, ohne die gänzlich andere Ebene zu beachten, auf der sich hier jeweils „Gestalt" oder „Verstand" bekunden. Die Bedeutung solcher Analogien soll gewiß nicht unterschätzt werden. Ein volles Verständnis der Naturreiche, wie der menschlichen Wesensglieder, wird aber doch nur erreichen, wer es vermag, gleicherweise die Verwandtschaften wie die abgrundtiefen Unterschiede anzuerkennen, wer also weiß, daß sich in allen Naturreichen und Wesensgliedern zwar dieselbe Weltengeistigkeit, aber eben auf ganz verschiedenen Ebenen und mittels wesensverschiedener Gesetzlichkeiten bekundet. Die Welt ist harmonische Einheit und zugleich ausschließender Widerstreit.

Man bedenke nun folgendes: Innerhalb des Räumlich-Materiellen schließen sich die Gesetzlichkeiten des Physischen, Ätherischen, Astralischen und Ichhaften geradezu aus, so sehr sie sich untereinander ergänzen und eine höhere Einheit darstellen. Denn dasselbe materielle Gebilde kann eben nur entweder die Gestalt eines Kristalles oder die einer Pflanze usw. nicht aber alle Gestalten zugleich haben. Dies beweist, daß sich in der äußeren Erscheinung eines Naturgebildes nur die Gesetzmäßigkeit je eines und zwar des jeweils obersten Wesensgliedes unverhüllt ausprägen kann. Alle übrigen niederen, etwa am Aufbau eines Naturgebildes noch beteiligten Wesensglieder aber bleiben äußerlich unsichtbar und entfalten nur eine innere Wirksamkeit.

Unmittelbar treten uns also gegenüber: in den Menschen „Ichgestalten" (alles andere bleibt verhüllt), in den Tieren „Astralgestalten" (alles andere bleibt verhüllt), in den Pflanzen „Äthergestalten" (das Physisch-Materielle bleibt verhüllt) und in den Mineralen „physische Gestalten". Das Physisch-Materielle wird also nur im Mineralreich unmittelbar und als solches sinnlich wahrgenommen, in allen übrigen Naturreichen aber tritt es, wie die unvoreingenommene Beobachtung lehrt, als solches ganz zurück und macht nur die höheren Wesensglieder sichtbar. Man kann daher sagen: Die jeweils niederen Wesensglieder dienen in den Naturreichen nur der Sichtbarmachung des jeweils obersten Wesensgliedes. Dieses bestimmt daher die äußere Erscheinungsform bzw. kann umgekehrt durch ein vergleichendes Studium der Erscheinungsform entdeckt und gekennzeichnet werden.

Innerhalb des Menschen befinden sich dann nicht nur die physisch-mineralischen, sondern auch die ätherischen und astralischen Kräfte in einem „sich selbst fremden Zustande" (R. Steiner). Die menschliche Ichwesenheit prägt ihre Ichgestalt auch den pflanzlich-vegetativen und seelisch-animalischen Kräften, welche im Menschen wirken, ein, um durch diese hindurch, wie durch untergeordnete Werkzeuge, schließlich auch den physisch-materiellen

Körper zu prägen. Nichts kann also am gesunden Menschen aufgewiesen werden, was nicht ganz und gar die Prägung des Menschseins trüge. Es gilt dies ebenso für die ganze Gestalt, wie für die einzelnen Organe und Organfunktionen bis in die feinsten Einzelheiten des Gewebe- und Zellebens hinein. Entziehen sich irgendwelche Stoffe oder Funktionen dieser Prägung, so entstehen Krankheiten, die je nach der Ebene, auf welcher sich die Störung der Wesensglieder vollzieht, bald arthritische Ablagerungen, Steinbildungen, Sklerosen, Diabetes, bald Tumoren, bald Entzündungen, Diathesen, Exantheme etc. sind.

Machen wir uns dieses stufenweise klar:

Sollen die ätherisch-vegetativen Wachstumskräfte in die Erdenstoffe eingreifen und daraus eine Pflanze formen können, so müssen sie erst die Stoffe der Kristallisationstendenz der physisch-mineralischen Welt entreißen. Die Pflanze muß die Gesetze der Kristallwelt gleichsam zerbrechen, um durch einen chaotisch-formlosen Zustand hindurch ihre ätherische Eigengestalt aufzubauen. Dies vollzieht sich in allen Meristemen, (Vegetationspunkten, Knospen, Samen). Die chemisch-physikalischen Eigenschaften der Stoffe bestimmen hier also nicht, wie im Mineralisch-Leblosen, die körperliche Erscheinung, sie werden vielmehr an ihrer vollen Verwirklichung gehindert, nach innen zurückgestaut, so daß sie im Dynamisch-Prozessualen (in statu nascendi) verbleiben und, statt in stabilen kristallinen Formzuständen zu erstarren, die innere Beweglichkeit des protoplasmatischen Stoff- und Energiewechsels der Pflanze bilden helfen[1]). (Vgl. Abb. 55.)

Entsprechendes gilt für die Tiere. In deren Innenorganisation wirken freilich ätherisch-vegetative Bildekräfte, ohne welche Gestaltung und Wachstum tierische Organe unmöglich wären. Diese Ätherkräfte dürfen aber keineswegs die ihnen gemäße äußere Gestaltung erzeugen, weil dann eben pflanzliche Formen entstünden. Sie werden vielmehr durch das Eingreifen des Seelisch-Astralischen

---

[1]) Dieses Prinzip der Zurückstauung und damit Verinnerlichung und Dynamisierung ist geradezu fundamental für das Verständnis aller Naturbereiche und Seinsebenen, ganz besonders auch für das Verständnis von Gesundheit und Krankheit (Entartung, Mißbildung!).

gehemmt, nach innen zurückgestaut und erscheinen in dynamisch-prozessualer Weise als die den Stoffwechsel beherrschenden Lebenskräfte der einzelnen Organe (z. B. Lunge, Niere, Leber, Pankreas). Würden sie in ihrer Eigengesetzlichkeit hervorbrechen, so entstünden Krankheiten, z. B. Geschwülste.

Durch die Ich-Organisation des Menschen werden endlich auch noch die astralischen Kräfte an ihrer unmittelbaren äußeren Gestaltwerdung gehindert. (Geschähe dies nicht, so besäße der Mensch Krallen, Hörner, Flügel, Schwänze, Schuppen bzw. Triebinstinkte zum Waben- oder Nestbau wie die Tiere.) Sie begründen dafür aber den inneren Reichtum menschlichen Empfindungs-, Gemüts- und Willenlebens, aber auch den Reichtum bestimmter physiologischer Funktionen (z. B. der Hormone), welche die Voraussetzung zur Entfaltung des Ichhaft-Persönlichen bilden.

Hierdurch eröffnen sich neue Gesichtspunkte für die Beurteilung des Zusammenhangs des Materiellen mit den höheren Wesensgliedern. Die physikalisch-chemischen Gesetze nämlich werden zwar in den Lebewesen suspendiert und zurückgestaut, erhalten aber zugleich ganz neue Möglichkeiten (vgl. Anmerkung auf S. 118). Die chemischen Elemente (C, H, O, N, S, P z. B.), welche draußen in der mineralischen Natur träge und verbindungsarm sind, erwachen im Innern der Lebewesen zum unermeßlichen Reichtum der Chemie des Protoplasmas, besonders der Eiweißstoffe[1]). Im Bereiche des Ätherischen scheint sich gleichsam eine „Verflüssigung" und Labilisierung der chemisch-physikalischen Kräfte zu ereignen, wodurch diese Möglichkeiten zeigen, welche im Mineralisch-Leblosen gleichsam eingefroren sind. Erdenstoffe und Erdenkräfte besitzen eine verborgene Eignung ins Innere belebter, beseelter und durchgeistigter Wesen einzugehen und sie entfalten dann dort erst ihre volle dynamische Wirksamkeit. Man denke nur an die Rolle von Fe, P, S etc. im menschlichen Organismus und bis hinauf in die Funktionen der geistig-seelischen Persönlichkeit. Dies macht er-

---

[1]) Vgl. die ausgezeichnete Darstellung von Kottje, Problem der vitalen Energie, Annal. d. Philos. 1927; auch A. v. Tschermak, Allgem. Physiologie, Bd. 1, 1924.

forderlich, die Rolle der Erdenstofflichkeit in den Lebewesen noch näher zu charakterisieren.

Betrachten wir zu diesem Zwecke die Wege der Erdenstofflichkeit im Menschen. Die als Nahrung von außen kommenden Stoffe werden innerhalb des Menschen bei der Verdauung zunächst in die ätherische Organisation aufgenommen. Sie werden dadurch der Gesetzlichkeit des Physisch-Mineralischen entrissen, „belebt" und dienen dem pflanzenhaften Wachstum der Organe. Wo immer Substanzen der Wirksamkeit niederer Gesetzlichkeiten entzogen sind, da entsteht gleichsam ein leerer Raum, ein Vacuum, in das die höheren Wirksamkeiten gestaltend einbrechen können (Prinzip der Sprunghaftigkeit und Diskontinuität).

Als nächste Stufe gehen die Stoffe ein in die seelisch-astralische Organisation des Menschen. Dadurch werden sie der Gesetzlichkeit des schlafhaft-vegetativen Daseins entrissen, „durchseelt" und bilden die Grundlage des bewußten Empfindungs- und Trieblebens bzw. der entsprechenden animalischen Organe. Endlich werden sie vom Ichhaft-Geistigen („Ichorganisation", R. Steiner) ergriffen. Dieses entreißt sie auch noch der Gesetzlichkeit des animalischen Daseins, durchgeistigt sie und macht sie zur Grundlage ichbewußten Erkennens und Handelns bzw. verleiht dem Menschen die aufrechte Gestalt und Haltung[1]).

Dies ist der vierfach-gegliederte aufsteigende Substanzstrom im Menschen. Er führt hindurch durch die Stadien der leblosen, belebten, empfindenden und durchichten Substanz. Die einzelnen Stadien stehen natürlich in engstem gegenseitigen Zusammenhang, obgleich in den einzelnen Organen und Regionen des menschlichen Körpers bald mehr die einen, bald mehr die anderen Substanzen überwiegen können. Schließlich aber werden wohl alle durch die Nahrung aufgenommenen Stoffe bis

---

[1]) Der Ausdruck „lebendige Substanz" findet sich bei neueren Physiologen (z. B. M. Verworn, Allgem. Physiologie, 5. A. 1909). Konsequenterweise müßte man aber auch die Begriffe „beseelte" und „durchgeistigte" Substanz bilden, um die über das Vegetativ-Lebendige hinausgehenden Stufen zu kennzeichnen. Der Ausdruck „Substanz" wird dann freilich in einem erweiterten Sinne gebraucht.

herauf in die Ichorganisation gehoben, weil sie erst hier die volle Durchmenschlichung, d. h. die Einprägung der Ichgestalt erfahren können. Im Zuge dieser, durch die Stufenfolge der Wesensglieder aufwärts gehenden Verwandlung (Assimilation), werden die Stoffe immer mehr der grobmateriellen Beschaffenheit, die sie außerhalb des Menschen zeigen, entfremdet. Sie werden gleichsam verflüchtigt, entirdischt und potenziert. Aus den statischen chemischen Stoffen des Mineralreiches werden so rein dynamische Prozesse, die nichts Grobmaterielles mehr an sich haben, sondern ganz Wirksamkeiten sind.[1]

Gedanken, wie die eben ausgesprochenen, ergeben sich für jeden Biologen aus dem vorurteilslosen Studium unseres Wissens von den Stoffwechselprozessen. Zunächst mögen sie freilich manchem höchst anstößig erscheinen, weil sie dem üblichen Dogma von der „Konstanz der Materie" zu widersprechen scheinen. Auf Grund bestimmter Ergebnisse der modernen Physik darf man jedoch heute bereits sagen, daß alles Materiell-Ponderable sich aus imponde-

---

[1] Da auf diesem Gebiete heute auch noch ärztlicherseits viele Mißverständnisse walten, sei folgendes gesagt: „Potenzieren" ist kein einfaches Verdünnen einer Substanz. Es ist vielmehr wesentlich, daß die Verdünnung nach und nach, d. h. in bestimmten, sich wiederholenden Schritten (also 1:10:100:1000 etc.) geschieht und daß bei jedem Verdünnungsschritt eine bestimmte Zeit lang die Flüssigkeit geschüttelt wird. Das Rhythmische ist also entscheidend. Denn im Potenzieren vollzieht sich eine Dematerialisierung der Substanz. Das Ponderable-Materielle verschwindet und an seiner Stelle erscheint ein Dynamisches. Im Bereiche des Dynamisch-Übermateriellen aber herrscht der Rhythmus, wie man an allem Pflanzlich-Lebendigen (Ätherischen) aber auch am Licht beobachten kann. Es ist heute eine experimentell erhärtete Tatsache, daß Substanzen auch dann noch pharmakologische bzw. therapeutische Wirkungen entfalten, wenn sie in so hohen Potenzen gereicht werden, wo jede materielle Stofflichkeit längst verschwunden sein muß. Ja es läßt sich sogar eine bestimmte gesetzmäßige Veränderung bzw. Steigerung ihrer Wirkung im Zusammenhange mit der fortschreitenden Potenzierung feststellen. Dies sind einwandfreie Ergebnisse moderner Forschung, die freilich zu einem gründlichen Umdenken hinsichtlich der „Materie" auffordern. Vgl. mein Buch „Erde und Kosmos" und die Experimentalarbeiten von L. Kolisko, Physiologischer und physikalischer Nachweis der Wirksamkeit kleinster Entitäten. Ders., Nachweis der Wirksamkeit kleinster Entitäten bei sieben Metallen.

rablen und vormateriellen, also rein dynamischen Zuständen (Kraft-
feldern) verdichtet habe und sich grundsätzlich auch wieder dahin
auflösen könne. Hiermit ist freilich nicht gesagt, daß Materie aus
dem Nichts entstehe oder ins Nichts vergehe, wohl aber, daß alles
Körperlich-Materielle nur ein Teil einer umfassenden
Weltwirklichkeit ist. Sollen also die übersinnlichen Wesensglieder des Menschen, an deren Realität nach allem Vorhergegan-
genen nicht gezweifelt werden kann, in das Irdisch-Materielle eingreifen, um daraus die menschliche Organisation aufzubauen, so ist
dies offenbar nur dadurch möglich, daß das Materielle seinem gegenwärtigen verhärteten Zustand entrissen und in einen vormateriellen, dynamischen Zustand gebracht werde, in welchem es sich besonders innig mit den ätherischen und geistig-seelischen Kräften
verbinden kann. Es gibt eine Reihe Erfahrungen und Aussprüche
von Physiologen, die uns heute in diese Richtung weisen.

Hierbei spielen nun auch die später zu besprechenden vier Elementarzustände eine Rolle, weil sie Urqualitäten darstellen, die
stufenweise aus dem Grob-Materiellen in das Dynamische hinausführen und daher auch bestimmte Beziehungen zu den Wesensgliedern haben (das Feste zum Mineralischen, das Flüssige zum
Pflanzlich-Ätherischen, das Gasförmige zum Tierisch-Astralischen,
die Wärme zum Ichhaft-Geistigen). So, daß man sagen kann: Die
Erdenstoffe werden innerhalb der Ätherorganisation des Menschen
„verflüssigt", innerhalb der seelisch-astralischen Organisation
„verdampft und veratmet" und schließlich in der Ichorganisation
gänzlich entmaterialisiert d. h. verwärmt. Diese innerste Dimen-
sion des menschlichen Stoffwechsels, wo Ätherisches, Astralisches
und Ichhaftes unmittelbar in die Substanzen eingreifen und sich
die eigentliche Schöpfung des irdischen Menschenwesens aus dem
Übersinnlich-Geistigen vollzieht, bleibt freilich unseren chemisch-
physiologischen Untersuchungsmethoden unzugänglich. Hier ist
nichts chemisch oder physikalisch faßbar. Dies wird auch von einsichtigen Forschern heute durchaus zugegeben, welche betonen,
daß sich der chemischen Analyse immer erst die Stoffe zeigen, die
bereits aus den eigentlichen Lebensvorgängen herausgefallen sind,
mithin tote Endprodukte des Stoffwechsels darstellen. Die

chemischen „Bausteine" des lebendigen Protoplasma, die wir zu isolieren wähnen, sind gar nicht intravital vorhanden, sondern sind (ähnlich wie viele sogen. Protoplasma- und Kernstrukturen) Kunstprodukte unserer analytischen Eingriffe bzw. der physiologischen Abbauvorgänge, die den dynamischen Prozeß zerstören und schließlich die Bruchstücke in Gestalt toter chemischer Verbindungen in Händen halten.

Das Protoplasma der Lebewesen, besonders des Menschen, darf man daher keineswegs als chemisch definierbares Stoffgemisch, wenn auch noch so komplizierter Art deuten. Es ist keine Summe, sondern ein Prozeß. Als fertiges Produkt hat es keinen Bestand, sondern beginnt alsbald zu erstarren und sich in einzelne stabile chemische Gebilde aufzulösen. Es „ist" nur, indem es stets neu entsteht, d. h. indem die Stoffe durch das Eingreifen der höheren Wesensglieder der physisch-irdischen Gesetzlichkeit entrissen und dadurch im dynamischen Flusse erhalten werden. Der aufsteigende Substanzstrom, der gleichsam zur Belebung, Durchseelung und Durchgeistigung der Substanzen führt, hat daher stets mit Gegentendenzen zu kämpfen, welche die Stoffe aus den Wesensgliedern herausreißen und schließlich im Leblosen verselbständigen wollen. Jede höhere Substanzform ist so in stetem Kampf den niederen Substanzformen abgerungen, verwandelt sich aber auch stets wieder in sie zurück.

In der Ernährung bringt also der Mensch Substanzen der Außenwelt in letzter Hinsicht in die „Ichgestalt" seines eigenen Wesens. Diese „Vermenschlichung" vollzieht sich stufenweise und zeigt in den einzelnen Organen (z. B. Leber, Lunge, Blut, Nervensystem etc.) jeweils verschiedene Verläufe, geschieht aber immer so, daß die chemischen Metamorphosen der Substanz aufs engste mit den morphologischen Metamorphosen (also dem Aufbau bestimmter Zell-, Gewebe- und Organstrukturen) gekoppelt sind. Diese Aufbau- und Vermenschlichungsvorgänge erfordern Kraft, in letzter Hinsicht Ichkraft. Man wird daher sagen können: Je weiter eine Substanz in der Stufenfolge der Naturreiche vom Menschen entfernt ist, umso größer muß der Kraftaufwand sein, um sie zu vermenschlichen. Ein Mensch wird daher erst dann aus eigener Ichkraft Substanzen der Außenwelt, aber auch Sinneseindrücke und Erlebnisse verarbeiten, „verdauen" und in die Gestalt seines Menschseins bringen können, wenn sein geistigseelisches Wesen die körperliche Organisation voll durchdringt und beherrscht. Je weiter wir aber gegen den Beginn der kindlichen Entwicklung in der Embryonalzeit zurückgehen, umso weniger ist dieses offenbar der Fall.

Dem Embryo muß daher ganz durchmenschlichte „vorverdaute" und „durchichte" Nahrung gereicht werden. Auf der ersten Stufe ist dieses der Nahrungsbrei (Embryotrophe), welcher unter dem Einfluß der Trophoblast-Zellen des Eies aus der Gebärmutterschleimhaut durch Zerfall und chemische Umwandlung entsteht. Er umgibt das Eibläschen und dringt allseitig in es ein. Die nächste Stufe ist die Bluternährung mittels Plazenta und Nabelschnur. Hier dringt der mütterliche Nahrungsstrom, der zugleich Atmungs- und Wärmestrom ist, nicht mehr allseitig, sondern von einem bestimmten Punkt aus in die kindliche Organisation hinein. Die dritte Stufe ist die Ernährung durch Muttermilch[1]). Jetzt muß zum ersten Male das Kind die Nahrung durch eigene aktive Saugbemühungen gewinnen und hinunterschlucken. Es ist dieses ein wesentlicher stärkerer Anruf an die Ichkraft und setzt bereits den ersten Keim von Bewußtsein voraus. Dieser Anruf wird weiter verstärkt, wenn auf vierter, fünfter und sechster Stufe statt Frauenmilch Tiermilch und endlich andere Substanzen vegetabilischer und animalischer Herkunft, zunächst in breiiger, endlich aber auch in fester, ja in roher Form dargeboten werden. An Stelle des Saugens muß nun das Kauen und eine mehr oder weniger intensive Vorverdauung durch die Sekrete der Mundhöhle treten.

Der Übergang von der Milchnahrung zur gewöhnlichen Fremdnahrung wird bei naturnahen Völkern oft noch dadurch vermittelt,

---

[1]) Frauenmilch und Kuhmilch sind (wenigstens für die erste Zeit der Säuglingsernährung) durchaus nicht gleichwertig. Nachstehend einige wesentliche Unterschiede in der Zusammensetzung. Zahlen für die Kuhmilch in Klammern. Fett 5.0 (4.8), Gesamtstickstoff 0.15—0.30 (0.55), Kasein 0.6—1.0 (3.0), Milchzucker 6.4 (4.4), Zitronensäure 0.005—7 (0.12—0.2), Gesamtasche pro mille 1.4—2.8 (7.0), Kalziumoxyd 0.3 (2.0), Phosphorpentoxyd 0.46 (2.4), Chlor 0.43 (1.0), Reaktion auf Lakmus alkalisch (amphoter).

daß die Mutter die Speisen im Munde vorkaut und vorverdaut, sie also durch ihre eigene Individualität vermenschlicht, ehe sie der noch schwachen kindlichen Individualität dargeboten werden. Die Vorbereitung der Speisen in der Küche ist endlich auch eine Vermenschlichung der Naturprodukte, die bei verschiedenen Völkern verschieden liebevoll und weitgehend geschieht. Die chinesische bzw. anglo-amerikanische Küche veranschaulichen auf diesem Gebiete die größten Gegensätze, insoferne erstere durch verschiedene Gärungs-, Reifungs-, Erweichungs- und Kochprozesse eine maximale breiähnliche Vorverdauung der Speisen vollzieht, die dann auch noch in großer Beschaulichkeit gegessen, im Munde geschmeckt und durchspeichelt werden. Das Gegenteil gilt wohl für die anglo-amerikanischen Koch- und Eß-Sitten.

Auch in der geschichtlichen Entwicklung scheint der menschliche Ernährungsweg so verlaufen zu sein, daß in stark kultisch-religiös betonten Vergangenheiten, wie z. B. im alten Indien, die Ernährung durch Milchprodukte (in ältesten Zeiten vielleicht auch der Genuß von Blut) im Vordergrunde standen. Der Viehzüchter scheint dem Ackerbauer im allgemeinen vorher zu gehen, weil er in kindlicherer Weise sich die Nahrung vom Tiere darreichen läßt und sie noch nicht in mühevoller Bodenbearbeitung der Erde abtrotzt. Es sind dadurch offenbar tiefe Seelen- und Schicksalsbeziehungen zwischen Tier und Mensch entstanden, die wahrscheinlich zur Bildung der Haustiere führten. Erst später scheint es zum Ackerbau und zum Brotbacken gekommen zu sein. Diese Epoche wird uns als die Zeit Zarathustras in den heiligen Büchern der Perser geschildert.

Am größten muß endlich die menschliche Ichkraft bei der Zueignung des Mineralischen, d. h. beim Salzgenuß werden. Man hat Grund zur Annahme, daß die Entwicklung des Salzgenusses im Zusammenhang mit der neueren Epoche der Menschengeschichte und besonders mit der Entwickelung des Ichbewußtseins steht. Die Aufnahme von Kochsalz stellt einen starken Appell dar an die menschliche Wärmeorganisation und insoferne an das Ich[1]). Im

---

[1]) Die Fähigkeit zur autonomen Wärmebildung und Wärmeregulation entwickelt sich daher in Embryonalzeit und Kindheit in engstem Zusammenhang

starken Kochsalzgenuß liegt etwas Verhärtendes und zugleich Wachmachendes. Man kann dies deutlich am Salzhunger intellektuell betonter, frühreifer und nervöser Kinder an gewissen Einschnitten ihrer Entwicklung beobachten. Auf zu starken Salzgenuß reagiert der Mensch mit Fieber („Salzfieber") d. h. er muß (wie z. B. auch beim Eindringen krankheitserregender Mikroorganismen) seine Eigenaktivität steigern, um den Fremdkörpern gewachsen zu sein, d. h. sie zu verdauen bzw. auszuscheiden. In der Diät hat daher der Arzt ein vorzügliches Mittel, die Eigenart einer menschlichen Konstitution zu berücksichtigen, bzw. bestimmte Kräfte des Menschen durch weise Dosierung langsam zu verstärken. (Übungstherapie durch Diät!). Jedes einseitige Dogma (z. B. Rohkost, salzlose Diät, Wurzelgemüse, Früchte etc.) führt in der menschlichen Ernährung auf Abwege, denn jede einzelne Substanz ist zugleich Nahrung, Heilmittel und Gift, d. h. es kommt auf die individuelle Dosierung und auf das Gleichgewicht an[1]).

An die aufsteigende Verwandlung der Substanz schließt sich nun immer sogleich die absteigende. Diese ist gekennzeichnet durch schrittweise Entgeistigung, Entseelung und Entlebendigung, also durch Depotenzierung, Verdichtung und Verirdischung der Substanzen. Sie verlieren dadurch ihre dynamische Beschaffenheit und werden schließlich wieder den trägen Stoffen der außermenschlichen mineralischen Welt ähnlich, womit der Kreislauf geschlossen ist. Was wir chemisch-physiologisch an Substanzen im menschlichen Leibe feststellen (z. B. Nucleoproteide, Fette, Kohlehydrate,

---

mit der Ausbildung und Erweckung der Individualität. Erst gegen Ende der Schwangerschaft beginnt eine selbständige Wärmeentwicklung der Frucht und erst einige Zeit nach der Geburt besitzt das Kind eine vollständige Wärmeregulation, die auch stärkeren Beanspruchungen standhält. Frühgeburten müssen daher mittelst Wärmeflaschen oder gar im Brutschrank aufgezogen werden. Aber auch bei Erwachsenen sinkt die Kraft der Wärmeregulation bei schweren Erschöpfungszuständen und Überanstrengungen, bei Vergiftungen (z. B. Alkoholintoxikation) und bei septischen Erkrankungen, bei denen unbeherrschte hochaufflackernde Fieber sprunghaft mit Untertemperaturen wechseln und dem Arzt Anlaß zu Besorgnis bieten.

[1]) Vgl. die Übersichten von G. Stavenhagen und G. Suchantke in der „Natura", Zeitschr. zur Erweiterung der Heilkunst, Bd. 6, 1933.

Lecithine etc.) sind bereits derartige im Rückweg befindliche Substanzen. Sie tragen zwar noch in ihrer chemischen Konstitution die Prägung des Menschseins (man denke an das art-, ja individualspezifische Eiweiß, Blutserum, Hämoglobin etc.), vermögen diese aus sich selbst aber nicht dauernd zu erhalten, weshalb sich Ausscheidung und Abbau weiter fortsetzen und erst bei den endgültig mineralisierten Endprodukten des menschlichen Stoffwechsels (z. B. Harnstoff, Harnsäure, Wasser, Kohlendioxyd) ihr Ende finden.

Im Grunde ist eigentlich alles, was wir chemisch, physiologisch und anatomisch am Menschen beobachten, bereits mehr oder weniger weitgehendes Endresultat einer Ab- und Ausscheidung der Substanzen aus den höheren Wesensgliedern, so aber, daß diese Substanzen in ihrer chemischen (z. B. als Nervensubstanz) und morphologischen (z. B. als Nervengewebe) Eigenart die Form der Ich-Organisation bzw. des astralischen oder ätherischen Menschenwesens eingeprägt tragen. Nach Gestalt und Chemismus ist also der menschliche Leib eine auf dem Wege zur Erstarrung begriffene Ausscheidung der höheren Wesensglieder. Im Tode ist diese Ausscheidung ganz vollendet, weshalb der Leichnam alsbald zerfällt, weil er zwar die Form des Menschseins trägt, nicht aber die Kräfte besitzt, um diese zu erhalten. Was sich zeitlebens in der Abscheidung artspezifischer Eiweißstoffe etc. in den Zellen bzw. auch in der Abscheidung der Kalksalze in den Knochen, der Harnsalze im Harn etc. vollzieht, das vollzieht sich am umfassendsten im Sterben. Dieses ist eine Generalausscheidung der Erdenstoffe aus den sich zurückziehenden übersinnlichen Wesensgliedern.

Bedenkt man die vorstehend geschilderte Wirksamkeit der übersinnlichen Wesensglieder, so kann die Frage entstehen: Warum können diese nicht unmittelbar die Substanzen in Erdboden, Wasser und Atmosphäre ergreifen und aus ihnen Lebewesen (Protoplasma) aufbauen? Warum entspringt heute Lebendiges nur aus Lebendigem und muß selbst dann, wenn ein einziges Lebewesen sich durch Wachstum und Fortpflanzung (also durch Stoffaufnahme aus seiner Umgebung) millionenfach vermehren und schließlich die ganze Erde überziehen könnte, der erste Ausgangspunkt ein kleines Klümpchen Protoplasma sein? Warum sind auch alle Versuche im Laboratorium, also mittels lebloser Kräfte, Protoplasma zu erzeugen, grundsätzlich aussichtslos?

Hierin verbirgt sich ein großes Geheimnis der Erdenentwicklung. Die Beschaffenheit der gegenwärtigen Erdenmaterie ist offenbar nicht mehr dem unmittelbaren Eingriff übersinnlicher Gestaltungskräfte zugänglich. Aber auch in der Erdenvergangenheit kann sich lebendiges Plasma nicht unmittelbar aus den Erdenstoffen gebildet haben, wenn man letzteren die Beschaffenheit zuschreibt, die sie heute besitzen. Die anorganischen Erdenstoffe sind nämlich heute weitgehend erstorben. Wo immer wir aber unvoreingenommen beobachten, finden wir, daß wohl Lebloses (Anorganisches) aus Belebtem (Organischem) durch Abbau und Zerfall entsteht, nie aber unmittelbar Lebendes aus Leblosem. Von Rudolf Steiner ist daher die Erkenntnis ausgesprochen worden, die heutige erstorbene und mineralisierte Erdensubstanz sei Rückstand und Ausscheidung eines vergangenen Erdenzustandes, dessen feinstoffliche und plastische Substanzen nach Art des Protoplasmas der gegenwärtigen Lebewesen ganz von Lebens- und Seelenkräften durchdrungen waren[1]).

Besteht diese Erkenntnis zu Recht, so wären uns im Innern der Lebewesen und besonders des Menschen Zustände einer längst vergangenen Erdenurzeit bewahrt und es wäre verständlich, daß belebende und beseelende Kräfte heute nur mehr dort eingreifen können, wo sich ihnen Substanzen darbieten, welche in un-

---

[1]) Besonders im Essen, Verdauen und Assimilieren von Nahrungsstoffen werden die Stoffe innerhalb des Menschen in die schöpferischen Tiefen der Erdenurzeit zurückgenommen und dann durch Dissimilation und Ausscheidung wieder in den gegenwärtigen erstorbenen Erdenzustand rückverwandelt. — Das Lebendige wäre dann vor dem Leblosen. In dieser Richtung bewegen sich auch die Gedanken von: E. Dacqué, Die Erdzeitalter, 1931, S. 530f., J. S. Haldane, Philos. Grundlagen der Biologie, 1932, W. Preyer, Naturwiss. Tatsachen u. Probleme, 1880, G. Th. Fechner, Ideen zur Schöpfungsgeschichte der Organismen, 1873, A. Mittasch, Über katalytische Verursachung im biol. Geschehen, 1935, A. Meyer, Krisen und Wendepunkte des biol. Denkens, 1935.

mittelbarer, nie abreißender Kontinuität aus ganz anderen Erdenurzuständen herüberragen. Sicher ist jedenfalls das Eine: denkt man sich die Entwicklung der Erde im Sinne der üblichen Geo- und Astrophysik, so bleibt die Entwicklung des Lebens, damit aber das Zentrum der ganzen Erdgeschichte unerklärlich. Neues Licht jedoch fällt auf alle Erscheinungen, wenn man es wagt, von einer „Embryonalgeschichte" der Erde zu sprechen. Dann erst bestünde das „biogenetische Grundgesetz" Ernst Häckels zu Recht und die Individualentwicklung des Menschen wäre eine Wiederholung der ganzen Erden- und Naturgeschichte. Was man in verantwortlicher Wissenschaftsgesinnung heute in dieser Richtung sagen kann, habe ich in meinem Buche „Erde und Kosmos" (S. 15 ff.) zu entwickeln versucht.

III. ABSCHNITT

WESEN UND WIRKSAMKEIT
DER VIER URQUALITÄTEN („ELEMENTE")

1. DIE VIER ELEMENTE IN PHYSIOLOGISCHER UND PSYCHOLOGISCHER HINSICHT

Ein Studium dessen, was ältere Zeiten die „vier Elemente" nannten, ist für die physiognomische Blickschulung des Naturwissenschafters und Arztes von besonderer Bedeutung. Denn hier werden an leicht überschaubaren Beispielen nicht nur vier Urqualitäten alles Seins sichtbar, sondern es ergeben sich höchst wichtige Beziehungen der vier Elemente zu den im vergangenen Abschnitt herausgearbeiteten vier Wesensgliedern. So daß man sagen kann: Im „Festen" studieren wir wie im Bilde (Gleichnis) die Gesetzlichkeiten der physisch-materiellen und geometrisch- räumlichen Welt, im „Flüssigen" die Gesetzlichkeiten des beweglichen Zeitenkosmos des Ätherisch-Lebendigen, im „Gasförmigen" die Gesetzlichkeiten der polarisch gespannten seelisch-astralischen Wirklichkeit, und endlich studieren wir in der Wärme („Feuer") wie in einem Bilde (Gleichnis) die Gesetzlichkeiten des Ichhaft-Geistigen.

Wer freilich das Folgende verstehen will, muß sich die in der methodischen Einleitung entwickelten Grundsätze vergegenwärtigen. Das Folgende ist nämlich kein dilettantischer Ersatz für moderne Physik, sondern etwas grundsätzlich Anderes und Neues. Man muß sich nämlich klar machen, daß die vier Elemente keineswegs mit den Aggregatzuständen der Physik gleichgesetzt werden dürfen. Sie veranschaulichen vielmehr Urphänomene des Seins, welche ihre „Signatur" allen Wirklichkeitsbereichen aufdrücken und keineswegs nur etwas Stofflich-Materielles sind.

Dies geht schon daraus hervor, daß wir auch innerhalb des Geistig-Seelischen Ausdrücke verwenden, wie: Starres oder flüssiges Denken, weicher oder fester Charakter, Liebeswärme oder

Hasseskälte etc. Man ist auch versucht, die sonst kaum ausdrückbare „Konsistenz" bestimmter Menschentypen, die man nicht so sehr bloß sieht, als gleichsam tastet, fühlt, ja schmeckt, bald mehr erdig, sandig, trocken oder rauh, bald mehr weich, quallig, schleimig oder flüssig, bald wieder luftig oder feurig zu nennen[1]). Ein Gang durch eine Kunstausstellung bzw. durch einen zoologischen Garten läßt uns ebenfalls die verschiedene Wirksamkeit der Elemente in Temperament und Pinselführung der einzelnen Maler, bzw. in Gestalt und Verhalten der verschiedenen Tiere erleben. Ein Maler wie z. B. van Gogh ist ganz vom Luftig-Feurigen ergriffen, seine Bäume gleichen zum Himmel lodernden Flammen, während z. B. ein Egger-Lienz ganz aus dem Elemente des Festen und der Schwere gestaltet. Oder man vergegenwärtige sich einen Vogel neben einem Flußpferd, eine Kröte neben einer Eidechse, eine Raupe neben einem Schmetterling etc.

Es kommt daher im Folgenden darauf an, sich die Urphänomene des Fest-Seins, Flüssig-Seins etc. abgesehen von den materiellen Grundlagen und von möglichen physikalischen Messungen zu vergegenwärtigen, um daran seinen „physiognomischen Blick" zu schulen. Nur wenn man dies bedenkt, ist es nicht heller Wahnsinn, wenn wir im Folgenden z. B. sagen: „Luft", d. h. Gasförmiges habe Beziehung zur „Seele" und sei entscheidend beteiligt am Zustandekommen der tierischen und menschlichen Innenorganisation, also der Leibeshöhle und der großen Organe. Daß Luft mit der Lunge bzw. pneumatisierten Knochen zu tun habe, wird man vielleicht zugeben, nicht aber, daß sie an der anatomischen Innenorganisation aller animalischen Organe, wenn auch in verschiedener Hinsicht beteiligt sei. Sagt man dies dennoch, so kann man als Fachbiologe doch nur ganz andere, schwieriger zu durchschauende Kräftewirkungen im Auge haben.

---

[1]) In der älteren Medizin, bis in die Mitte des 19. Jahrhunderts spielten die „vier Elemente" eine große diagnostische und therapeutische Rolle, man vgl. z. B. C. W. Hufeland: Enchiridium medicum, 3. Aufl. 1837, oder K. F. Burdach: Physiologie, 6 Bde., 1832. Neuerdings geht auf solche Zusammenhänge wieder ein B. Aschner: Krise der Medizin, 1931, vgl. auch E. Risak: Der klinische Blick, 2. Aufl. 1938.

Um hier alle Mißverständnisse auszuschließen, sei noch einiges über die physikalische Methodik gesagt, zumal dies zugleich auf die merkwürdigen Zusammenhänge hinweist, die zwischen den „Elementen" und den menschlichen Seelenkräften (Bewußtseinszuständen) bestehen. Auf Grund bestimmter Überlegungen ergibt sich nämlich, daß unser Bewußtsein erst in der Berührung mit dem Festen (den Körperdingen) voll erwacht und sich hieran zur gedanklichen Klarheit erzieht. Allein das Feste kann nun aber atomistisch gegliedert, in bestimmte Grenzen eingeschlossen und innerlich ruhend gedacht werden, d. h. es entspricht auf das vollkommenste den Prinzipien des abstrakten Intellektes. Hierin liegt auch der tiefere Grund, warum fast alle unsere D e n k s c h e m a t a, die wir zur Deutung der Naturphänomene benützen, bei genauerem Zusehen der „Logik des Festen" zugehören, d. h. atomistisch-mechanisch und damit zugleich geometrisch-räumlich sind. Die feste Körperwelt, der Raum und das abstrakte Denken gehören wesenhaft zusammen. Das muß man sich einmal ganz klar machen[1]).

Einzig das Feste ist nämlich nicht homogen und kontinuierlich, sondern neigt zur Inhomogeneität und Diskontinuierlichkeit, d. h. zu Atomismus und Strukturbildung. Hierin gleicht ihm unser Denken, wie es gegenwärtig noch die Grundlage fast des ganzen wissenschaftlichen Erkennens bildet. D i e s e s D e n k e n i s t u n f ä h i g, das Kontinuierliche und Homogene zu begreifen und zerlegt es alsbald in ein Beziehungsgefüge von Teilchen: Kurven z. B. erscheinen als Summe von Punkten (bzw. Tangenten), Flüssiges und Gasförmiges als feinster „Sand" und „Staub". Man sieht nicht die neue Seinsweise (Qualität) sondern nur die materielle Stofflichkeit. Es ist, als bedürfe unser Intellekt der starren Punkte, Zerteiltheiten und Relationen, um sich halten zu können und als verlöre er im Fließen des Kontinuums den Boden unter seinen Füßen. Und in der Tat: eigentlich „wachen" wir nur am Festen, d. h. am kristallhaften Denken, werden aber schon durch die Berührung mit dem Flüssigen in Träumerei und endlich in

---

[1]) Vgl. O. J. Hartmann, Qualität u. Quantität. Betr. über die method. Grundlagen der Naturwissensch. Ztsch. f. d. ges. Naturwiss. I, 1937, S. 422f.

Bewußtlosigkeit versenkt (z. B. Wiegen des Meeres, Rauschen des Baches, Tönen der Musik etc.).

In den Metamorphosen seines Bewußtseins durchläuft demnach der Mensch die Metamorphosen der Elemente: Bemühen wir uns inmitten der träumerischen Verschwommenheit unseres alltäglichen Bewußtseins (darin Denken, Fühlen, Wünschen und Wollen chaotisch durcheinanderlaufen) um ganz klare, z. B. mathematische Gedanken, so vollziehen wir etwas wie eine innere Verdichtung, Formbildung und Kristallisation. Klare Gedanken sind gleichsam das „Skelett" unseres Bewußtseins, wie unsere Knochen die „gedankenhafte" Stütze unseres Leibes sind. Ohne Gedanken und Knochen glichen wir formlosen Gallerten. Die Mühe um die Verdichtung und Durchformung der Gedanken trägt etwas Schmerzhaftes und Todbringendes, zugleich aber etwas Reinigendes und Befreiendes in sich. Während wir nämlich denkend unseren Leib nach unten hin verdichten und verhärten (man vergesse nicht, daß das Denken mit Schädel und Großhirn, also mit den am wenigsten vitalen Körperteilen zusammenhängt und nachweislich mineralisierend wirkt), befreit sich nach oben hin das weltweite Licht des Bewußtseins. (Zusammenhang von Intellektualität mit Verhärtung, sowie atonischer bzw. spastischer Verstopfung etc.!).

Überlassen wir uns hingegen nach anstrengender Gedankenarbeit wieder mehr dem Spiele der Phantasie und unserer Gefühle, so erleben wir etwas, was dem Auflösen eines Kristalles, oder besser noch dem „Aufquellen" eines eingetrockneten Körpers gleicht: Die scharfen Konturen runden sich und alles verfließt schließlich im Undifferenzierten und Nebelhaften. Zugleich damit verschwindet das klare Wachen, welches uns als Ich einer Objektwelt gegenübergestellt und macht einem grenzenlosen Ineinanderwogen von Mensch und Umwelt, d. h. dem Fühlen Platz. Fühlen, besonders sympathisches Fühlen verjüngt, aber macht träumend. Denken macht alt, in ihm lebt die Todeskraft des Wachens.

Im Wollen endlich, wie es sich in flammender Begeisterung und opferbereitem Entschluß bekundet, lebt (wie schon die Sprache verrät) ein Feuriges. Der Substanzverdichtung des Denkens, der

Substanzverflüssigung des Fühlens, steht hier gegenüber die Substanzvernichtung (das Verbrennen) des Wollens. In diesem Wollen sind wir zwar ganz tief der Welt (dem Werk) und unserem Leibe (dem Tun) hingegeben, zugleich aber am meisten schlafhaft. Freilich darf man, um dies einzusehen, die dunkle Kraft des Willens selbst nicht mit den verstandesmäßig klar erfaßten Zwecken und Zielen, bzw. mit den Empfindungen verwechseln, welche unsere Körperbewegungen begleiten[1]).

Weiterhin kann sich bei vorurteilsloser Beobachtung ergeben: Denken neigt sich mehr nach der Seite der Antipathie, denn von Dingen, die wir denkend betrachten, trennen wir uns in gewissem Sinne und stellen uns ihnen gegenüber. Wollen hingegen neigt sich mehr nach der Seite der Sympathie, denn wollend tauchen wir tief in die Materie ein, indem wir sie z. B. als Handwerker bearbeiten. Denken würde uns aber schließlich versteinern, Wollen verbrennen, wenn nicht, in der Mitte zwischen beiden, die dem Flüssigen ähnliche Wandelbarkeit des Fühlens, zwischen Sympathie und Antipathie oszillierend, lebte als die eigentliche Herzensmitte des Menschen.

Von hier aus gewinnt man schließlich auch erneuten Zugang zu Begriffen, denen eine ältere Medizin große Bedeutung beimaß: Sulfur, Merkurius und Sal.

Die menschlichen Bewußtseinsregionen sind nun aber nicht etwa starr voneinander getrennt, sondern verwandeln sich ineinander nach bestimmten Gesetzen. Man kann von einer Metamorphose des Wollens in das Fühlen und Denken und umgekehrt sprechen. „Wollen ist dieselbe Seelentätigkeit wie Denken, nur ganz jung"

[1]) Diese, für den Arzt wesentlichen Unterschiede wurden zuerst in voller Klarheit von R. Steiner ausgesprochen: „Das innere Wesen des Wollens bleibt für das gewöhnliche Bewußtsein so unbekannt wie die Erlebnisse des traumlosen Schlafens. Man erlebt einen Gedanken, der die Absicht des Wollens in sich schließt. Dieser Gedanke taucht unter in die undeutliche Welt der Gefühle und entschwindet in das Dunkel der körperlichen Vorgänge. Er taucht von außen wieder auf als der körperliche Vorgang der Armbewegung, die neuerdings durch einen Gedanken erfaßt wird. Es liegt zwischen den beiden Gedankeninhalten etwas wie der Schlaf zwischen Einschlafen und Aufwachen." (R. Steiner, Vom Seelenleben, 1930, S. 20.)

bemerkt Rudolf Steiner. Wollen klärt und erhebt sich zum Fühlen und Denken, wenn wir aus dunklem Streben und chaotischem Erleben, aber auch aus Schmerzen und Freuden, Erkenntnisse herausläutern. Andererseits senkt sich Denken herab und erkraftet sich zum Fühlen und Wollen, wenn klare Erkenntnisse unser ganzes Menschsein ergreifen und im begeisterten Entschluß münden.

Studiert man diese Zusammenhänge genauer, so wird man auch entdecken, daß die Metamorphose der drei hauptsächlichsten Bewußtseinsregionen bzw. Seelenkräfte zugleich die Brücke zwischen den drei hauptsächlichsten Regionen des menschlichen Körpers und ihren wesentlichen physiologischen Funktionen darstellt. Kopf, Brust und Unterleib mit den Beinen sind nämlich (was späterhin ausführlich begründet werden soll) die Schwerpunkte ganz bestimmter Prozesse, und können anatomisch als gesetzmäßige Metamorphosen voneinander begriffen werden. Sie folgen nicht mechanisch aufeinander, sondern organisch, nach später zu besprechenden Schicksalsgesetzen auseinander. Diese Metamorphose ist freilich wesentlich schwerer zu durchschauen als die Metamorphose der Pflanzen oder der „Elemente".

Die Metamorphose der Elemente kann am unmittelbarsten an der Substanz des Wassers studiert werden. In seiner „Meteorologie" schildert Goethe in meisterhafter Weise die Dreigliederung der Atmosphäre. Er spricht von einer „unteren Region", wo Anziehungskraft und Schwere, von einer „oberen", wo Erwärmungskraft und Ausdehnung herrschen und von einer „mittleren", wo sich beide begegnen und das Wechselspiel der Wolken stattfindet.

Das Entscheidende hierbei ist das Verhalten der Wärme: Wenn die Wärme (also ein Unstoffliches und Kraftartiges) sich mit der Stofflichkeit des Wassers verbindet, macht dieses die aufsteigende Elementenmetamorphose durch (Verflüssigung und Verdampfung). Wenn hingegen die Wärme sich von der Stofflichkeit zurückzieht, macht diese die absteigende Elementenmetamorphose durch, (Verflüssigung, Kristallisieren, Gefrieren). Während sich hier die Stofflichkeit nach unten verdichtet, wird Wärme als Kondensations- bzw. Kristallisationswärme nach oben hin frei.

138

Auf höherer Ebene geschieht nun Ähnliches in den Beziehungen des geistigen Menschenwesens zum materiellen Körper und kann die vorhin angedeuteten Metamorphosen der Bewußtseins- und Körperregionen weiter verdeutlichen. Vorurteilsfreies Studium der Phänomene ergibt: Ergreift unser Geistiges den Körper bis in dessen chemische Umsetzungen hinein, so erscheint es einerseits als Wille, andrerseits als die bestimmende Kraft der embryonalen Leibesentwicklung bzw. des Stoffwechsels. In diesen Fällen ist Geistiges zwar bis in das Materielle hinein tätig, zugleich aber in Bewußtseinsdumpfheit versenkt. Auch die Wärme erscheint hier als physisch meßbare Wärme, wenn man bedenkt, daß sowohl die Stoffwechselprozesse (Temperatur des Blutes, der großen Drüsen, besonders der Leber!), wie die embryonale Leibesentwicklung und die willensmäßige Körperbewegung mit Wärmebildung wesenhaft zusammenhängen. Wärme wirkt hier stofflich-chemisch, besonders in den endothermen Aufbauprozessen.

Zieht sich hingegen das Geistige von der inneren chemisch-organischen Tätigkeit in den Körpersubstanzen zurück, so erscheint es als Erkennen, d. h. ist als Denken und Wahrnehmen auf die Außenwelt hingerichtet. Die Region des Kopfes (Sinnes-Nervensystem) ist, wie leicht zu zeigen, der Schwerpunkt dieser Bewußtwerdung und insoferne Leibbefreiung des Geistigen, während sich hier zugleich das Körperliche besonders stark verdichtet und entvitalisiert (Gehirn und Schädelskelett!).

Dasselbe gilt hier für die Wärme: Wie wir wissen, kühlt vorherrschende Verstandestätigkeit die Peripherie des Leibes ab, hemmt die Zirkulation, bewirkt Stauungen nach innen und schafft so die für Kopfarbeiter (Nervenmenschen) typischen kalten Hände und Füße bzw. als Gegenpol hierzu Neigung zu Hämorrhoiden, Varizen, Blutstauungen in der Bauchhöhle etc. Die Verdichtung im Knochen- und Nervensinnessystem, also besonders im oberen Menschen, läßt hier die im übrigen Organismus physisch gebundene Wärme „frei" werden. Diese wirkt nun nicht mehr im Bereich des Chemisch-Physiologischen, sondern wird auf höherer Ebene in der Dynamik des Bewußtseins offenbar. Auch im lebendigen Denken kann also Wärme, d. h. ein Dynamisches wirken, nur erscheint sie hier nicht als physische und meßbare, sondern gleichsam als „geistige Wärme".

Die herkömmliche Medizin studiert zunächst nur den verfestigten und strukturierten Menschen (Anatomie, Histologie) und betrachtet alles Dynamisch-Physiologische dann lediglich als die gebahnten Abläufe und Funktionen der anatomischen Organstrukturen: Das Röhrensystem der Lymph- und Blutgefäße erscheint hier als Vorbedingung des bewegten „Flüssigkeitsmenschen", der Blasebalg des Thorax als Vorbedingung des atmenden „Luftmenschen" etc. Dies ist unrichtig. Das Dynamisch Funktionelle ist vielmehr das erste und der ganze anatomische Körperbau (der Festigkeitsmensch), nur der letzte strukturierte Niederschlag eines Dynamisch-Prozessualen. Festes, Flüssiges, Gasförmiges und Wärmeprozesse müssen in gleicher Weise als wesenhafte Organisationen des Menschen verstanden werden, wobei keineswegs nur an die grobmateriellen festen, flüssigen und gasförmigen Zustände gedacht werden darf. Das Wesentliche sind vielmehr die dynamischen Prozesse, also die feinen und feinsten Vorgänge der Verfestigung und Strukturbildung, aber auch wieder der Auflösung; die feinsten Vorgänge innerer Durchatmung und Durchwärmung, Kondensation und Verdampfung, die alle Organe und Gewebe durchziehen, aber auch wieder von Organ zu Organ, ja von Zelle zu Zelle verschieden und stets wechselnd sind.

Der menschliche Flüssigkeitsorganismus ist hierbei nicht weniger kompliziert gebaut als der Festigkeitsorganismus, dessen gröberen und feineren Bau wir anatomisch und histologisch untersuchen. Ja er ist sogar noch komplizierter, weil er im Groben wie im unendlich Feinen in steter innerer Beweglichkeit begriffen ist. Tief senkt er sich in den Festigkeitsorganismus hinein, durchdringt ihn, löst ihn auf und scheidet ihn wieder aus sich aus. Noch ungreifbarer und noch regsamer und daher noch komplizierter ist der Luftorganismus. Nur dessen äußerlichste und toteste Teile erfassen wir in der grobmateriellen Luft der Lunge, des Dickdarms, der fundalen Magenblase, der pneumatischen Knochen. Der feinere und feinste Luftorganismus jedoch durchatmet in rhythmischen Spannungen und Lösungen den ganzen Flüssigkeitsorganismus und wirkt durch diesen hindurch schließlich auf die Konfiguration des Festigkeitsorganismus[1]). Noch schwerer zugänglich ist schließlich der Wärmeorganismus, wenn man sich einmal klar macht, daß die physisch meßbare und durchschnittliche Gesamtwärme des Menschen nur der äußerliche Ausdruck ist für unendlich feine, von Organ zu Organ, von Zelle zu Zelle verschiedene bald aufglimmende, bald wieder verglimmende Wärmeprozesse.

So ist der Elementen-Mensch vierfach gegliedert: Der feste Mensch (Strukturmensch) schwimmt im Flüssigkeitsmenschen, er wird von dessen Strömungen getragen, stets aufgelöst und wieder neu gebildet. Beide zusammen sind durchdrungen von den wechselnden Spannungen des Luftmenschen. Alle drei endlich sind innerlich getragen und durchkraftet vom Wärmemenschen, wenn wir gerade in der Wärmeorganisation (wozu wir auf Grund unserer physiologischen Erfahrungen voll berechtigt sind) den Ausdruck der innersten leibgestaltenden und leiberhaltenden Wesenheit des Menschen erblicken.

Ist das lebendige Ineinanderwirken dieses vierfachen „Elementenmenschen" gestört, so treten einzelne Elementarzustände isoliert hervor und bedrohen die Ganzheit, z. B. sklerotische, gichtische und zirrhotische Diathesen, bzw. Oedeme und Anasarka, bzw. Tympanie (Ructus, Borborygmen, Flatus, Luftschlucken, die sog. Trommelsucht der Pferde und Rinder), bzw. unbeherrschte septische Fieber- und Untertemperaturen etc.[2]).

Ein Studium der Dynamik der „vier Elemente" ist daher die Vorschule einer künftigen Physiologie, Pathologie und Therapie, zumal sich in ihnen, wie im folgenden Kapitel zu zeigen ist, die vier Wesensglieder spiegeln.

[1]) Der modernen Medizin wird erneut die uralte (indische) Erfahrung vertraut, durch bestimmte Atemübungen auf die Physiologie fast aller Organe tiefgreifend einwirken zu können. Hierin liegt aber zugleich die große Gefahr unkontrollierter oder forcierter Atemübungen. Man kann sich auch krankatmen!

[2]) Medizinische Einzelheiten über die Elemente im Menschen findet man in meinem Buche „Erde und Kosmos". Hier auch über das Protoplasma als „vierfaches Kolloid", d. h. als innige Durchdringung aller vier Elementarzustände, daraus sich erst sekundär feste bzw. flüssige Gebilde (Granula, Fasern, Zellsaft, Vakuolen etc.) heraussondern. Vgl. auch Fr. Husemann, Das Bild des Menschen als Grundlage der Heilkunst, Dresden 1940.

2. ELEMENTE UND WESENSGLIEDER

Im Folgenden sei nun versucht, die Physiognomik der vier
Elemente so zu schildern, daß diese einerseits zu Bildern für ganz
bestimmte Seinsweisen und Kräfteebenen der Welt („Wesensglieder") werden, anderseits aber durch die Mühe solcher Betrachtung das menschliche Bewußtsein stufenweise erweckt und auf
ganz bestimmte Ebenen erhoben wird, welche zugleich mit bestimmten Organsystemen des Menschen zusammenhängen.

a)

1. Das Feste zeigt Tendenz zur Bildung und Erhaltung einer
unermeßlichen Vielheit von Formen. Seine Vielgestaltigkeit ist

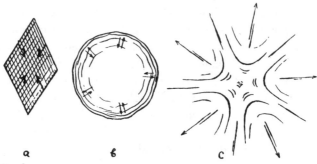

Abb. 20 a, b, c

Veranschaulichung der Wesensgesetzlichkeiten des Festen (a), Flüssigen (b) und
Gasförmigen (c), erstes Bild (vgl. Abb. 21 u. 24).

aber nicht nur eine äußere, sondern auch eine innere. Das Feste
ist anisotrop d. h. durch und durch in seiner Substanz strukturiert
(vgl. den Feinbau der Kristalle)[1]. Es ist in sich selbst starr und
unbeweglich. (Abb. 20a).

Das Element des Festen begründet dadurch die gesonderten,
abgegrenzten Gebilde der körperlich-materiellen Natur. Zwar verdanken die Gesteine, Pflanzen, Tiere, Menschen, sowie die Gebilde

---

[1] Es gibt freilich auch amorph-isotrope feste Stoffe, wie z. B. die Gläser.
Diese sind jedoch sog. „feste Lösungen", welche instabil sind und das Bestreben nach echter Kristallisation zeigen, wobei sie noch Wärme abgeben
(sog. Kristallisationswärme).

der handwerklich-technischen Zivilisation (z. B. die Maschinen, Bauwerke, Kleider, Bücher etc.) ihre eigenartige Gestalt jeweils sehr verschiedenen Schöpferkräften, ihre Beständigkeit hingegen erhalten sie ausschließlich durch die Wesenheit des Festen. Wie nämlich leicht einzusehen, vermöchten in einer ganz und gar flüssigen oder gasförmigen Welt, Gebilde, wie z. B. die gegenwärtigen Pflanzen oder Tiere, nicht zu bestehen. Das Feste ist mithin die gestaltbewahrende Stütze der Körperwelt, das eigentliche Element des statischen, körperlich-räumlichen Seins[1]).

Das Feste ist weiterhin Prinzip der Abtrennung, Vereinsamung und Individualisierung: Aus einer gemeinsamen Lösung verschiedener Stoffe kristallisiert z. B. jeder Stoff in der ihm eigenen Kristallgestalt aus. Jeder sich bildende Kristall ist eine wohl abgegrenzte Individualität, die, abgetrennt vom Nachbarn, besteht und für ihn undurchdringlich ist. Das Feste ist mithin auch Prinzip der Vielheit, des unverbundenen und undurchdringlichen Aus- und Nebeneinander im Raume. Es eignet ihm ein „egozentrischer", der Umwelt gegenüber „feindlich verschlossener" Charakter. Die Wesenheit des Festen kommt nämlich dadurch zustande, daß sich die Substanz aus den gelösten Weiten des Raumes zurück, nach innen und in sich selbst hinein auf den ideellen Mittelpunkt des Körpers zusammenzieht und sich eben dadurch von der Hingabe an die Umwelt abzieht. (Abb. 20a). Der Prozeß der Verfestigung ist gekennzeichnet durch Raum-Flucht. Festes ist wesenhaft zentripetal und verdichtet sich dadurch zur inneren Starrheit und Härte. Aber nicht nur der ganze Körper, sondern jedes seiner Teilchen drängt in seinen eigenen Mittelpunkt hinein, verschließt sich undurchdringlich gegen seinen Nachbarn und bedingt dadurch die Inhomogenität und Strukturiertheit, welche bald mehr körnig,

---

[1]) Infolge der plastisch-weichen Protoplasmabeschaffenheit müßten eigentlich alle Lebewesen etwa Kugelgestalt besitzen. Haben sie diese nicht, so ist das durch Skelettelemente verursacht. Insekten und Krustazeen haben ein äußeres, Wirbeltiere ein inneres Skelett. Den Zellen der Pflanzen gibt Halt und Gestalt die verdickte Zellmembrane, während die tierischen Zellen meist durch innere Fibrillenbildungen etc. gehalten und gestützt werden. Dies ist sogar ein wesentlicher Unterschied zwischen Pflanzen und Tieren.

bald mehr faserig oder blätterig sein kann und z. B. im Bau der Gesteine aber auch der Lebewesen beobachtet wird. Hart gegeneinander gepreßt und verkeilt ruhen z. B. in bestimmten Gesteinen die Körnchen, Kriställchen oder Schüppchen nebeneinander, aber der ungeheuere Druck und die gewaltige Spannung des inneren Zusammenhaltes ist keine lebendige und bewegliche Kraft, sondern gleicht einem erstarrten Krampf, der sich nicht lösen kann und bei Bedrohung von außen sich nicht wandelt sondern nur zersplittert.

Man kann daher das Reich des Festen als „Schmerzenswelt" erleben, denn der feste Zusammenhalt kommt nicht dadurch zustande, daß die Teilchen sich einander öffnen, sondern dadurch, daß sie sich vor einander in „egoistischer" Starrheit verschließen. Irgendwie wurzelt der Zusammenhalt des Festen in der Kraft der Verneinung. Wird deren Krampf durch äußere Gewalt gebrochen, indem man z. B. ein Gestein zerschlägt, so liegen nun die ehemals so fest aneinander gepreßten Teilchen verbindungslos und ohnmächtig nebeneinander. Schotter und Sand als Endprodukt imposanter Gebirge veranschaulichen deutlich die innere Kraftlosigkeit und Ohnmacht, welche sich hinter der Härte des Festen verbirgt.

Studieren wir in dieser und der weiterhin folgenden Art die Wesenheit des Festen, so aktivieren wir in uns bestimmte Kräfte und verspüren z. B. die Organisation unseres eigenen festen Körpers bis hinein in die Knochen. Dadurch können wir schließlich dahin gelangen, im Festen ein Gleichnis des Toten, sowie ein Bild der leblosen physisch-körperlichen Gesetzlichkeit und Kräftewelt zu erblicken. Das Studium des Festen wird in uns zu einer Art Wahrnehmungs- und Erkenntnisorgan für eine bestimmte Seite der Wirklichkeit.

2. Das Flüssige zeigt nur mehr Tendenz zur Erhaltung des Volumens, keine zur Erhaltung der Form. Die vielgestaltigen und scharfkantigen Umrisse des Festen lösen sich in ihm auf, wie man an jedem Stück Zucker in Wasser beobachten kann und verwandeln sich in die einzige, allem Flüssigen gemeinsame Form: in die Tropfenform bzw. in die Niveaufläche der Ozeane. Ideale

144

Flüssigkeiten sind unstrukturiert, homogen und isotrop, dafür aber in sich selbst beweglich und verschieblich. (Abb. 20b) [1]). Bei der Verflüssigung geben die Substanzen ihre eigene egoistische und individualistische Form, Grenze und Vielheit preis und lösen sich in einem Allgemeinsamen auf. Im sphärischen Tropfen sind alle flüssigen Substanzen, sie mögen sonst noch so verschieden sein, einander gleich und verbunden. Freilich findet nicht immer vollständige Vermischung statt. In der Unvermischbarkeit (z. B. von Öl und Wasser oder Wasser und Äther) liegt noch ein Rest von Individualisierungsstreben der Substanzen. Erst im gasförmigen Bereich wird auch dieser Rest verschwinden.

Indem das Flüssige die einseitige zentripetale Richtung auf den Mittelpunkt preisgibt und sich selbst gleichsam entspannt und losläßt, verschwindet die äußere und innere Durchformtheit der Substanz. Diese gerät in Bewegung, dehnt sich gleichsam und fließt auseinander in die Weite, bis sie die Niveaufläche der Ozeane erreicht bzw. Kugelgestalt annimmt. Die Tropfenform des Flüssigen ist Ausdruck dafür, daß die zentripetale, egoistisch-abschließende Wesensrichtung nach innen, das Gleichgewicht hält mit der zentrifugalen, der Welt hingegebenen und sich selbst verströmenden Wesensrichtung. (Abb. 20b). Mit seiner leichtbeweglichen Oberfläche schließt sich das Flüssige der Umwelt auf und empfängt z. B. als ozeanische Wasserhaut des Erdenplaneten die kosmischen Einflüsse, die sie bald mächtig fluten und ebben, strömen und wogen, bald klar das Licht spiegeln lassen. So eignet dem Flüssigen sowohl im Lebenshaushalt der Erde als in dem jedes einzelnen Lebewesens ein ausgleichender und vermittelnder Faktor.

Blickt man auf die Silhouette eines fernen Gebirges, so sieht man unwandelbar verhärtete, langsamer Zerstörung preisgegebene Gestalten. Blickt man hingegen auf das wogende Meer, so sieht

---

[1]) Freilich gibt es auch flüssige bzw. festweiche Kristalle, deren anisotrope Strukturiertheit sich nicht oder nur unvollkommen in der äußeren Gestalt (diese ist oft tropfenförmig), sondern nur in der inneren Gerichtetheit aller Teilchen ausspricht, die sich auch nach Störungen von außen, innerlich sogleich wieder herstellt. Literatur und Abb. bei H. Przibram, Die anorgan. Grenzgebiete der Biologie, 1926.

man wandelbare körperbildende und wieder entbildende schöpferische Bewegung. Diese Bewegung gleicht einem inneren Modellieren und Plastizieren, deren erstarrte, gleichsam eingefrorene Endprodukte dann im Bereich der festen Körperwelt erscheinen und dort schließlich nach und nach zermürben und zerfallen. Einst waren auch die Gebirge „plastisch". Heute aber liegt in der inneren Starrheit des Festen seine Ohnmacht, in der inneren Beweglichkeit des Flüssigen seine Macht.

So ist das Flüssige, nicht wie das Feste, die starre Stütze der Körperwelt, sondern gleichsam die bildende und umbildende Mutter aller Gestaltung. In jeder Verfestigung werden die im Flüssigen wirkenden Gestaltungskräfte nach und nach ins Feste herabgetragen und dort deponiert. Die bewegliche Bildsamkeit des Flüssigen kann sich dann auf die beständige Unwandelbarkeit des Festen stützen. Letzteres ist aber unrettbarem Zerfall überliefert, wenn es gänzlich aus dem Flüssig-Bildenden herausfällt und nicht mehr von dessen umgestaltenden und erneuernden Kräften durchzogen wird. Dies ist entscheidend für die Beurteilung vieler physiologischer und pathologischer Prozesse im Menschen.

Studieren wir in dieser und der weiterhin folgenden Art die Wesenheit des Flüssigen, so aktivieren wir in uns bestimmte Kräfte und verspüren z. B. die feine innere Beweglichkeit, das Auf- und Abfluten und Strömen unseres eigenen Flüssigkeitsorganismus. Wir durchdringen nach und nach unser Bewußtsein mit dieser beweglichen Regsamkeit. Hierdurch können wir dazu gelangen, im Flüssigen ein Gleichnis des Belebenden in uns selbst und in der umliegenden Natur und schließlich in ihm ein Bild zu erblicken für Gesetzlichkeiten und Kräfte, welche über das Physisch-Materielle hinausführen und (indem sie dieses durchdringen) das Wachstum sowie die Organgestaltung vegetativer Lebewesen bedingen. Wir nannten sie „ätherische Bildekräfte". Durch das Studium der Phänomene des Flüssigen erziehen wir in uns Wahrnehmungs- und Erkenntnisorgane, welche es uns langsam ermöglichen, diese dem organischen Leben zugrunde liegenden Kräfte nicht nur theoretisch zu erschließen, sondern unmittelbar wahrzunehmen.

3. Das Gasförmige zeigt nur mehr Tendenz zur Erhaltung der Substanz. In ihm verschwinden nicht nur alle Formen, sondern auch alle Oberflächen und konstanten Volumina, mithin alles körperhaft Geschlossene im weitesten Sinne. Es durchhöhlt und vernichtet alles irgendwie Leibhaftige, wie man leicht am kochenden Wasser beobachten kann, wenn die sich befreienden Gaskräfte (Wasserdampf) die geschlossene Flüssigkeitsoberfläche durchlöchern, ja bei plötzlicher starker Erwärmung die ganze Flüssigkeitssubstanz innerlich durchhöhlen und explosiv zersprengen. (Abb. 20c).

Wir sehen: Im Festen herrscht vor die innere Gedichtetheit. Im Flüssigen wird bedeutsam die Oberfläche, welche den Tropfen wie durch äußeren Druck elastisch zusammenhält. Im Gasförmigen aber verschwindet jede Oberfläche. Hier herrscht allein die zentrifugale Wesensrichtung auf grenzenloses Verströmen im Weltenall. Die Schmerzenswelt des Festen war Raum-Flucht. Die Raum-Sucht des Gasförmigen ist ein Bild ekstatischer, alle Grenzen zersprengender „Lust". Zwischen beiden steht das abgewogene Gleichmaß des Flüssigen als Urbild lebensvoller Gesundheit.

Der Wesensschwerpunkt eines festen Körpers ist in dessen Zentrum, der eines flüssigen lebt in der Oberfläche. Das Gasförmige aber erstrebt als seinen „Mittelpunkt" die unendliche Weltensphäre („unendlich ferne Ebene" der synthetischen Geometrie). Will man sich daher den Übergang vom Flüssigen zum Gasförmigen anschaulich vorstellen, so muß man die konvexe, um den inneren Mittelpunkt gekrümmte Kugeloberfläche des Tropfens nach außen umstülpen, wobei man negative, konkave, paraboloid- oder hyperboloidähnliche Gebilde mit dem Zielpunkt im Unendlichen erhält. Dies wurde in Abb. 20b und c darzustellen versucht. Man kann daher auch sagen: Im Festen schließt sich die Substanz egoistisch-verneinend von der Welt ab (deshalb ist es ein Bild des Todes), im Flüssigen schließt sie sich der Welt auf (deshalb ist es ein Bild des Lebendigen), im Gasförmigen aber verschwindet überhaupt die Polarität von Innen- und Außenwelt, weil hier die Substanz strebt, selbst ganz weltweit zu werden.

Und nun gilt Folgendes: Festes und Flüssiges muß man sich an

10*

bestimmten Orten im Raume lokalisiert und in Grenzen einge-schlossen denken. Vom Gasförmigen jedoch kann man erleben, wie es eigentlich, aus den Weltweiten hereinkommend, sich verdichtet und die festen und flüssigen Körper von außen umhüllt, alsbald aber auch in sie eindringt, um sie innerlich zu durchatmen, aus-zuhöhlen und zu verflüchtigen. Man beobachte von diesem Ge-sichtspunkte einmal die Wirkung eines trockenen Wüstenwindes auf feuchte Humus- oder Sumpfböden. Eine ähnliche Rolle spielt im Menschen die Atmung gegenüber den humoralen Flüssigkeiten der Körpergewebe.

Zwischen dem Festen und Flüssigen einerseits als den eigent-lichen leibbildenden Elementen und dem Gasförmigen andererseits als dem leiblosen, ja leibvernichtenden Element besteht daher eine ähnliche Kluft, wie zwischen den aufbauenden physisch-leiblichen Wachstums- und Lebensprozessen des Menschen und den abbauen-den seelischen Empfindungs- und Begehrensprozessen. Wie wir sahen, werden von den seelischen Bewußtseinsvorgängen (z. B. gespannte Aufmerksamkeit, gierige oder angstvolle Erregtheit etc.) welkende, zerrüttende, ja krankmachende Einflüsse auf das Leibesleben ausgeübt. Der Leibesmensch muß sich daher allnächt-lich im Schlaf von den Aufreibungen des bewußten Seelenmen-schen erholen. In dieser Hinsicht bestehen wichtige Zusammen-hänge zwischen den Wirkungen des Seelenlebens und jenen der Atmosphäre bzw. der Atmung. Zu starke Durchlüftung und Durch-atmung verflüchtigen die bildenden und aufbauenden Kräfte des Flüssigen. Sie vertrocknen, höhlen aus und verzehren gleichsam das Durchfeuchtet-Lebendige und lassen schließlich eine ver-härtete, aber wunderbar durchgeformte Körperlichkeit zurück. Solches beobachten wir z. B. bei der Verwandlung der flüssigkeits-reichen, ganz der vegetativen Ernährung hingegebenen Raupe in den Schmetterling, dessen trockene, von Licht und Luft durch-drungene Körperlichkeit ganz aus Farbe und Empfindung gewoben scheint und Ausdruck höchst gesteigerter animalischer Sensibilität und Motilität ist. Auch Menschen gleichen ihrer Konstitution nach bald mehr den Raupen, bald mehr den Schmetterlingen. Für den Arzt ist daher, ebenso wie für den Landwirt und Meteorologen, das

Studium des wechselseitigen Gleichgewichtes zwischen dem Festen, Flüssigen und Gasförmigen wichtig, wodurch die Eigenart geographischer Klimate, aber auch die Eigenart bestimmter menschlicher Konstitutionen verständlich wird. (Z. B. trockene und spastische bzw. feuchte und atonische Typen. Man denke hier an die Temperamentenlehre der Griechen, aber auch an C. W. Hufeland.)

Studieren wir in dieser und der noch folgenden Art die Wesenheit des Gasförmigen (Atmosphärischen), so aktivieren wir in uns weitere Kräfte und verspüren z. B. die feine innere Elastizität, das Aus- und Einatmen unseres eigenen Luftorganismus. Wir durchdringen nach und nach unser Bewußtsein mit dieser atmenden Regsamkeit und erwecken ein neues Erkenntnisorgan. Hierdurch gelangen wir dann dazu, in der Dynamik des Atmosphärischen (bzw. der Atmung) ein Gleichnis des Beseelenden in uns und in der umliegenden Natur und schließlich in ihm ein Bild zu erblicken für Gesetzlichkeiten und Kräfte, welche noch weiter in ein Übermaterielles hinausführen, zugleich aber (indem sie das Materielle durchdringen) Gestalt, Empfindlichkeit und Beweglichkeit animalischer Lebewesen bedingen. Diese höhere Welt, die sich uns im Studium der Phänomene des Atmosphärischen bzw. der Tierwelt, wie im Gleichnis zu eröffnen beginnt, nannten wir seelisch-astralisches Kräftebereich. (Vgl. S. 29 u. 108f.)

4. In den drei vorgenannten sog. „Aggregatzuständen" bleibt die wägbare Subtsanz erhalten, sie verändert nur ihre „Zustände". Der Grund dieser Zustandsänderungen ist der verschiedene Grad innerer Wärme („Zustandswärme"). Wärme wird gebunden, wenn sich z. B. Eis in Wasser, Wasser in Wasserdampf verwandeln; Wärme wird wieder frei, wenn Wasserdampf kondensiert, Wasser gefriert.

Die Wärme als „Energie" wird also von der modernen Physik zunächst streng von den drei Aggregatzuständen der „wägbaren Substanz" abgetrennt, während sie eine ältere Naturerkenntnis den drei bisher besprochenen Elementen als viertes Element („Feuer") anreihte. Aber auch die moderne Physik findet den Gedanken diskutabel, daß sich einst alle wägbaren, massenbildenden Substanzen aus einem Imponderablen, Nichtmassenhaften, also Dynamisch-Energetischen bildeten, daß mithin von einer Entstehung des Materiellen aus Vor- und Übermateriellem gesprochen werden darf. Sprach die ältere Naturerkenntnis vom „Feuer" (Wärme), so meinte sie damit diesen rein-dynamischen, vormateriellen Ursprung alles Wägbar-Materiellen und in diesem Sinne soll auch hier von der Wärme als dem vierten Elemente gesprochen werden. Hier ist aus bestimmten Gründen keine räumlich-bildhafte Veranschaulichung mehr möglich.

Im Gasförmigen ist zwar restlose Vermischung und Durchdringung aller Substanzen möglich und es bestehen für alle dieselben physikalischen Zustandsgleichungen, die individualisierte chemische Substanz bleibt jedoch hier noch erhalten. Erst im Bereiche des „vierten Elementes" wird auch die chemische Eigenart der Substanzen als letzter Rest des Irdisch-Körperlichen vernichtet. Dies kündet sich bereits im Gasförmigen bei stärkster Erwärmung an, insoferne die dadurch entstehenden sog. einatomigen Gase keinerlei chemische Affinitäten untereinander mehr zeigen, ja alle bestehenden chemischen Verbindungen bei stärkster Erhitzung zerfallen (z. B. Wasser in Wasserstoff und Sauerstoff). Es wird durch diese Suspendierung der chemischen Affinitäten offenbar das Materielle bereits nahe an das Unmaterielle herangeführt. In Letzterem sind die dynamischen Schöpferwurzeln alles Materiellen gelegen. Was im Materiellen stabile, also vergleichsweise tote, chemische und wägbare Substantialität (also z. B. Stickstoff, Eisen, Kalium etc.) ist, das ist im Bereiche des vierten Elementes rein dynamisch-kraftartig.

Läßt man Metalle bei höchsten Temperaturen verdampfen, so sendet der Dampf Licht aus, welches für die jeweilige Metallität kennzeichnend ist (Emissionsspektren der Sterne!). Licht aber ist gänzlich unmateriell. Die farbigen Metallflammen deuten in gewissem Sinne auf Urzustände des Planetensystems hin, wo sich aus Vor- und Übermateriellem die grobe Stofflichkeit erst nach und nach verdichtete. Solche Konsequenzen wagen heute aber nur erst ganz wenige Physiker zu ziehen, obgleich viele Erfahrungen auf die Möglichkeit der Entstehung von Materie aus Licht hindeuten. (Vgl. mein Buch „Erde und Kosmos" 2. A. S. 32f.)

Studieren wir nun in dieser und der noch folgenden Art die

Phänomene der Wärme (des Feuers) und leben uns in sie ganz ein, so aktivieren wir unseren eigenen Wärmeorganismus und erfahren zugleich die innige Verflochtenheit unserer Eigenwärme mit dem sich Selbst-Erfühlen eines geistig-seelischen Wesens. Wir lernen dann einsehen, wie sich das Geheimnis der Wärme nicht äußerer physikalischer Messung, sondern dem innersten moralisch-willenshaften Selbst-Sein erschließt. In der Konstanz der Körperwärme, aber auch in Fieber und Untertemperaturen, Erröten und Erblassen, Wärme- und Kälteschauern etc. haben wir Erscheinungen, die ganz besonders mit dem Wesenskern des Menschen zusammenhängen und insoferne auf eine göttlich-geistige Welt hindeuten, der dieser Wesenskern entstammt. An diesem Punkte berühren sich Physiologie und Moral, die dem herkömmlichen ärztlichen Denken nichts miteinander zu tun zu haben scheinen. Aber schon die Erfahrungen moderner Psychotherapie sollten hier nachdenklich machen!

b)

Die Wesenheit der vier Elemente kann noch weiter verdeutlicht werden durch einen Hinblick auf ihre Erscheinung im großen Erdenhaushalte. Hier ist zu unterscheiden die Litho-, Hydro-, Atmo- und Thermo-Sphäre, also der Gesteins-, Wasser-, Luft- und Wärme-Mantel der Erde. Hierbei ergeben sich folgende charakteristische Unterschiede:

1. Innerhalb des Gesteinsmantels der Erde sind die einzelnen Gebirge, ebenso wie die einzelnen Inseln oder Kontinente, im Raume voneinander getrennt. Alles ist hier stabil und dauernd bzw. bildet und verwandelt sich nur innerhalb unermeßlich langer Zeiträume[1]. Jedes Gebirge hat seine eigene vom Nachbargebirge wohl unterschiedene morphologische, chemische und physikalische Beschaffenheit (z. B. Gneis, Schiefer, Dolomit, Basalt etc.). Irgendwelcher Austausch von Substanzen (Stoff-Wechsel) kommt nicht

---

[1] Absolut starr ist freilich auch die Lithosphäre nicht, sondern zeigt Anzeichen einer gewissen Plastik. Vor allem aber „schwimmen" die verhärteten Kontinentalschollen auf den weicheren, magmatischen Tiefenschichten, wodurch die Kontinentalverschiebung möglich wird (Wegener).

oder nur sehr langsam und auch dann nur dadurch zustande, daß das Flüssige eingreift und z. B. vom Wasser Substanzen hier fortgetragen und anderswo wieder abgesetzt werden. Infolge dieser Beständigkeit des Festen hat es guten Sinn z. B. von deutschem, italienischem oder französischem Boden zu sprechen. — Auch das menschliche Skelett ist ein Bild dieser starren Getrenntheit.

2. Die Hydro-Sphäre der Erde ist schon in viel höherem Maße eine lebendige Einheit. Alle Meere sind untereinander verbunden und von annähernd gleicher chemischer Beschaffenheit. Wenn auch langsam und träge, so stehen doch alle Wassermassen der Erde mittels Strömungen in unmittelbarem Stoffaustausch, obgleich der Wasserkreislauf der Erde weitaus rascher und durchgreifender durch die Atmosphäre (also durch Verdampfung und Niederschläge) stattfindet. Einer allzu raschen strömenden Vermischung der Flüssigkeiten steht die Lithosphäre mit ihren isolierenden Landbrücken hemmend im Wege. — So gliedert auch im Menschen das Feste (z. B. Gefäße) den Flüssigkeitsorganismus.

3. Alles Zertrennende aber entfällt schließlich gegenüber der Atmosphäre. Der Luftmantel der Erde ist eine einzige unteilbare elastisch atmende Wesenheit, die freilich in Luftkörper (z. B. arktische oder subtropische Luftmassen) gegliedert ist. Der Chemismus ist überall nahezu vollständig gleich. Unterschiede in Druck, Feuchtigkeit oder Wärme werden sofort zu lebendigen Spannungen, welche das raschbewegliche dahinstürmende Wesen dieses Luftorganismus bestimmen. Von „deutschem Wasser“ kann man kaum, von „deutscher Luft“ gar nicht mehr sprechen; denn was eben über unser Land dahinstürmt, war vor kurzem noch über Afrika und dem Mittelmeer und wird bald über der Nordsee oder über Skandinavien wehen. Durch ihren Wasser- und noch mehr durch ihren Luftmantel wird die Erde, die sonst und hinsichtlich ihrer Gesteine nur ein starres Aggregat nebeneinander liegender Teile wäre, erst zu einer dynamischen lebendigen Ganzheit, ja gleichsam zu einer atmenden Individualität im Kosmos.

4. Durch ihre rein dynamische rasch bewegliche Wärmesphäre wird endlich die Erde in noch höherem Maße in ihrer kosmischen Eigenart bestimmt. Der Wärmeorganismus der Erde (daß also

diese Erde gerade so viel und in diesen bestimmten Rhythmen von der Sonne Kraft zugestrahlt erhält und auch in sich ein bestimmtes Wärmequantum birgt), bestimmt letztlich alles, was auf dieser Erde an naturhaftem und kulturhaftem Geschehen überhaupt möglich ist. Wie leicht gezeigt werden könnte, bestimmt sich dadurch der auf der Erde mögliche Bewußtseinszustand und Freiheitsgrad. Deshalb hängt der Wärmeorganismus der Erde ebenso wie der des Menschen mit der ichhaft geistigen Individualität eng zusammen. Die Beziehungen der Lithosphäre zum menschlichen Skelett, der Hydrosphäre zum menschlichen Flüssigkeitsorganismus, der Atmosphäre zur menschlichen Luftorganisation sind ebenfalls naheliegend und ergeben für den Arzt eine Fülle wesentlicher Beobachtungen.

c)

Im Folgenden sei nun versucht, die Wesenheit der Elemente noch nach einigen anderen Hinsichten ergänzend zu charakterisieren. (Abb. 21).

1. Das Feste ist wesenhaft ruhend. Es kann wohl äußerlich von einem Ort zum andern gebracht, nicht aber in sich selbst bewegt werden. Deshalb ist es ein Bild der mechanischen und zeitlosstarren Gesetzmäßigkeit des Toten.

2. Aus sich selbst heraus ist nun zwar freilich auch das Flüssige nicht bewegt, wohl aber blickt es auf Bewegungsanstöße gleichsam hin und bewahrt, einmal in Bewegung gebracht, sein Fließen oder Wogen längere Zeit. (Abb. 21.) In gewisser Hinsicht muß man sogar sagen: absolut ruhende Flüssigkeiten sind nur unter sorgfältigen Laboratoriumsbedingungen herstellbar. In der freien Natur hingegen ist selbst das Wasser eines spiegelglatten Sees von feinen zirkulierenden Strömungen durchzogen und zeigt an seiner Oberfläche ein zartes, nervös vibrierendes Spiel. Die ruhelose innere Bewegung des Flüssigen ist daher ein Bild des Ätherischen. Ätherische Kräfteorganisationen, wie sie die organischen Leiber aufbauen und erhalten, bestehen ganz und gar aus innerer Beweglichkeit, aus unendlich zartem Fluten und Weben. Daher sind sie,

153

zum Unterschied von der materiellen Körperwelt, nicht Raum-
sondern Zeit-Gebilde.

3. In noch höherem Grade als ruhende Flüssigkeit wäre ruhende
Atmosphäre ein Kunstprodukt. Selbst ein abgeschlossenes men-
schenleeres Zimmer ist infolge feiner Temperatur- und Helligkeits-

Abb. 21

Veranschaulichung der Wesensgesetzlichkeiten des Festen, Flüssigen und Gasförmigen, zweites Bild (vgl. Abb. 20, 24)

unterschiede von unablässigen Luftströmungen durchzogen. Gasförmiges strömt und wogt aber nicht nur wie das Flüssige, sondern
zeigt darüber hinaus noch eine Bewegungsmöglichkeit höherer
Ordnung: es dehnt sich elastisch aus und zieht sich elastisch zusammen.

Hiermit ist auf eine entscheidende Tatsache hingewiesen, ohne
die der durchseelte tierische und menschliche Organismus unverständlich bleiben müßte: Erst mit dem Gasförmigen be-

treten wir nämlich das Reich der Polarität, denn erst dieses ist, zum Unterschiede vom Flüssigen, in sich selbst polarisch gespannt. Die Atmosphäre zeigt sich differenziert in Unter- und Überdruckgebiete, in ansaugende Vakua (Minima) und pressende Maxima, welche beide gleich eigentümlichen Kraftwesenheiten ständig ihre Orte wechseln und über die Erde hinjagen, indem sie bald entstehen, sich steigern und ineinander umschlagen, bald abklingen und vergehen.

Aus der wechselseitigen Dynamik sich begegnender warmer und kalter Luftmassen, saugender Minima und pressender Maxima entstehen endlich die für das Wesen des Gasförmigen kennzeichnendsten Gebilde: die Wirbel. Der Sinn des Wirbels aber ist die Spirale. (Abb. 21). Der Sinn der Spirale wiederum eine polarisch-doppelseitige Bewegungsmöglichkeit. Die Spirale nämlich kann sich in sich selbst hineinwinden und dadurch gleichsam elastisch zusammenziehen, sie kann sich aber auch aus sich selbst herauswinden und elastisch ausdehnen und sie wird endlich beides im rhythmischen Wechsel vollziehen. Man kann diese Doppelseitigkeit der Bewegung sehr schön an der zarten Spiralfeder (der „Unruhe") einer Taschenuhr beobachten. Eine solche Spiralfeder „atmet" gleichsam und weist uns dadurch auf die höchste Offenbarung des Gasförmigen: die menschliche Atmung und auf deren wesenhafte Beziehungen zum menschlichen Seelenleben hin. Goethe hat dies so ausgedrückt:

„Im Atemholen sind zweierlei Gnaden:
Die Luft einziehen und sich ihrer entladen.
Jenes bedrückt, dieses erfrischt,
So wunderbar ist das Leben gemischt.
Du danke Gott, wenn er Dich preßt
Und danke ihm, wenn er Dich wieder entläßt".

Wie für das Flüssige die Schlängelform des Baches oder die Wogenform der Ozeane (Abb. 21, 24), so sind für die Atmosphäre Wirbelbildungen charakteristisch (Abb. 21), die in sich selbst spiralig rotierend und sich elastisch ausdehnend oder zusammenziehend, dahinfahren. Atmosphärische Strömungen darf man sich nicht so einfach wie Flüssigkeitsströmungen vorstellen, denn sie sind nicht nur Ortsbewegungen von Substanzen, sondern vor allem Ortsbewegungen dynamischer Zentren, eben wirbelartig saugender oder pressender, elastisch atmender Maxima und Minima. Den Bewegungen des Flüssigen eignet daher ein gleichförmiger, nur langsam an- und abschwellender Charakter. Alles Geschehen im Flüssigen ist von großer innerer Trägheit und Beständigkeit, gleichsam erfüllt mit epischer Breite und Phlegmatik (Wachstum!). Ganz anders die Atmosphäre: Plötzlich kann ein Windstoß um die Ecke pfeifen, auf der Straße einen kleinen Staubwirbel bilden und im nächsten Augenblick schon wieder weg sein. Im atmosphärischen Geschehen hat alles nicht nur einen sanguinischen, sondern oft genug einen geradezu sprunghaften Charakter. Als Wassertiere sind daher auch die Fische mehr Phlegmatiker, die Vögel als Lufttiere mehr Sanguiniker.

Man kann geradezu sagen: Das Flüssige veranschaulicht das ruhig strömende und webende, im langsamen An- und Abschwellen begriffene Wesen des Lebens (Jugend-Alter!), bzw. der ätherischen Organisation, das Gasförmige hingegen die leichte Reizbarkeit und sprunghafte Empfindlichkeit des Seelisch-Astralischen, wie es die Tiere durchdringt. Seelisches ist nämlich wie das Gasförmige in sich selbst polarisch gespannt in satte Überfülle und hungrige Leere, Sympathie und Antipathie, Andringen und Fliehen, Verschlingen und Wiederausstoßen. Alles dieses aber geschieht oft im raschen, nahezu unvermittelten Wechsel, wie man am plötzlichen Umschlag der Launen einer Katze oder eines Kindes beobachten kann. Sehr sinnvoll bringen daher auch Sprichwörter die Stimmungen und Launen der „Seele" mit denen des „Wetters" zusammen. Es ist dies ein für den Arzt so wichtiges Kapitel, daß darüber noch Nachfolgendes gesagt sei.

Wie die moderne Meteorologie[1]) feststellt, besteht in der Atmosphäre unter gewissen Bedingungen die Neigung zu Wirbelbildungen. Die Entstehung solcher „Zyklone" geschieht in unseren

---

[1]) Vgl. B. de Rudder, Grundriß einer Meteorobiologie des Menschen, 2. Aufl., Berlin, 1938. W. Hellpach, Geopsyche, 5. Aufl. 1939.

Breiten besonders dort, wo die kalte Polarluft an die warme Tropenluft angrenzt. Die Polarluft strömt von Ost nach West (also entgegen der Rotationsrichtung der Erde), die Tropikluft hingegen von West nach Ost (also in Richtung der Erdrotation). Wo beide Strömungen aneinander grenzen, bildet sich eine elastische Grenzfläche, die bald nach der einen, bald nach der anderen Seite wellenartige Verbauchungen oder Einbuchtungen erleidet. Nichts ist hier starr, sondern alles in elastisch-rhythmischer Bewegung. An diesen Stellen kann es nun zu Einbrüchen der Warm-

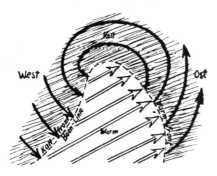

Abb. 22

Zyklonenschema von Bjerknes (aus de Rudder), Horizontalansicht projiziert auf die Erdoberfläche. Kaltluft von Ost nach West, Warmluft von West nach Ost ziehend, Wirbelbildung an der gestrichelten Grenze der Einstülpung der Warmluft in die Kaltluft, Gewitterneigung an den Grenzflächen (Fronten).

luft in die Kaltluft oder umgekehrt und schließlich zu den schon erwähnten Abschnürungen von Luftkörpern kommen. Diese sind für die Eigenart des Gasförmigen so charakteristisch, daß wir ein bestimmtes Stadium der Zyklonbildung in Abb. 22 bringen.

Von solchen rotierenden Zyklonen, die aus einer komplizierten Dynamik warmer und kalter Luftmassen bestehen und eine Art „Luftorganismus" bilden, gehen nun die entscheidenden Einflüsse auf den Menschen aus. Es wirken hierbei nicht so sehr die einzelnen meteorologischen Faktoren (Temperatur, Luftdruck, Feuchtigkeit, Ionisation), als der plötzliche Wechsel, der im Zusammenhang mit einem vorbeiziehenden Zyklon gegeben ist. Ein solcher rotierender Zyklon ist vergleichbar einem makrokosmischen Atmungsgebilde.

Er kann „saugen und pressen", er kann „Einschnürungen und Spasmen", sowie „Erweiterungen und Atonien" zeigen und wird folglich aufs stärkste den mikrokosmischen Luftorganismus des Menschen (Asthma!), also besonders das Seelisch-Astralische beeinflussen.

In der Tat ergibt ein genaues Studium unserer Erfahrungen über die menschliche Wetterempfindlichkeit, sowie die witterungsbedingten Krankheitserscheinungen, daß das Gemeinsame dieser, auf den ersten Blick außerordentlich vielgestaltigen Phänomene, in einem verstärkten Einfluß auf das Seelisch-Astralische des Menschen beruht. Wird dieses in Unruhe gebracht, so entstehen bestimmte Formen von Entzündungen und Krämpfen, Reizbarkeit und Schlaflosigkeit, Schmerzen an Amputationsstümpfen und an alten Narben, aber auch bei chronischen rheumatischen und neuritischen Prozessen. Es wird aber auch die Labilisierung des Gefäßsystems, die Steigerung des präkapillaren Blutdruckes, sowie das subjektive Gefühl der Wallung, fliegenden Hitze, Benommenheit etc. verständlich. Nicht zuletzt aber häufen sich beim Durchzug solcher Zyklone Krankheiten, die zwar zunächst sehr verschieden sind, ihre Gemeinsamkeit aber durch einen bestimmten Symptomenkomplex spastischer Art bekunden (Eklampsie der Schwangeren, Spasmophilie der Säuglinge, akute Glaukomanfälle, Apoplexien, Hämoptoe, croupöse Symptome bei Diphtherie, Pneumonie und Scharlach).

4. Die Schwierigkeiten der Wesensschilderung der Elemente erreichen beim vierten („Wärme") den höchsten Grad, denn hier müssen im Grunde alle sinnlich-anschaulichen Bilder und räumlichen Gleichnisse versagen, weil wir hier gänzlich aus dem Raume herausgelangen. Das Feste tritt der menschlichen Betrachtung am meisten als äußeres Objekt gegenüber. Beim Flüssigen und Gasförmigen müssen wir als forschende Betrachter uns selbst bereits bis zu einem gewissen Grade aufgeben, um in das zu Betrachtende hinüberzutreten, bzw. es in uns selbst aufzunehmen. Flüssiges und Gasförmiges stehen uns daher nicht so sehr als Gegenstände gegenüber, als daß sie vielmehr bereits Wesenselemente unseres eigenen Innern sind. Wärme aber ist in gar keinem Sinne mehr äußeres

Objekt, weil wir hier als psychophysisches Subjekt ganz und gar in ihr leben. Darüber wird im zweiten Teil dieses Buches zu sprechen sein.

d)

Die engen Beziehungen, welche zwischen dem Festen und dem Physisch-Toten, dem Flüssigen und dem Lebendig-Ätherischen, sowie dem Gasförmigen und dem Seelisch-Astralischen bestehen, lassen sich weiter verdeutlichen, wenn man Folgendes bedenkt:

1. Feste Körper, also z. B. Kristalle, haben wohl „Gestalt", „Grenze" und „Ganzheit", aber diese Bestimmungen sind nur tote und passive Eigenschaften. Wird ein Kristall beschädigt, so besitzt er für sich allein, d. h. außerhalb des Flüssigen, nicht die Fähigkeit, sich wieder herzustellen; wird er zerschlagen, so liegen die Splitter nebeneinander und können sich aus sich selbst nicht wieder vereinen. Die Begriffe „Gestalt", „Grenze" und „Ganzheit", welche im Bereiche des organischen Lebens eine so große Rolle spielen, dürfen daher auf die Welt des Leblos-Festen nur im uneigentlichen Sinne angewandt werden. Denn das Feste ist in jeder Hinsicht nur ein totes Bild des Lebendigen.

2. Ganz anders das Flüssige. Flüssigkeiten sind nicht tote Bilder, sondern bewegte Gleichnisse des Lebendigen. Trotz, oder besser wegen seiner inneren Beweglichkeit, ist jeder Flüssigkeits-tropfen von einer elastisch gespannten Haut umschlossen, welche ihm in dynamisch-aktiver Weise Ganzheit, Gestalt und Grenze gibt und allfällige Störungen derselben sofort wieder ausgleicht. Dieses Oberflächenspannungs-Häutchen ist aber selbst wiederum keine tote Struktur sondern eine Kraft, die überall zu wirken beginnt, wo sich eine neue Oberfläche bildet. Wo immer ich also aus einem größeren Flüssigkeitsquantum ein Stück heraus-schneide: sogleich schließt sich dieses zur Kugelgestalt zusammen und durch die Oberflächenspannungs-Haut als Ganzheit von der Umwelt ab.

Ein Flüssigkeitstropfen ist mithin eine sich aus sich selbst er-zeugende, erhaltende und wiederherstellende dynamisch-aktive Form. Er hat nicht nur, wie der feste Kristall, passive Geformtheit, sondern aktives Formbildungsvermögen. Insoferne zeigt er im Gleichnis wesentliche Erscheinungen organisch vegetativen Lebens (z. B. Entwicklung, Wundheilung, Regeneration etc.). Das Oberflächenhäutchen der Flüssigkeiten ist eigentümlich verwandt der Haut der Lebewesen. Im Flüssigen erscheinen mithin Gesetzmäßigkeiten, welche ihre volle Entfaltung zwar erst im Organisch-Lebendigen erfahren, zugleich aber auf die besondere Geeignetheit des Flüssigen für die Bedürfnisse des Organisch-Lebendigen (Ätherischen) hindeuten.

Dieser Eindruck verstärkt sich noch angesichts folgender Phänomene: Größere Flüssigkeitstropfen zeigen aus sich heraus das Bestreben, sich in der Mitte durchzuteilen und in zwei gleichgroße Tochtertropfen zu zerfallen bzw. durch knospenartige Abschnürung kleinere Tröpfchen aus sich hervorgehen zu lassen. (Analogie zum organischen Phänomen der Fortpflanzung und Vermehrung). Umgekehrt können aber auch kleinere Tropfen untereinander zu größeren verschmelzen bzw. durch innere Aufnahme neuer Substanz wachsen (Analogie zum organischen Phänomen der Kopulation und Ernährung).

Ein organisches Lebewesen kann nun freilich nicht allein aus dem Wesen des Flüssigen, sondern nur verstanden werden, wenn man das komplizierte Ineinanderwirken der Gesetzmäßigkeiten des Festen und des Flüssigen hier erkennt. Das Feste vermittelt hierbei die Beständigkeit äußerer und innerer Gestaltung, das Flüssige hingegen die Fähigkeit zu Wachstum, Teilung, Wiedervereinigung, Umschmelzung, Heilung und Neubildung. Organisches Leben ist da hineingestellt zwischen zwei einander widerstreitende und sich doch im Gleichgewicht durchdringende Tendenzen. Die Alleinherrschaft fester Strukturbildung müßte zum toten Bild des Lebens, zur Leiche führen; die Alleinherrschaft der Verflüssigung müßte alles individuelle geformte und reich gegliederte organische Leben auflösen.

3. Wiederum ganz anders bekundet sich in diesem Zusammenhang das Gasförmige. Dieses hat gar nichts mehr mit räumlicher Gestalt, Grenze und Ganzheit zu tun, hingegen ist hier alles noch mehr als beim Flüssigen dynamische Aktivität. Gase sind weder

160

zerstäubbar wie das Feste, noch vertropfbar wie das Flüssige. Will man für ihr unkörperliches Wesen doch noch ein körperliches Gleichnis gebrauchen, so bietet sich das Bild einer vom Flüssigen umschlossenen Luftblase dar. Die Oberfläche des Flüssigkeitstropfens wird durch die Kraft der Luft gleichsam nach innen gestülpt, so daß ein lufterfüllter, elastisch atmender Hohlraum entsteht. Dies führt hinüber zum Verständnis der „Gastrulation", der inneren Organbildung und vor allem der inneren Atmung und

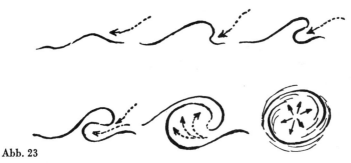

Abb. 23

Urphänomen der Blasenbildung („Gastrulation") durch Einschließen elastischer Luft in bewegte Wassermassen, wie es an sich überschlagenden sturmgepeitschten Meereswogen zu beobachten ist.

Stimmbildung der Tiere (vgl. S. 183). In der Tat verlassen wir beim Übergang vom Flüssigen zum Gasförmigen, bzw. vom Pflanzlich-Ätherischen zum Tierisch-Astralischen das Bereich der flüssigkeitsverwandten, gleichsam plastizierenden Ernährungs-, Organisations- und Regenerationsvorgänge und tauchen ein in das luftverwandte Reich atmender Seelenempfindlichkeit und Triebhaftigkeit (Tonus, Spasmus, Atonie!), welches nur mehr im Gleichnis musikalischen Tönens erlebt werden kann. Der solide Tropfen ist Urbild alles Plastisch-Organischen, die hohle Luftblase Urbild alles Musikalisch-Seelischen. (Abb. 23). Beide verhalten sich, wie früher ausgeführt, polarisch entgegengesetzt, nämlich so wie vegetativ-aufbauender Schlaf und sensitiv- abbauendes Wachen.

11

e)

1. Obgleich das Element des Festen beliebige Formen erhalten und bewahren kann, so entspringen doch nur die Kristalle unmittelbar seinem eigenen Wesen. Für diese Kristallformen ist aber nun das Folgende charakteristisch (wobei wir die flüssigen und weichen Kristalle beiseite lassen):

a) Es sind einfachste geometrische Gebilde, deren ebene Begrenzungsflächen unvermittelt in Kanten und Ecken aufeinanderstoßen.

b) Der Diskontinuität in der Begrenzung der einzelnen Kristallform entspricht nun auch die Tatsache, daß es zwischen den verschiedenen Formen des kristallographischen Systems, ebensowenig als z. B. zwischen dem Dreieckigen, Viereckigen oder Sechseckigen irgendwelche fließenden Übergänge gibt. (Abb. 24a).

c) Diese scharfkantige Bestimmtheit und Diskontinuität im Gefüge des einzelnen Kristalls wie des kristallographischen Systems entspricht innerhalb des menschlichen Bewußtseins dem abstrakten Intellekt. Dieser definiert einfachste und ganz durchschaubare Begriffe, deren jeder durch die Wände eines logischen Kästchensystems von allen anderen abgetrennt ist. Solches Denken gehört zusamt dem Element des Festen und der Welt der Kristalle ganz dem Raume an und ist daher zeit-, bewegungs- und lebenslos. Zugleich erreicht hier das menschliche Bewußtsein den höchsten Grad seiner Wachheit.

d) Innerhalb der menschlichen Organisation ist diese räumlich-kristalline und intellektualistische Welt besonders mit dem Großhirn verbunden. Abstraktes Verstandesdenken spiegelt in seiner subtilen aber starren Feinheit, die subtile starre Feinheit der Gehirnstrukturen, von denen wir wissen, daß sie die am meisten entvitalisierten Gebiete des Menschen und deshalb der ausgezeichnete Bewußtseinspol sind.

e) Beim eindringenden Studium der wunderbar regelmäßigen Achsen-, Symmetrie- und Flächenverhältnisse der Kristalle spielt aber noch ein anderes Organsystem mit: das Skelett. Genauere Selbstbeobachtung lehrt nämlich, daß wir die Geometrie des Weltraums (z. B. Achsenrichtungen, sich schneidende Geraden und Ebenen, Winkel und Kanten etc.) mittels der Geometrie unseres Skelettes erfassen. In den Achsenstellungen, Streckungen und Beugungen unserer Knochen besitzen wir ein Organ zur Nachkonstruktion und damit zum bewußten Erleben der Kristallgeometrie des Raumes. Das geometrisch-mechanische Denken gelangt freilich erst mittels des Gehirns zum Bewußtsein (und in diesem Sinne ist das Gehirn Denkorgan), seine tiefste

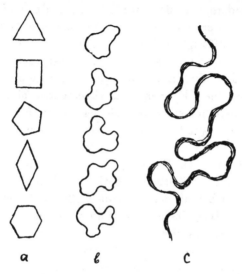

Abb. 24   a   b   c

Veranschaulichung der Wesensgesetzlichkeiten des Festen (a) und Flüssigen (b, c), drittes Bild (vgl. Abb. 20, 21).

Wurzel hat es jedoch in der geometrischen Mechanik des Skelettes. Der Knochenmensch ist daher ein treffendes Symbol des Todes, d. h. derselben Gesetzmäßigkeit wie sie im Intellekt, im Kristall und im Raume waltet.

2. Im Flüssigen betreten wir nun eine Welt, die sich Punkt für Punkt von der eben gekennzeichneten unterscheidet.

Die Eigenform des Flüssigen ist zunächst der sphärische Tropfen. Denkt man sich jedoch das Flüssige in Bewegung, so wird der Tropfen alsbald seine Gestalt verändern: er streckt sich länglich, sendet hier und dort lappige Fortsätze aus und wird schließlich entweder nach einer Reihe weiterer Formverwandlungen wieder zur Kugelform zurückkehren oder aber ins Weite fließen und dadurch die Schlängelungen z. B. eines Baches, oder die Wogengebilde eines Ozeans in den Raum hineinschreiben. (Abb. 24 b, c).

Diese Flüssigkeitsformen sind nun nicht mehr scharf definierte Begriffe, sondern Bilder, ja sogar bewegliche und sich stets wandelnde Bilder, die wir daher nicht mehr mit dem abstrakten Intellekt, sondern nur mit dem bildverwandten Wesen unserer Phantasie ergreifen können. Die einzelnen Teile der Oberfläche solcher Flüssigkeitsformen stoßen nicht wie beim Kristall unvermittelt aufeinander, sondern gehen, in sich selbst kompliziert gekrümmt, auch durch Krümmungen unmerklich ineinander über. Auch die einzelnen Formen sind voneinander nicht streng geschieden, sondern bilden nur beliebig herausgegriffene Querschnitte eines sich in sich wandelnden und streng kontinuierlichen Formgeschehens.

Und nun kommt das Wesentliche: Das Prinzip des Raumes als Prinzip starrer Bestimmtheit und Getrenntheit macht hier Platz dem Prinzip der Zeit als dem Prinzipe fließender Verwandlung und Metamorphose. Das Wesen der Zeit aber lebt nicht nur in den aufeinanderfolgenden Formverwandlungen, sondern im Grunde bereits in jeder einzelnen, dem Gesetz des Flüssigen entstammenden Form. Man kann nämlich sagen: rein räumlich sind Punkt, Gerade, Ebene und von Ebenen begrenzte Körper, denn im Raume herrschen 1. Atomismus (starres Nebeneinander von Punkten), 2. veränderungslose Gleichartigkeit (Gerade, Ebene etc.), sowie 3. sprunghaft-diskontinuierlicher Wechsel (Winkel, Kante, Ecke). Über den Raum hinaus in die wesenhafte Zeit führen daher bereits alle gekrümmten, d. h. sich in sich selbst wandelnden Gebilde. Ist deren innere Wandlung (ausgedrückt durch den stetigen Richtungswechsel der Tangenten) selbst wieder konstant (wie bei Kreis oder Kugel), so ist noch eine gewisse zeitlose, dem Raume verhaftete Starrheit gegeben. Diese verschwindet jedoch zunehmend bei Gebilden von wechselndem und in immer höherem Grade wandelbarem Krümmungsmaß (also bei Ellipse, Parabel, Hyperbel und weiterhin bei den höheren Kurven). Diese tragen das Gesetz der

Zeit, d. h. der Metamorphose in sich und können daher als Annäherungsformen des geometrischen Denkens gegenüber dem Flüssigen (bzw. Ätherischen) dienen. Ganz ist dieses freilich durch Geometrie nicht faßbar, weil selbst die Kurven höherer Ordnung, verglichen mit der Formlebendigkeit des Flüssigen, noch zu regelmäßig und starr sind (vgl. Abb. 24 b, c).

Wie wir schon sahen stützt sich unser gewöhnliches intellektuelles Bewußtsein auf das Element des Festen außer uns (Körperwelt im Raume) und auf das Element des Festen in uns (Skelett- und Gehirnstruktur). In der Berührung mit der Zeitenmetamorphose des Flüssigen muß es sich wie ein Salzkristall im Wasser auflösen und aus harter Klarheit zur träumerischen Dumpfheit herabgelähmt werden. (Vgl. die Wirkung von Schaukeln und Wiegen auf den Menschen; Seekrankheit). Wie Wasser durch die Finger rinnt, weil wir nur das Feste mit unserem Knochenkörper ergreifen können, so entzieht sich das Flüssige den starren Maschen des Intellektes. Im Formenwandel des Flüssigen begegnen wir nämlich einer Bilderwelt, welche nicht mit der Mechanik des Intellektes und Knochensystems, sondern mit der stets beweglichen und flüssigkeitsverwandten Plastik unseres Muskelmenschen verwandt ist.

Wer aber in diesem Bereiche klar erkennen und nicht dumpf träumen will, muß sein Bewußtsein verstärken und ausweiten. Er muß gleichsam einen „zweiten Menschen" (R. Steiner) in sich entdecken und erwecken. Jedes neue über das Feste hinausliegende Element erfordert nämlich eine neue und höhere Bewußtseinsstufe. Wer daher das Flüssige verstehen will, muß sich von den einzelnen Inhalten des Denkens losreißen und zum reinen Prozeß des Denkens selbst erheben und diesen in sich so weit verstärken und verdichten, daß er die gewöhnliche Schattenhaftigkeit verliert und ein Wesenhaftes wird. (Vgl. S. 28f.)

Es ist hierzu nötig, in voller Schärfe sich über den Unterschied zwischen Denken und Gedachtem, zwischen Begreifen und Begriff klar zu werden. Denken und Begreifen sind schöpferische Prozesse, die alle einzelnen Begriffe hervorbringen und als tote Produkte aus sich herausstellen;—nicht anders wie aus dem Flüssigen die festen Kristalle bzw. aus dem Strom der ätherischen Bildekräfte die

Leiber und Organe der Lebewesen entstehen, erstarren und schließlich als Leichen vergehen. Abstrakte Verstandesbegriffe, wie sie zur Erkenntnis des Festen hinreichen, sind in der Tat gleichsam Abscheidungen und Leichname des eigentlichen Denkprozesses. Nur dessen Schattenbilder erfahren wir in den gewöhnlichen gehirn- und skelettgebundenen intellektualistischen Begriffen. In ihm selbst jedoch wirken Kräfte, die sich zwar bewußtseinsmäßig mittels des Gehirnes spiegeln, selbst jedoch keineswegs Produkte des Gehirnes sind, weil umgekehrt der ganze Wunderbau des Gehirnes und überhaupt des menschlichen Leibes ein Produkt dieser Kräfte ist. Im Prozeß des Denkens betätigen wir auf höherer Ebene dieselben Kräfte, welche in der Embryonalzeit unsern Leib aus dem Flüssigen heraus gestalten und ihn allnächtlich im Schlafe erneuern. Ergreift daher der Mensch nicht nur die abstrakten Begriffsschatten im Gehirn, sondern den schöpferischen Prozeß des Denkens selbst, so taucht er in die übermaterielle Bilder- und Gestaltenwelt des Ätherischen und in das diesem verwandte Flüssige ein. Er steigt dadurch auf von der „Abstraktion", die verwandt ist den Raumformen des Kristalles zur „Imagination", die verwandt ist der beweglichen Bilderwelt des Flüssigen und des Lebendig-Ätherischen. (Vgl. über diese Ausdrücke S. 29 u. 81 f.)

3. Welche „Form" und Form-Metamorphose besitzt nun das Gasförmige? Nichts was irgendwie noch als äußere „Form" bezeichnet werden könnte! Während nämlich die Bilderwelt des Flüssigen immerhin noch gewisse räumlich-körperliche Eigenschaften besaß und insoferne mit dem Festen zusammen das Bereich des Irdischen bildete, wird mit dem Übergang zum Gasförmigen alles Räumlich-Körperliche und damit Irdische zum Außerirdisch-Kosmischen hin verlassen. Die Welt der „Hohlformen", die ihren Mittelpunkt in der unendlichen Weltenperipherie besitzen, ist an die Stelle der Welt der „Vollformen" (des eigentlich Körperlich-Leiblichen) getreten, die ihren Mittelpunkt in sich selbst haben. (Vgl. „Erde und Kosmos", 2. Aufl. S. 77ff., und dieses Buch Abb. 20).

Die Gestaltmetamorphose des Gasförmigen bietet nichts, was

sich in irgendeiner Weise zeichnerisch darstellen und mit äußeren Sinnen wahrnehmen ließe. Es sind reine Spannungs- (Tonus) und Bewegungsgebilde. Nur eine Art inneren geistigen Hörens („Inspiration") ist dieser raum-, körper- und gestaltlosen Welt gewachsen, die wir jetzt betreten. Auch hierin bewährt sich die Verwandtschaft des Gasförmigen mit dem Seelisch-Astralischen. Seelenstimmungen nämlich (wie z. B. Freude und Schmerz, Sympathie und Antipathie, Erregtheit und Ruhe etc.), können sich zwar wohl im Leiblichen physiognomisch ausprägen und so anschaubar werden, an sich selbst aber gehören sie einem absolut körper- und gestaltlosen Reiche an, das uns nur zugänglich wird, woferne wir in uns selbst verwandte Seelenstimmungen erzeugen. Nicht umsonst gebraucht unsere Sprache denselben Ausdruck „Stimmung" (bzw. „Gestimmtheit") sowohl für das Reich des Seelisch-Astralischen wie für die Musik, bzw. die Atmosphäre.

Die Gestaltenmetamorphose des Gasförmigen ist also nur als musikalisch-seelische Ton- und Stimmungs-Metamorphose (z. B. Dur und Moll) erlebbar. Wird daher der Formwandel des Flüssigen mittels Begriffen erfaßt, die lebendige Bilder sind, so wird nun der „Ton- und Stimmungswandel" des Gasförmigen erfaßt, wenn wir uns gleichsam zu Begriffen erheben, die nicht bloß leben, sondern, gleich Tieren, innerlich durchatmet, von Sympathie und Antipathie getrieben sind (vgl. auch Abb. 23).

Hierzu ist nun die Erreichung einer neuen Bewußtseinsstufe, die Erweckung eines „dritten Menschen" nötig, der normalerweise bereits, wenn auch tief unbewußt, in den Rhythmen der menschlichen Atmung lebt. Führt die Betrachtung des Flüssigen in phantasievolles Träumen, so die des Gasförmigen in traumlosen Schlaf. In früheren Zeiten sprach man von der „Sphärenharmonie" des Kosmos, in die der Schlafende mit seinem Geistig-Seelischen eintauche und die auch während des Wachens unbewußt im Seelisch-Astralischen der Atmungsvorgänge erklinge.

Der Sprung und die absolute Kluft, welche zwischen dem Festen und Flüssigen auf der einen und dem Gasförmigen auf der anderen Seite bestehen, kommt auch im Meditationswege zum Ausdruck, der hier beschritten werden muß: Auf die Verdichtung und Ver-

167

stärkung des Denkens, die uns in die Bilderwelt des Ätherisch-Flüssigen führt, folgt nämlich jetzt als neue Stufe die Erreichung einer gänzlichen inneren Stille und Leere des Bewußtseins, das wartende Hinhorchen bei vollerhaltener wacher Bereitschaft. Wie nun von außen in den Menschen herein der Luftstrom dringt, so erfüllt sich die Stille des leeren Bewußtseins aus der kosmisch-geistigen Welt herein mit Tönen und Worten. Die „Imagination" im Flüssig-Ätherischen erhöht sich zur „Inspiration" im Lufthaft-Astralischen. Die Welt plastisch-lebendiger Leiblichkeit wandelt sich in eine Welt seelisch-tönender Musikalität. Tonmetamorphosen treten an die Stelle von Bildmetamorphosen.

4. Noch schwieriger faßbar sind „Form" und „Form-Metamorphose" der Wärme, denn wir entfernen uns hier am weitesten von der uns vertrauten Außenwelt und müssen in ein Inneres eintauchen, welches eigentlich nur mehr mittels willenshaft-moralischer Begriffe faßbar ist. Dem Element des Festen und den Kristallformen war zuzuordnen der abstrakte Begriff und das menschliche Skelett, dem Formenwandel des Flüssigen die bewegliche Bilderwelt lebendigen Denkens bzw. das phantasievolle Spiel des Muskelmenschen, dem Reich des Gasförmigen inneres musikalisches Hören und die seelische Tonwelt der Atmung. Mit der Wärme aber betreten wir die innerste Wesenswelt, die Welt der Moralität, des Gewissens und der Schicksalsentscheidungen, die sich wie ein roter Faden durch die Erdenleben einer menschlichen Individualität hindurchzieht und physiologisch in Körperwärme und Blut erscheint. Wärme ist das Bereich der Metamorphose des Willens und der Gesinnung, die sich physiologisch in Stoffwechsel und embryonaler Leibesgestaltung, psychologisch in Einsatzbereitschaft und Liebeskraft ausdrückt.

Selbstverständlich wird die physische Menschenwärme, genau so wie die Wärme einer Dampfmaschine, durch den Kaloriengehalt der aufgenommenen Stoffe erzeugt. Daß es jedoch überhaupt zu diesen bestimmt geleiteten Verbrennungsvorgängen kommt, ist sowohl bei der Dampfmaschine als beim Menschenleib das Werk der (doch wohl geistigen) Kraft, die der ganzen Organisation von Maschine und Mensch zugrunde liegt, nicht aber das Werk der materiellen Stoffe selbst. An dieser Stelle sind scharfe Begriffe und Unterscheidungen dringend nötig!

Zusammenfassend könnte man nun sagen: Tote, raumverwandte Begriffe begreifen das Feste und die mineralische Welt, lebendige, zeitdurchdrungene Begriffe das Flüssige und das Pflanzlich-Ätherische; Begriffe die innerlich durchatmet, durchtönt und durchseelt sind, begreifen das Gasförmige und das Tierisch-Astralische; willensdurchfeuerte, vom moralischen Wesenskern der Persönlichkeit durch-ichte Begriffe endlich begreifen die Wärme und das Reich der Menschen-Schicksale.

Wer solche Zusammenhänge als Arzt ernst zu nehmen gewillt ist, wird auf dem Gebiete z. B. der akuten Erkrankungen, besonders der Infektions- und Kinderkrankheiten eine wesentliche Vertiefung seines diagnostischen und therapeutischen Blickes erfahren und besonders die Periodik der Fieberkurven mit ganz neuen Augen ansehen.

3. DIE ROLLE DER VIER ELEMENTE IN DEN NATURBEREICHEN

Ist man dazu gelangt, in den sog. „vier Elementen" die bildhafte Erscheinung von vier Urqualitäten zu erblicken und zugleich die Zusammenhänge zu erkennen, die zwischen diesen Prinzipien und den vier Wesensgliedern (Physisches, Vegetativ-Ätherisches, Seelisch-Astralisches und Ichhaft-Geistiges) bestehen, so fällt ein ganz neues Licht auf die einzelnen Naturbereiche. Eine ältere Naturwissenschaft sprach von Mineral-, Pflanzen-, Tier- und Menschenreich als einer vierstufigen, voneinander wesenhaft unterschiedenen Wirklichkeit. Eine spätere Naturwissenschaft machte dann Erfahrungen, welche die Wesensunterschiede zwischen diesen Reichen zu verwischen schienen. Neueste Bemühungen aber lehren uns, diese Wesensunterschiede (unerachtet aller bestehenden Übergänge und Vermischungen) wieder in aller Schärfe zu sehen, wozu besonders die Rolle, welche die „Elemente" in den einzelnen Naturbereichen spielen, lichtbringend sein kann. Für den Arzt bzw.

Medizinstudierenden liegt hierin wieder eine vorzügliche Blickschulung für die Signatur bestimmter, wohlzuunterscheidender
Kräfte und Gesetzmäßigkeiten.

Ein Studium der charakteristischen Vertreter der einzelnen
Naturbereiche ergibt in dieser Hinsicht das Folgende:

1. Der Kristall (vgl. Abschn. IV) als reinste Erscheinung des
Mineralischen gestaltet sich ganz aus der Gesetzmäßigkeit des
Festen. Hierdurch gliedert er sich ein in der Lithosphäre der Erde, ist
ein Teil der physisch-mineralischen Welt, beteiligt sich an deren
Aufbau und wird selbst wieder rückwirkend von ihr beeinflußt.
Dem Wesen des Kristalles bleibt das Flüssige fern und außerhalb[1]).
Zwar sind die Gesteine der Erdkruste in verschiedenem Grade
durchfeuchtet und von Flüssigkeitsströmungen durchzogen, zwar
umschließen viele Kristalle sog. Kristallwasser. In beiden Fällen
aber durchdringt sich die kristallin-mineralische Welt nur äußerlich mit dem Flüssigen. Gewinnt dieses als solches wirklich Einfluß,
so zerstört es jene Welt (z. B. Schotter und Sand der Ströme) oder
löst sie ganz auf (z. B. ein Salzwürfel im Wasser) [2]).

2. Die Pflanze (vgl. Abschn. IV u. V) als Repräsentant des vegetativen Lebens nimmt in sich auf das Wesensgesetz des Flüssigen,
durchdringt sich innerlich damit und gestaltet ihre Leiblichkeit in
entscheidenden Hinsichten aus dem Gesetz des Flüssigen heraus.
Pflanzliches Leben versteht folglich nur, wer zu beobachten vermag, wie hier das Feste (welches für sich allein auf Kristallisation
hindrängt und dadurch in das Bereich des Leblosen, Mineralischen
herabführt) in mannigfach wechselnder Weise sich mit dem
Flüssigen durchdringt, wobei bald das eine (z. B. in ausgewachsenen und absterbenden Pflanzenteilen, in Rinde und Kernholz),
bald das andere (z. B. in den Vegetationspunkten der Sproß- und
Wurzelspitzen) das Übergewicht erlangt.

---

[1]) Hinsichtlich der flüssigen Kristalle vgl. Anm. auf S. 145.

[2]) Es gibt Forscher, die sich nachzuweisen bemühen, daß Kristalle wie Lebewesen denselben Gestalt- und Wachstumsgesetzen gehorchen (vgl. H. Przibram, Die anorgan. Grenzgebiete der Biologie, 1926). Zu solchen Urteilen kann
jedoch nur gelangen, wer sich bei abstrakten Begriffen beruhigt und nicht sehen
will, daß z. B. Begriffe wie „Gestalt" oder „Wachstum" im Kristallbereich
einen ganz anderen Sinn als im Organisch-Lebendigen haben.

Aber selbst eine ausgewachsene verholzte Pflanze, z. B. ein mächtiger Baum, ist nur zu verstehen, wenn man erlebt, wie in der Form des aufragenden Stammes und der nach oben hin in bestimmten Winkeln sich gabelnden Äste im Grunde das Gesetz des Flüssigen, d. h. der im Boden durch das Wurzelsystem aufgenommene, durch den Stamm gleich einer Fontäne aufsteigende und endlich im Astsystem tausendfach zerstäubende Wasserstrom zur Darstellung kommt. (Abb. 26). Flüssiges und Festes sind hier im plastisch-weichen Mittelzustand so lebendig verbunden, daß man von einem Baumstamm ebenso sagen kann: hier hat der Flüssigkeitsstrom die schwere Substanz des Erdbodens ergriffen und emporgetragen, wie umgekehrt: hier tritt im Erdhaft-Festen das fixierte Bild des Flüssigkeitsstromes in Erscheinung. Erdenfestigkeit vom Flüssigen ergriffen, Flüssigkeitsströme von Erdenfestigkeit fixiert: das ist ein Baum, sowie im Grunde jede Pflanze.

Pflanzen sind Prozesse, nicht Dinge. Was wir daher als vielgestaltige Pflanzenwelt draußen beobachten, hernach abpflücken und in unseren Herbarien aufbewahren, ist als solches nicht das Wesen der Pflanzen selbst. Dieses Wesen lebt nicht in der starren Raumgestalt, sondern im beweglichen Zeitenstrome. Die verfestigte und verräumlichte Pflanzengestalt ist nur eine Art Ablagerung des eigentlichen Pflanzenwesens. Indem nämlich eine Pflanze wächst und schließlich in ihrer ausgewachsenen Gestalt zur Ruhe und endlich zum Absterben kommt, trägt sie das in ihrem Leben waltende Wesensgesetz des Flüssigen schrittweise in das Feste herein und bringt es in den ausgewachsenen und verhärteten Formen zur Darstellung.

Soferne eine Pflanze lebt, ist sie im Groben wie im Feinsten von Flüssigkeitsströmungen durchzogen, und alles in ihr ist in unablässiger flutender Bewegung. Dies wird unmittelbar deutlich im Protoplasmastrom jeder Pflanzenzelle, sowie in den feineren und gröberen Flüssigkeitsbewegungen in Stamm, Ästen und Blättern. Dieses äußerlich beobachtbare Strömen ist aber nur der physische Ausdruck der ruhelosen Beweglichkeit der ätherischen Bildekräfte. Denn das die Pflanzen durchdringende Flüssige (also das Wasser)

171

vermag sich ja aus sich selbst noch nicht zu bewegen. Seine tatsächliche Bewegung erhält es erst durch das aktive Eingreifen der ätherischen Bildekräfte. In diesen liegen die eigentlichen Gründe pflanzlichen Wachstums und pflanzlicher Gestaltung. Das Flüssige jedoch ist innerhalb des Physisch-Materiellen dem Ätherischen verwandt und daher dessen ausgezeichnetes Wirkungsbereich. Keimende Samen, ausschlagende Knospen, sowie alle Brennpunkte vegetativen Wachstums und organischer Leibgestaltung (also auch

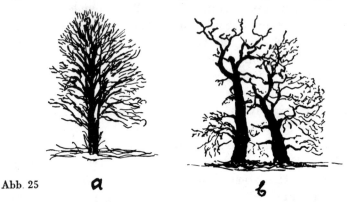

Abb. 25   *a*   *b*

a) Buche in voller Lebensfülle, reich entfaltete periphere Krone,
b) alte Eichen vom Sturm zerzaust, Spitzendürre, Reduktion auf das „Stammskelett" (nach E. Pfeiffer).

die Eier und Embryonen der Tiere) müssen daher in besonderem Maße vom Flüssigen durchdrungen sein und eine äußerst zarte Gallerte (hydrophiles Kolloid) darstellen[1]). Daher werden auch dort, wo an schon ausgewachsenen und relativ verhärteten Organen erneut intensive Wachstums-, Regenerations-, oder Wundheilungsvorgänge Platz greifen sollen, diese zunächst durch Entdifferenzierungen und Einschmelzungen in die Wege geleitet.

Auf den Bahnen des Flüssigen führt überall in den vegetativen Lebewesen das Ätherische einen Kampf

---

[1]) Dies spricht sich z. B. im Wassergehalt menschlicher Embryonen aus. Er beträgt im Alter von 6 Wochen 97,54%, 4 Monaten 91,79, 5 Mon. 90,70, 6 Mon. 89,2, 7 Mon. 82,6, 8 Mon. 82,9, 9 Mon. (also unmittelbar vor der Geburt) 74,7. Beim Erwachsenen 58—65%.

mit den Verhärtungs- und Kristallisationskräften des Festen. Es fördert diejenigen Prozesse, die zur Verflüssigung führen und ihm so das Eingreifen in die Stoffeswelt ermöglichen. Aber es muß sich zugleich immer wieder dem Festen und damit der Tragik des Todes überliefern, weil der im Flüssig-Ätherischen auf dynamische Weise lebende Formenreichtum erst durch die Verfestigung in sinnlich-materieller Gestalt erscheinen kann. Alles Wesenhafte aber will erscheinen, will „Leib" werden und betritt so die Ebene des Todes.

Wir beobachten daher, wie das Flüssig-Ätherische am stärksten in den pflanzlichen Vegetationspunkten, z. B. in der Peripherie einer Baumkrone wirkt, also dort, wo sich unter dem Einfluß des Sonnenlichtes die Stärkeassimilation vollzieht. Von dort aus trägt die Pflanze ihr bewegliches, flüssigkeitsverwandtes und lebensdurchdrungenes Wesen Schritt für Schritt herab in die feste Raumgestalt und lagert es endlich nach unten und innen in den ersterbenden Holz- und Rindenbildungen ab. Holz ist in gewisser Hinsicht „materialisiertes und verdichtetes Sonnenlicht". Das Pflanzenwachstum kann daher einem Kristallisationsprozeß höherer Ordnung verglichen werden. Die bildende „Mutterlauge" desselben wäre dann z. B. bei einem Baume, die zahllosen Knospen und Sprossen seiner Blätterkrone, welche gleich einer Flüssigkeitssphäre das auskristallisierte Gerüstwerk des Stammes und der Äste umgeben. Indem die Pflanze von ihren Vegetationspunkten her aus dem Unsichtbaren ins Sichtbare hereinwächst, schreibt sie ihr flüssig-ätherisches Wesen in den Raum hinein und lagert es endlich als feste, ersterbende Körperlichkeit ab (Abb. 44, 45).

Das Flüssig-Ätherische wirkt demnach im Umkreis (in der „Sphäre"), das Verfestigt-Mineralische zieht sich im Mittelpunkt zusammen[1]). Die Silhouetten winterlicher

---

[1]) Dieselbe Gesetzlichkeit wird auch an den früher (S. 83) erwähnten Kristallisationsbildern beobachtet: Bei Zusatz gesunder, ätherreicher organischer Säfte ist das Kristallbild bis zum Rande gut und feinstrahlig ausgebildet. Bei Zusatz von Säften wenig vitaler, bzw. kranker Organismen erscheint hingegen eine mangelhaft ausgebildete breite Randzone, ganz wie bei einem alten absterbenden Baum. Vgl. Abb. 25 und 4 sowie E. Pfeiffer, Empfindliche Kristallisationsvorgänge als Nachweis von Formungskräften im Blut, Dresden, 1935.

Bäume veranschaulichen unmittelbar diese Gesetzmäßigkeit: Bei
lebenskräftigen, jugendlichen Bäumen (Abb. 25a) ist die Peripherie
der Krone bis in die feinsten Astgliederungen gut entwickelt. Bei
alten, absterbenden Bäumen hingegen (Abb. 25b) erscheint „Spitzendürre" und Reduktion auf das leblose, skelettähnliche Holz-
gerüst des Stammes und der groben Äste. Entsprechendes gilt
vom Wurzelwerk[1]).

Indem nun also die Pflanze sich mit dem Wesensgesetz des
Flüssigen durchdringt, schaltet sie sich ein in den großen Flüssig-
keitskreislauf der Erde und wird ein Teil von ihm. Ein in sich geschlossenes, von Haut (Epidermis) umgebenes Ganzes ist nämlich
nur der feste Körper, nicht aber der Flüssigkeitsorganismus einer
Pflanze. Denn der Flüssigkeitsstrom, der, vom Boden ausgehend,
in das Wurzelwerk eindringt, im Stamm hochsteigt und sich in
den Blättern verteilt, kehrt nicht innerhalb der Pflanze in sich
selbst zurück. Er verläßt vielmehr als Transpirationsstrom die
Blätter und tritt als Wasserdampf in die Erdenatmosphäre über.
Aus dieser kehrt er endlich nach verschiedenen Witterungswand-
lungen als Regen, Tau oder Schnee zur Erde und damit zum
Wurzelwerk zurück. (Abb. 26).

Der die Pflanze von unten nach oben durchziehende Flüssigkeitsstrom ist mithin nur die eine Hälfte eines großen Wasser-
kreislaufes, dessen andere Hälfte durch die Atmosphäre bzw.
durch den Erdboden hindurch verläuft. Der Flüssigkeits-
kreislauf der Pflanze ist mithin nicht, wie der der Tiere,
in sich geschlossen, sondern offen. Dasselbe gilt auch
für den Ätherorganismus der Pflanze. Auch dieser ist nicht
in der Art, wie es später für tierische Organismen zu kennzeichnen
sein wird, eine in sich geschlossene Individualität, sondern vielmehr als Teilorgan dem Ätherorganismus der Erde eingegliedert,
so wie der Flüssigkeitsorganismus der Pflanze ein Teilorgan des
Flüssigkeitsorganismus der Erde ist. Eine abgerissene und selbst
eine mit den Wurzeln ausgegrabene Herbarpflanze ist daher eine

---

[1]) Auch beim Menschen greifen Alters- und Skleroseprozesse vorwiegend von
der Peripherie her ein: Kühl- und Lividwerden der Haut, Ausfallen der Haare,
Brüchigwerden der Nägel, mangelhafte periphere Durchblutung etc.

Lüge, weil Erdboden und Atmosphäre untrennbar mit jeder Pflanze verwachsen sind.

Die Pflanze ist mithin noch kein wahrer Mikro-Kosmos, sondern nur ein Hemi-Kosmos (Oken). Abgetrennt vom Boden, in dem sie wurzelt und von der Atmosphäre, in die sie hinaufgrünt, ist sie eine Unwahrheit; denn die durchsonnte, von Dunst und Wolken-

Abb. 26

Kreislauf des Wassers in Boden, Atmosphäre und Pflanzenwelt durch Antriebs-energien des Kosmos (Sonne, Mond).

bildungen durchzogene Atmosphäre gehört ebenso wie der durch-feuchtete mineralische Humusboden als andere Hälfte zu ihr.

Aus diesen Gründen ist nun auch die Pflanzenwelt ein wesentlicher atmosphärischer und tellurischer Faktor, d. h. Humus- und Klimabildung einer Landschaft ge-schehen unter entscheidender Beteiligung der Pflanzen-welt[1]. Die Pflanzenwelt wird zu einem Organ der Erde,

---

[1] Wir wissen heute, daß zum Verständnis des Humus und besonders der Humusbildung physikalisch-chemische Gesetzmäßigkeiten nicht hinreichen. Der Humusboden ist in gewissem Sinne ein die ganze Erdoberfläche überziehendes Lebewesen, eine Art „große Pflanze", die in den einzelnen Erdgegenden ein sehr verschiedenes Verhalten zeigt. In gewissen Gegenden wird Humus aufgebaut (Gebiete der sog. „Schwarzerde", z. B. Ukraine); da überwiegen also die ätheri-schen Lebenskräfte. In anderen Gegenden wird Humus abgebaut; da über-wiegt die Mineralisierung (Versteppung, trockene Vertorfung). Die Pflanzen-

des Erdbodens und der Erdenatmosphäre. Ganz besonders aber wird der Wasserhaushalt der Erde durch die Pflanzenwelt gesteuert. Gelegentlich nannte man Wälder „Lungen einer Landschaft", noch mehr könnte man sie aber „Kreislauforgane", ja „Herzen" einer Landschaft nennen.

Beispiele hierfür sind uns allen geläufig: Mit ihrem Wurzelwerk erschließen die Bäume die tiefgelegenen Wasserschichten des Bodens, leiten sie nach oben in die Atmosphäre und fördern so die Wasserzirkulation[1]). Vegetationsloser Boden hingegen neigt unter dem Einfluß der Sonnenbestrahlung zu harter Verkrustung, wodurch schließlich trockene Versteppung und regenloses Wüstenklima eintreten, obgleich oft in nicht allzugroßen Tiefen große Mengen Wassers lagern, die nur mangels einer Pflanzenwelt nicht entsprechend aufgeschlossen und nach oben geleitet werden. Wir wissen aber auch, daß pflanzliche Vegetation und besonders ausgedehnte Laubwälder nicht nur die Tiefenfeuchtigkeit des Bodens der Atmosphäre übermitteln, sondern auch wieder die Veranlassung zur Kondensation des Wasserdampfes und damit zu reichlichen Regengüssen bilden.

Über pflanzenlosen Gegenden aber brechen die Gegensätze der Elemente mit wilder Gewalt herein: Überschwemmungen und

---

welt ist nur ein Teilorgan, wenn auch ein sehr wichtiges, dieses Humusprozesses. Nur weil der Humus keine bloße anorganisch-leblose Substanz sondern ein vegetativer Organismus ist, können in ihm Pflanzen wurzeln und auf die Dauer gedeihen und ergibt sich eine innige Wechselwirkung zwischen der Vitalität des Bodens und der Vitalität der Pflanzendecke. Auch die Mikrofauna und Mikroflora des Bodens ist nur Ausdruck dieser von Ort zu Ort verschiedenen Bodenlebendigkeit. Sie zu erhalten und zu steigern ist das Ziel der biologisch-dynamischen Wirtschaftsweise. Vgl. E. Pfeiffer, Die Fruchtbarkeit der Erde, 1938, F. Dreidax, Das Bauen im Lebendigen (Demeterschriftenreihe, 1) 1939.

Standardwerke über den Zusammenhang von Boden, Klima und Pflanze sind: H. Lundegardh, Klima u. Boden, 2. A. 1930, E. J. Russell, Boden u. Pflanze, 2. A. 1936, P. Holdefleiß, Agrarmeteorologie, 1930.

[1]) 1 Morgen Kohlpflanzen verdunstet in vier Monaten (also in einer Vegetationsperiode) 2 Millionen Liter Wasser, 1 Morgen Hopfen in drei bis vier Monaten ebensoviel, eine Birke an heißem Tage 3—400 l, im Tagesdurchschnitt 60—70 l, 1 ha Buchenwald täglich 20 000 l, 100 g Rotbuchenblätter in einer Vegetationsperiode 75 l.

Trockenzeiten, Kälte- und Hitzeperioden folgen einander in unvermitteltem Wechsel. Der fruchtbare Humus wird bald von Schlammströmen weggewaschen, bald von Staubstürmen fortgewirbelt, und zurück bleibt schließlich das kahle verkarstete Gestein oder die Sandsteppe, auf denen die Gegensätze von Regen und Sonnenschein, Wärme und Kälte hart aufeinander prallen: bei Tag erwärmen sich Gestein und Sand zur Gluthitze, bei Nacht kühlen sie sich mangels einer Dunsthülle rasch ab etc. Wälder hingegen sind die großen Ausgleicher und Regler. Hier wird der Gegensatz der Elemente gebändigt: bei kaltem Wetter, bei Nacht und im Winter ist es in ihnen wärmer, bei warmem Sommerwetter und bei Tage kühler als in der Umgebung. Auch nach langer Trockenheit bewahrt das Moos-, Wurzel- und Blattwerk noch große Mengen von Feuchtigkeit; bei starken Regengüssen hinwiederum bindet es das überflüssige Wasser wie ein Schwamm.

Ist also schon das Wasser die ausgleichende Mitte des Erdorganismus (es verbindet nämlich das Feste mit dem Gasförmigen, den Boden mit der Atmosphäre und ist ein Puffer, welcher die Gegensätze von Kälte und Wärme, Sommer und Winter ausgleicht. Vergleiche das ozeanische mit dem kontinentalen Klima), so kann man weiterhin die Pflanzenwelt die ausgleichende Mitte der Wasserbewegungen und damit des ganzen Erdenlebens nennen.

Für sich selbst betrachtet ist also die Pflanze eine Durchdringung des Festen und Flüssigen bzw. des Physisch-Mineralischen und des Ätherischen. Wir konnten daher früher sagen: Stamm und Astwerk eines Baumes gleichen einer aufsteigenden und sich immer feiner versprühenden Flüssigkeitsfontäne, die zugleich feste Erdenstoffe ergreift und in Gestalt von Holz und Rinde ablagert. Dies ist richtig, bedarf jedoch noch der Ergänzung: Die Wesensform sich selbst überlassener Flüssigkeiten ist nämlich der rundliche Tropfen. Lebte daher die Pflanzenwelt ausschließlich aus dem Gesetz des Flüssigen, so müßten alle Pflanzen kugelförmig sein. Welche Kraft ist es nun, die den rundlichen Tropfen ergreift, ihn in die Länge zieht und ihn schließlich zum feinen Ast- und Blätterwerk auffasert? (Vgl. Abb. 20 b, c.)

12

177

Es ist die gasförmige Atmosphäre und die in dieser wirkende, ins Grenzenlose strebende zentrifugale Kraftrichtung, welche die Oberflächenspannung des geschlossenen Flüssigkeitstropfens überwindet und die Substanz von der Erde in radiärer Richtung wegreißt und auffasert[1]). Der Flüssigkeitsorganismus der Erde, wie der Pflanzenwelt wird von der Atmosphäre her ergriffen, gegliedert und bewegt. Dies zeigt sich ebenso in den Dunst- und Wolkenformen, wie in den Kronen der Bäume und Sträucher: überwiegt die massige und rundliche Tendenz des Flüssigen, so bilden sich z. B. geballte Haufenwolken (Kumulus) bzw. dichte Baumkronen (z. B. Linde, Roßkastanie); überwiegt hingegen die strahlig-auflösende Tendenz der Luft, so bilden sich zarte Federwolken (Zirrhus) bzw. lockere Baumkronen (z. B. Birke, Akazie). Das winterlich-entlaubte Astwerk der Bäume und Sträucher kann dem geistigen Hören als wunderbar vielgestaltiges Singen und Klingen vernehmbar werden, darin sich der verborgene „musikalische" Reichtum der Atmosphäre sinnfällig ausdrückt.

Es ist also die gasförmige Atmosphäre, welche die zunächst ganz im Flüssig-Ätherischen webende Pflanze aus der Erde herausholt und sie gleichsam „bei den Haaren" in den Luftraum emporhebt und feinstens durchgestaltet. Aber das atmosphärische Prinzip wirkt eben in der Pflanzenwelt durchaus noch von außen. In sich selbst trägt die Pflanze nur die polarische Spannung des Festen und Flüssigen bzw. des Physisch-Mineralischen und Ätherischen, hingegen weist die Spannung zwischen dem Flüssig-Ätherischen und dem Atmosphärisch-Astralischen bereits über die Grenze des pflanzlichen Organismus hinaus[2]). In der feinen Gliederung der Sprossen und Blätter, in Duft und Farbigkeit der Blüten, aber auch in der Verfärbung des herbstlichen Laubes, sowie im Reifen der Früchte wird die Pflanze

---

[1]) Vgl. Abb. 20, S. 142.

[2]) Die Pflanzendecke der Erde ist in gewissem Sinne ein Sinnesorgan des Erdenplaneten, mittels dessen sich dieser in die durchlichtete Atmosphäre hinaustastet und die kosmischen Lichteinflüsse „wahrnimmt" bzw. aufnimmt, d. h. aus den Lichtkräften organische Substanz verdichtet, also aus Kohlensäure und Wasser Stärke assimiliert.

von außen, von der durchlichteten und durchfeuerten Atmosphäre beschenkt. Hier an ihrer Oberfläche ist sie gewissermaßen auf dem Wege zur Tierwerdung und von seelischer Empfindungshaftigkeit wie übergossen. (Vgl. Abb. 29 u. Abschn. V Kap. 5.)

An dieser Stelle ist nun Folgendes wichtig: Sagt man nämlich, das Wesen des Pflanzlichen liege im Flüssigen bzw. Ätherischen, so muß man zugleich beachten, daß das Ätherische genau so wie das Flüssige „zwei Seiten" hat. Ein Wassertropfen grenzt nämlich einerseits nach innen z. B. an einen festen Körper (etwa einen Kristall), den er umschließt und aufzulösen strebt, und er grenzt anderseits nach außen an die umgebende Atmosphäre, die ihn zum Verdampfen bringen möchte bzw. sich an seiner glatten Oberfläche spiegelt. So besitzt auch das Ätherische einer Pflanze zwei Seiten, an denen es durch andere Kräfte begrenzt und bedroht wird: Eine Innenseite, wo es das Physisch-Mineralische der Erde in sich aufnimmt und mit dessen Verhärtungstendenzen (z. B. Verholzen) kämpfen muß; anderseits aber eine Außenseite, wo es das Seelisch-Astralische des Kosmos spiegelt und dessen gestaltende, aber auch wieder „austrocknende" ja „verbrennende" Impulse empfängt (man denke an Blüten, herbstliches Laub, Früchte und Samen). Verholzen und Verbrennen sind zwar sehr verschieden, darin aber einander verwandt, daß sie von zwei entgegengesetzten Seiten das Flüssig-Ätherische zurückdrängen und das quellende Wachstum abstoppen. (Vgl. hierzu auch den abbauenden und verdichtenden Einfluß des Bewußtseins auf den Menschen. (S. 59ff.)

Diese elastische Mittelstellung des Vegetativ-Ätherischen zwischen Physisch-Mineralischem und Seelisch-Astralischem ist, wie sich immer mehr zeigen wird, auch für die menschliche Pathologie und Therapie entscheidend.

Zum vollen Verständnis der Pflanzenwelt ist aber nicht nur der Hinblick auf die umgebende Atmosphäre, sondern auch noch die Berücksichtigung der Gestirne nötig. (Abb. 26). Eine kurze Überlegung zeigt nämlich, daß alle Bewegungen auf Erden, besonders also die Bewegungen des tellurischen Wasser- und Luft-Organismus auf kosmische Einflüsse (z. B. Tages-, Monats- und Jahreslauf) zurückgehen. Ohne diese kos-

mischen Rhythmen regte sich auf Erden kein Lüftchen, flöße kein
Wasser, gäbe es keinen Wechsel der Witterung und erstarrte alles
in bewegungslosem Tode. Besonders in die Augen fallend sind die
durch Sonne und Mond bedingten Rhythmen. Hierbei greift die
Sonne unmittelbar besonders in die gasförmige Atmosphäre und
dadurch in die äußere Klima- und Witterungsbildung ein, während
der Mond mehr die inneren Rhythmen des Flüssigen, also besonders
Ebbe und Flut beherrscht: Aufnehmender Mond bewirkt z. B.
vermehrtes Saftsteigen und Wachstum, abnehmender Mond ein
Fallen der Säfte und Wachstumsverminderung, der Tages- und
Jahreslauf der Sonne z. B. Öffnen und Schließen der Blüten und
Ausbildung bzw. Fallen der Blätter. Der Flüssigkeits- und
Äther-Organismus der Pflanzen trägt mithin die letzten
Ursachen seiner Bewegung nicht in sich selbst. Gestirn-,
besonders Sonnen- und Mondenrhythmen sind es, die
gleichsam von außen her die Pflanzen ergreifen und bewegen. Am sinnfälligsten ist dies hinsichtlich von Sonnen-Licht
und Sonnen-Wärme als Voraussetzungen für die Möglichkeit der
Stärkeassimilation in den chlorophyllführenden Pflanzenteilen.
Angesichts dieser Tatsache ist man versucht zu sagen: Pflanzen
gleichen Schlafwandlern im tiefsten Trancezustand, ihr eigentliches Wesen liegt in der Sonne. Die Sonne ist gleichsam das
geistig-seelische Ichwesen der Pflanzenwelt.

3. Ganz anders ist es bei den Tieren: Wie wir wissen, besitzen
diese einen innerhalb ihrer Hautgrenze gelegenen geschlossenen
Flüssigkeits- (Blut- und Lymph-) Kreislauf[1]), der das Prinzip
seiner Bewegung in sich selbst trägt. Ebenso haben sie eine individualisierte, vom allgemeinen Ätherischen des Kosmos abgetrennte
Ätherorganisation, welche vom Inneren des Leibes her und aus den
einzelnen inneren Organen heraus wirkt. Damit hängt auch, wie
später gezeigt wird (Abschn. V) der geschlossene und nach innen
gewandte anatomische Bau der Tiere zusammen.

---

[1]) Bei niedersten Tieren zirkulieren die Flüssigkeiten einfach frei im Gewebe-
parenchym. Mit der Entwicklung einer Leibeshöhle erscheinen dann Gefäße bzw.
Herzen, die aber zunächst oft noch frei in die Leibeshöhle münden und erst auf
noch höherer Stufe tritt ein vollkommen geschlossenes Gefäßsystem auf.

Die Tiere tragen mithin ihr eigenes individualisiertes „Gestirnsystem" in sich. Die Rhythmen ihrer physiologischen Lebenserscheinungen (z. B. Atmung oder Herzschlag) sind nicht, wie die Rhythmen der Pflanzen, Wirkungen des äußeren makrokosmischen, sondern Wirkungen des inneren mikrokosmischen (eben in den tierischen Organen verkörperten) „Planetensystems". „Gestirn" heißt auf lateinisch „Astrum". Dies ist der Grund, warum

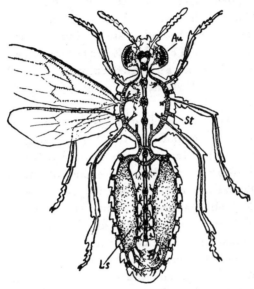

Abb. 27

Extreme Durchlüftung des Insektenkörpers (Biene), Au Fazettenaugen, Ls Luftsäcke, St Eintrittsöffnungen (Stigmen) der Luft in die Tracheen (quergestreift) und Luftsäcke (punktiert). Die feinsten Tracheenäste umspinnen alle inneren Organe und dringen sogar zwischen die Zellen ein (nach Kühn).

man das seelische Prinzip, welches Gestalt, Sinnesempfindung und Gliedmaßenbewegung der Tiere bedingt „Astralität" („Seelisch-Astralisches") nennt. (Näheres darüber S. 108f.)

Der tierische Organismus hat innerhalb seiner Hautgrenze hereingenommen, was die Pflanze außerhalb läßt. Nennt man daher die Sonne das „Herz" der tellurischen Wasserbewegungen, wie sie durch Boden, Pflanzenwelt und Atmosphäre zirkulieren (vgl.

Abb. 26), so ist umgekehrt das Herz die „Sonne" des Blut- und Flüssigkeitsstromes, wie er im Innern der Tiere alle Organe kreisend miteinander verbindet.

Die Möglichkeit eines geschlossenen Flüssigkeitskreislaufes und eines inneren, in den Organen selbst wirkenden „autonomen Planetensystems" erhält nun aber der tierische Organismus dadurch, daß er die Atmosphäre in sich aufnimmt. Die atmende Pflanze taucht ein in den allgemeinen Atmungsorganismus der Erdatmosphäre und ist deshalb unfrei und unbeweglich festgewachsen. Das (durch Tracheen und besonders durch Lungen) atmende Tier eignet sich einen Teil der Erdatmosphäre als individuellen Atmungsorganismus zu und wird dadurch zu einem freibeweglichen, selbstempfindenden Wesen. (Abb. 27, 28).

So zeigt das Tierreich im engsten Zusammenhang mit der stufenweisen Steigerung der individuellen Durchseelung eine stufenweise Ausbildung der inneren Atmung. Nur vom elastisch atmenden Luftorganismus her sind entscheidende Eigentümlichkeiten des Tierreiches (z. B. Gastrulation) gegenüber dem Pflanzenreich verständlich. Man versuche nur, sich diesen Wesensunterschied an einigen Beispielen recht klar zu machen: Die Pflanze taucht mit ihren Wurzeln in den Boden, mit ihren Blättern in die Atmosphäre, um von dort her Nahrung und Atmung zu erhalten. Tier bzw. Mensch hingegen stülpen sich einen Teil der Umwelt in Gestalt ihrer Tracheen-, Lungen- und Darmorganisation herein und ernähren sich und atmen so in sich selbst[1]). Sie können nun die Wurzeln und Zweige von der Außenwelt zurückziehen und statt dessen Organe höherer Ordnung (Augen, Ohren, zähnebewaffnete Kiefer, Gliedmaßen) in die Umwelt vorstrecken. Es

---

[1]) Zwischen der inneren Atmung des Menschen und der Dynamik der Atmosphäre, wie sie sich in den verschiedenen Wuchsformen z. B. der Bäume darstellt, bestehen daher wichtige Beziehungen. Man atmet anders unter Palmen, als unter Linden oder Tannen, anders in den Tropen als in Mitteleuropa, anders auf Bergeshöhen als in Tälern und alles dieses spiegelt sich zugleich in den Formen der Pflanzen, besonders der Bäume. Jeder Baum ist Bild eines bestimmten physiologischen Atmungsmodus der Atmosphäre bzw. des Menschen. Man denke an die Zusammenhänge zwischen Klima und Asthma!

wird sich später noch zeigen, wie erst bei den Tieren von „Innenwelt" im Gegensatz zur „Um- und Außenwelt" gesprochen werden kann. Eine solche sich selbsterlebende und daher seelendurchdrungene Innenwelt kennzeichnet sich aber ganz wesentlich durch den Ausbildungsgrad der inneren Atmung.

Auf den Bahnen der in den tierischen Organismus eindringenden und ihn innerlich erfüllenden Luft dringt

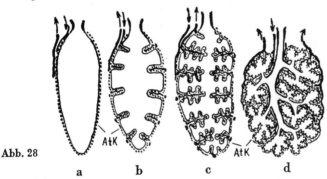

Abb. 28

a   b   c   d

Stufen der Verinnerlichung der Luft, Entwicklung des Lungenfeinbaues, (Lungenbaumes), Atk Atemkapillaren den Hohlraum von außen umspinnend, die Pfeile bedeuten den Blutzu- und -abstrom. a) Lunge als glattwandiger Sack (bei niedrigen Molchen), b) leistenförmige Vorragungen (manche Amphibien), c) zunehmende Kammerung und Vermehrung der inneren, atmenden Oberfläche (manche Amphibien und Reptilien), d) Endverästelungen des Bronchus eines Säugetieres (nach A. Kühn).

das Seelisch-Astralische in die tierische Organisation ein. Die Stufenfolge der inneren Atmung (diffuse Hautatmung, Tracheen, Lungen, bei letzteren wieder die Stufenfolge von den urodelen zu den anuren Reptilien und endlich zur Vogel- und Säugerlunge, vgl. Abb. 28), markiert zugleich die Stufenfolge der inneren Durchseelung[1]. Beim Menschen selbst ist der erste Atemzug mit dem ersten Schrei, d. h. mit dem Erwachen des Seelen-

---

[1] Im Zusammenhang mit der starken Entfaltung von Sensibilität und Motilität ist die innere Durchlüftung des ganzen Körpers maximal bei den Imagines der Insekten, z. B. Schmetterlingen, Bienen. Die Entfaltung des seelischastralischen Luftorganismus führt hier zur starken Zurückdrängung („Austrocknung") der flüssig-ätherischen Lebensvorgänge. Vgl. auch Abb. 27.

lebens unverkennbar verbunden. Es steht auch die Durchlüftung der Atmungswege des Kopfes (Mund-, Nasen-, Rachen-Raum) bzw. der pneumatischen Schädelknochen (Stirnbein, Oberkiefer, Siebbein, Keilbein, Warzenfortsatz) in deutlicher Beziehung zur Klarheit des Wahrnehmens und Denkens.

Wir sagten früher, die Pflanze sei dort, wo sie an ihrer Oberfläche an die durchlichtete und durchwärmte Atmosphäre angrenzt, von seelischer Empfindungshaftigkeit wie übergossen und diese zeige sich besonders in Farbigkeit und Duft der Blüten bzw. Früchte und herbstlichen Blätter. Was nun bei der Pflanze äußerer Duft und äußere Farbigkeit ist[1]), wandelt sich beim Tiere zu innerem „Duft“ und innerer „Farbigkeit“ (vgl. Abb. 29, 30), d. h. zum Reichtum seiner physiologischen Organfunktionen (z. B. innere Sekretion). Nach außen aber ist (zumindest bei den höheren Tieren) alles von einer undurchlässigen beschuppten, befiederten oder behaarten Haut abgeschlossen. Trotzdem bekunden sich aber auch bei den Tieren die seelisch-astralischen Kräfte besonders an den Oberflächen, nur sind es jetzt nicht mehr, wie bei den Pflanzen, äußere sondern innere Oberflächen, z. B. die Oberflächen der Hohlorgane (Lunge, Magen, Harnblase, Gallenblase etc.), welche nicht nur ganz charakteristische Gerüche bzw. Farbigkeit haben, sondern auch in ihrem Funktions- und Spannungszustande (Tonus) die wechselvolle animalische Sensibilität und Motilität verraten.

Ganz besonders aber sind die Körperhöhlen (Peritoneal- und Pleuralhöhle) innerlich „durchduftet“. Die schimmernden, spiegel-

---

[1]) Durch den gemeinsamen Boden und die gemeinsame Atmosphäre stehen die einzelnen Pflanzen untereinander in Zusammenhang. Schon lange war bekannt, daß sich Pflanzen verschiedener Gattungen durch bestimmte, von ihren Wurzeln ausgeschiedene Stoffe gegenseitig im Wachstum hemmen oder fördern. Dies wissen die Gärtner und pflanzen nach solchen Gesichtspunkten z. B. die Gemüse. Neuerdings hat sich aber ergeben, daß eine Pflanze auf die andere auch durch abgeschiedene Duftstoffe wirken kann. Besonders das von reifen Äpfeln ausgeschiedene Aethylengas wirkt auf andere Früchte im Sinne der Reifungsbeschleunigung, auf vegetative Sprosse jedoch meistens stark hemmend. Vgl. Molisch, Die Wirkung einer Pflanze auf die andere, Allelopathie, 1936. Was sich hier zwischen Pflanze und Pflanze ereignet, das geschieht beim Tiere innerhalb der Hautgrenze zwischen den einzelnen Organen, die einander auf dem Wege der sie umspülenden gemeinsamen Körpersäfte chemisch beeinflussen.

glatten Häutchen, welche diese Hohlräume auskleiden und einen hohen Grad von Reizbarkeit zeigen (Schmerzempfindlichkeit, Neigung zu Entzündungen, Ex- und Transsudaten), erinnern an die glatten Oberflächen der Pflanzenblätter bzw. an die Oberfläche eines Sees, wo bald ruhig spiegelnd, bald kräuselnd Wasser (Ätherisches) und Atmosphäre (Astralisches) elastisch ineinander-

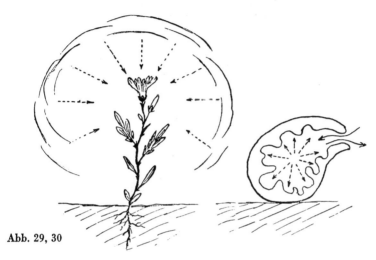

Abb. 29, 30

Pflanze äußerlich, Tier innerlich durchatmet, durchduftet, durchlichtet und durchfärbt. Die Pflanzen tauchen ein in den äußeren Sommer, Tiere und Menschen tragen in Eigenblut und Eigenwärme einen inneren Sommer in sich selbst. Die Pflanze bildet zwischen Flüssig-Ätherischem und Atmosphärisch-Astralischem äußere, das Tier innere Grenzflächen (vgl. auch Abb. 23, 28).

wirken und ein Gleichnis tierischer Sensibilität und Motilität bilden. (Vgl. auch Abb. 21 u. 23.)

Indem nun die Tiere die Luft in sich einziehen, gliedern sie sich (wie die Pflanzen dem Wasserorganismus) dem Atmungsorganismus der Erde ein. Wie der flüssig-ätherische Organismus der Pflanze ein Teil ist des flüssig-ätherischen Organismus der ganzen Erde, so ist der Atmungs- und astralische Organismus des Tieres innig dem atmosphärisch-astralischen Organismus der ganzen Erde verflochten und empfängt von ihm verschiedene Wirkungen.

Hierher gehören besonders die Einflüsse der Witterung auf das Atmungs-, Seelen- und Instinktleben vieler, als Wetteranzeiger bekannter Tiere (Fliegen, Frösche, Vögel, Katzen etc.). Es spiegelt sich z. B. auch die gewitterige Gespanntheit der Atmosphäre in der gesteigerten Reizbarkeit und Angriffslust stechender Insekten und giftiger Schlangen.

Eins ist jedoch hier noch wichtig, oblgeich es oft vergessen wird: Im Luftelement der Atmosphäre erklingt, ebenso wie im Atmungsorganismus der Tiere, der Ton. Mit seinem tönenden Atmungsorganismus ist das Tier nicht nur eingegliedert dem atmosphärischen Luftorganismus, sondern auch dem musikalischen Klangorganismus des Planeten. Man würde der tierischen Lautgebung wissenschaftlich keineswegs gerecht, wenn man sie nur als zweckmäßige äußere Anpassung (z. B. im Dienste „geschlechtlicher Zuchtwahl") oder gar als gleichgültigen „Luxus der Natur" deuten wollte. Lautgebung gehört vielmehr, ebenso wie Atmung, zum unmittelbaren Wesen eines beseelten Organimus. Tiere atmen nicht, weil sie den Sauerstoff zur Oxydation der Nahrungsstoffe benötigen, sondern sie atmen, weil sich darin seelisches Sein im selben unmittelbaren Sinne ausdrückt wie mineralisches Sein in Kristallformen, oder pflanzliches Sein im Wachstum. Und so gilt auch das Folgende: Frösche quaken, Vögel singen, Hunde bellen, Menschen stöhnen oder jauchzen nicht, um irgendwelcher äußeren Zwecke willen, sondern sie atmen als Seelenwesen in diesen Lauten, weil Lautgebung selbst eine Art höherer Atem, ein Atmen der Seele in den Gegensätzen ihrer Stimmungen (Lust, Leid, Erregtheit, Ruhe etc.) ist.

Die nächtelangen Froschkonzerte, der morgendliche Frühlingsgesang der Vögel, das unablässige Schnattern der Enten, Blöken der Schafe, Muhen der Kühe, trägt ebenso wie der pflanzliche Lebensstrom seinen Zweck in sich selbst. Wer glaubt, der Gesang sei für den Vogel weniger notwendig als Nahrung oder Atmung, der hat auch nicht das mindeste vom Wesen seelisch-astralischer Organisation begriffen. Nähme man den Tieren die Lautgebung, so nähme man ihnen die Entfaltungsmöglichkeiten des Seelisch-Astralischen, was schließlich zu schwersten Hemmungen und

186

Krankheiten führen müßte. Wir wissen ja auch, wie wichtig das Schreien für den Säugling ist und wie nötig es für den Erwachsenen sein kann, sich seiner Stimmungen in Ach's und Oh's bzw. in Gesang oder Sprache zu entledigen. Kinder, die nicht lärmen, Erwachsene, die sich niemals Gefühlsausdrücke gestatten dürfen, zeigen schließlich charakteristische Krankheitssymptome.

Mit Atmung und Lautgebung ist enge verbunden die äußere Beweglichkeit (Motilität). Beobachtet man z. B. die weitausladenden gleichmäßigen Flugbahnen der Schwalben oder die raschen, unvermittelt wechselnden Zickzackbewegungen vieler Fliegen, so kann man sich des Eindrucks nicht erwehren, daß sich in diesen Raumkurven ganz bestimmte innere Bewegungszustände des Tierseins (der „Astralität") ebenso ausdrücken, wie sich pflanzlich-ätherische Kräfte z. B. in den Blattformen spiegeln. Schwingen sich Tiere fliegend, laufend oder schwimmend in die Raumweiten hinaus, so ist auch dies eine Art „Atmen", darin Innen- und Außenwelt einander begegnen. Eingesperrte Tiere können daher am zurückgestauten Bewegungsdrange und am Mangel an Raum gleichsam ersticken[1]). Denn auch die Ortsbewegung ist für die Tiere nicht nur äußerer Zweck (Nahrungssuche etc.) sondern unmittelbarer Wesensausdruck. Wie die Atmosphäre die andere Hälfte der Lungen ist, so gehören die Raumesweiten zu den Beinen, Flügeln oder Flossen hinzu.

Hierzu kommt nun aber noch Folgendes: Pflanzen und Tiere leben meist nicht als Einzelindividuen, sondern in Gruppen zusammen. Eine Pflanzengruppe (z. B. ein Buschwerk oder Wald) ist besonders zusammengeschlossen durch die gemeinsame Bodenbeschaffenheit und den gemeinsamen Dunstkreis (Flüssigskeits- und Ätherkreis), in welche jede Einzelpflanze sowohl gebend als empfangend eingebettet ist. Was der Dunstkreis für die

---

[1]) Im engen Raum der Käfige entwickeln gefangene Tiere (z. B. Löwen, Tiger, Bären) stereotype, monomane Bewegungsabläufe, die an die katatonen Bewegungen gewisser Geisteskranker erinnern. Hier treten rein innere, vorzugsweise schraubenlinien- oder schleifenförmige „Bewegungsmelodien" des Seelisch-Astralischen zutage (Abschn. V Kap. 2), die sonst zugunsten äußerer Zweckbewegungen zurückgestaut werden.

Pflanzengemeinschaften (vgl. Allelopathie S. 184 Anmerk.), das ist der Klang- und Lautkreis für die Tiergemeinschaften. Das Gruppen-Seelenhafte nämlich, welches z. B. eine Schar Frösche, eine Herde Hühner, Enten oder Schafe ebenso wie eine Gruppe Menschen am Wirtshaustisch oder in einer Versammlung zusammenschließt, wirkt ganz wesentlich in der gemeinsam geatmeten und mit Geräuschen, Lauten und Worten erfüllten Atmosphäre. Es ist eine Art aurischer Seelen- und Klangkörper, welcher als einheitliches Stimmungsgebilde die einzelnen beseelten Wesen umfließt und zusammenfaßt. Weidende Enten oder Kühe erleben herdenhafte Kontakte miteinander eben in dieser Wolke von „Geschnatter" oder „Gemuhe", die diese Tiere umgibt und einhüllt, wie die Bäume eines Waldes von der gemeinsamen Feuchtigkeit des Bodens und der Luft mit einem Dunstkreis umhüllt und durchdrungen werden.

4. Aus der Kraft des verinnerlichten Atmosphärischen bzw. Seelisch-Astralischen gelingt es also, wie wir sahen, dem Tiere, seinen flüssig-ätherischen Organismus als geschlossenes individualisiertes Gebilde zu ergreifen und zu beherrschen. Hingegen gelingt diese Beherrschung noch nicht im Bereiche des Lufthaft-Astralischen. Hier sind vielmehr die Tiere noch ganz „außer sich". Ohne jede Möglichkeit, sich durch klares Wissen und selbstbeherrschtes Wollen darüber zu erheben, sind sie ganz der Unmittelbarkeit ihrer seelischen Stimmungen, Leidenschaften und Triebimpulse ausgeliefert. Diese Unbeherrschtheit im Bereiche des Seelischen spiegelt sich deutlich in der Unbeherrschtheit tierischer Atmung und Lautgebung. Wer sich in dieses „Fauchen", „Keuchen", „Hecheln", „Knurren", „Pfeifen", „Brummen" etc. versenkt, wird unmittelbar die Ichlosigkeit dieses tierisch-astralischen Seelenbereiches und seine Ähnlichkeit mit einem düster lastenden Albtraum erkennen.

Aus der Kraft des ichhaft-geistigen Prinzipes gelingt es dann dem Menschen, soferne er sich zum wirklichen Menschsein erhebt, die astralischen Seelenstimmungen zu beherrschen und damit seinen Atem zum Träger der Sprache zu machen. Für die unvoreingenommene Beobachtung besteht zwischen tierischer „Laut-

gebung" (wozu auch alle unmittelbaren Stimmungs- und Affekt-
ausbrüche des Menschen gehören) und „Sprache" ein prinzipieller
Unterschied, auf den hier aber nicht weiter eingegangen werden
kann. Tiere sind gleichsam besessen von den Gegensätzen seelischer
Stimmungen (Sympathie und Antipathie, Gereiztheit und Beruhi-
gung, Schmerz und Wohlbehagen, Hunger und Sättigung etc.),
welche aufs engste mit den subjektiven Zuständen ihrer Organisation (Verdauungstätigkeit, Atmung, Sekretion etc.) verbunden
sind. Im Innern des Menschen aber lebt das Weltenwort als
Stimme der Weltenweisheit und des Weltgewissens. Aus
der Kraft dieses „Wortes" vermag es der Mensch, sich über seine
subjektiven leib-seelischen Stimmungen zur Objektivität des
Wahren, Schönen und Guten zu erheben. Bis in anatomisch-
physiologische Einzelheiten läßt sich zeigen, daß der menschliche
Leib aus der Kraft dieses Wortes gestaltet und aufgerichtet ist
und dieses Wort auch Atmung und Herzschlag des Menschen
durchdringt, welche dadurch wesenhaft von denen der Tiere verschieden sind (vgl. Abschn. VI).

Der Mensch ist nicht nur ein seelisch-bewußtes Wesen, wie die
Tiere, sondern ein geistig-selbstbewußtes Wesen und dieses Selbstgefühl findet seinen physischen Ausdruck nun auch in der Eigenwärme. Zwar besitzen eine solche auch die homoiothermen Tiere
(Vögel und Säuger), es läßt sich jedoch zeigen, daß die volle An-
eignung der inneren Wärme sich zugleich mit der Entwicklung der
ichhaften Persönlichkeit doch erst im Menschen vollzieht. Festes,
Flüssiges und Gasförmiges bleiben uns in gewisser Hinsicht noch
fremd und äußerlich — einzig in der Wärme leben wir selbst mit
unserem innersten Wesen. Wir sagen: „Ich fühle mich warm oder
kalt", weil wir uns selbst in den inneren Wärmedifferenzierungen
ergreifen. Wärme und Kälte gelten daher ebenso als Eigenschaften
unseres Körpers und als äußere Sinneseindrücke, wie sie zugleich
Bestimmungen unseres innersten geistig moralischen Selbstgefühles
sind.

Das eigentliche Wesen der Wärme führt in das Reich
der Moralität, in die feuerhafte Dramatik und Entschlossenheit
des Willenshaft-Persönlichen und hängt besonders mit Wort und

Sprache zusammen[1]). Indem der ich-bewußte Mensch sich mit dem moralischen Willensfeuer durchdringt und im Sprechen das Wort, den „Logos" handhabt, gliedert er sich ein dem tiefsten moralischen Sinn des Erdenplaneten. Als Selbstgestalter seines Schicksals gestaltet sich in ihm das Schicksal der Erde. In Fieber und Krankheitskrisen wird dann oft im Bereiche des Körperlichen etwas durchgekämpft, dessen erste Keime vielleicht im Bereiche des Geistig-Moralischen lagen. Solche Zusammenhänge wurden in meinem Buche (Der Mensch als Selbstgestalter seines Schicksals, S. 164 ff.) näher untersucht.

ZUSAMMENFASSUNG DER ERGEBNISSE

1. Die Stufenfolge der Naturreiche ist die stufenweise Hereinbildung und Verinnerlichung dessen, was als dynamische Signatur der vier Elemente und deren Wechselwirkungen draußen im makrokosmischen Leben des Erdenplaneten wirkt.

2. Zugleich damit vollzieht sich eine stufenweise Verinnerlichung der Kräfteebenen (Seinsebenen) der Welt und diese werden so zu individualisierten „Wesensgliedern" (vgl. hierzu S. 36 und 116) der einzelnen Naturgebilde[2]). In diesem Sinne besitzt dann ein Mineral einen physischen Körper, eine Pflanze außerdem noch eine ätherische Organisation (Äther- oder Bildekräfte-Leib), ein Tier

---

[1]) Die unmittelbare Wärmequelle liegt gewiß in den Kalorien der Nahrungsstoffe bzw. in den komplizierten Wärmeregulationen des Körpers (Wärmestauung bzw. Wärmeabgabe). Die tiefere Ursache aller dieser physiologisch-anatomischen Phänomene, wie der gesamten menschlichen Gestalt, Organisation und Haltung liegt aber im Ichhaft-Geistigen. Diese Zusammenhänge zwischen dem Physiologisch-Anatomischen und dem Geistig-Moralischen muß der Arzt klar durchschauen, wenn er den Menschen erkennen und heilen will. (Vgl. die Methodische Einleitung S. 22 ff.).

[2]) „Im Mineral erschöpft sich der Geist in der Ausgestaltung der Form. Im Tier ist er innerlich lebendig. Was bei einem Kristall von außen gestaltet, also das Geistige, das wird beim Tier in dem Wesen selbst innerlich. Dieser innerlich lebendige Geist im Tiere ist die Tätigkeit des Astralleibes" (R. Steiner). Ausführlich ist dieses Prinzip stufenweiser Verinnerlichung begründet in O. J. Hartmann, „Erde und Kosmos", 2. A. 1940.

noch eine seelisch-astralische Organisation und der Mensch endlich noch eine Ich-Organisation. Zugleich mit der Individualisierung der „Wesensglieder" werden auch die Elemente innerhalb der Naturreiche stufenweise individualisiert. Wir können dann von einem mehr oder weniger geschlossenen Flüssigkeits-, Luft- und Wärmeorganismus innerhalb der Pflanzen, Tiere und Menschen sprechen.

3. Alle Naturreiche stehen, soferne sie eine beständige Gestaltung besitzen, auf der Ebene des Festen. Sie erheben sich aber über diese Ebene verschieden weit und zwar so, daß jedes höhere Naturreich durch die innere Zueignung eines neuen und höheren Elementes gekennzeichnet ist, und in diesem den eigentlichen Schwerpunkt seines Wesens trägt. So kann man sagen: das Mineral wurzelt im Festen, die Pflanze im Flüssigen, das Tier im Luftförmigen und der Mensch in der Wärme. Aus der Kraft des jeweils höchsten Elementes werden die darunter befindlichen Elemente ergriffen, in ihrer Eigengesetzlichkeit bis zu einem gewissen Grade aufgehoben und ihnen die Gestalt des beherrschenden Elementes aufgeprägt. Ein Beispiel: Das Wesenselement der Pflanze ist das Flüssige. In diesem wirkt ihre ätherische Organisation. Nach abwärts ergreift und gestaltet sie das Feste und das ihm entsprechende Physisch-Mineralische. Nach aufwärts aber wird sie selbst ergriffen und gestaltet vom Gasförmigen und von der Wärme, bzw. den darin wirkenden Kräften des Seelisch-Astralischen und Ichhaft-Geistigen. Letztere eignet sie sich nicht innerlich zu, sondern wird von ihnen nur wie von außen ergriffen und gestaltet. Entsprechendes gilt für die anderen Naturreiche.

4. Mit der stufenweisen Verinnerlichung der Elemente und der Kräftebereiche steigert sich stufenweise der Grad der Geschlossenheit, Individualität und autonomen Freiheit der Naturgebilde. Im Menschen sind alle vier verinnerlicht, weshalb dieser als freier und persönlicher Mikrokosmos dem Makrokosmos gegenübertritt. Was in den niederen Naturreichen noch Ereignisse z w i s c h e n den Wesen und der Umwelt und mithin ebenso viele Abhängigkeiten waren, das wird im Menschen Innenwelt und damit freie Selbstbestimmung.

5. Jedes höhere, innerlich aufgenommene Element bzw. Wesensglied gibt einem Organismus erst die Möglichkeit, die niederen Elemente bzw. Wesensglieder und damit seine Leiblichkeit überhaupt individueller und geschlossener zu gestalten: aus der Kraft des innerlich aufgenommenen Flüssigen (bzw. Ätherischen) vermag erst die Pflanze sich einen (verglichen mit dem Kristall) individuell geschlossenen und von der Umwelt durch eine Haut abgesonderten Körper aufzubauen. Aus der Kraft des innerlich aufgenommenen Atmosphärischen (bzw. Seelisch-Astralischen) schafft sich weiterhin das Tier einen (verglichen mit der Pflanze) geschlossenen Flüssigkeits- und Äther-Organismus. Aus der Kraft der verinnerlichten Wärme (bzw. Ichhaft-Geistigen) ergreift endlich der Mensch seinen Atmungs- und Seelen-Organismus in ichbewußter Weise und macht ihn aus einem Schauplatz tierischer Laute und unbeherrschter Seelenstimmungen zum verantwortlichen Werkzeug der Sprache und Moralität. (Näheres darüber in des Autors Buch „Erde und Kosmos", 2. A. S. 286 f. und 309f.).

IV. ABSCHNITT

KRISTALL UND PFLANZE
(DIE WIRKLICHKEIT DES LEBENDIGEN)

Aufgabe der folgenden Kapitel muß es nun sein, das im Bisherigen über die Wirksamkeit der Wesensglieder in den Naturbereichen und „Elementen" Gewonnene durch weitere Beispiele zu vertiefen. In der Goetheanistischen Natur- und Menschenwissenschaft genügt es nämlich nicht, etwas verstandesmäßig begriffen zu haben. Es ist vielmehr nötig, an immer neuen Phänomenen den physiognomischen Blick zu schulen und durch ein Studium der Signaturen der materiellen Naturgebilde zum Erlebnis der sich darin ausprägenden übermateriellen Kräfte und Gesetzlichkeiten zu gelangen.

In beifolgenden Abbildungen (Abb. 31-40) stellen wir daher zunächst einander gegenüber einfachste Kristall- und Pflanzenformen. Man kann daran erleben, wie beide uns in vollkommen verschiedene Wesens- und Kräfteregionen der Welt führen und bei ihrem Studium auch in uns selbst ganz verschiedene Organsysteme und Kräfte beanspruchen. Was sich hierbei ohne weiteres dem gefühlsmäßigen Empfinden zeigt, gilt es nun bis zur vollen Klarheit wissenschaftlicher Begriffe zu erheben.

Die abgebildeten Kristallformen sind, wie man sieht, von Geraden und Ebenen, also von Kurven erster Ordnung begrenzt und insoferne unmittelbare Verkörperungen der Geometrie des reinen Raumes. Dieser Raum ist durch das dreiachsige Koordinatensystem, mithin durch Gerade und Ebenen bestimmt. Der Bau der Kristalle ist folglich nicht nur für das Licht, sondern auch für den menschlichen Intellekt von äußerster Durchsichtigkeit. Das kristallhafte Urwesen des Raumes tritt in seinen verschiedenen Möglichkeiten in den physischen Kristallen in die Erscheinung und beweist zugleich die unmittelbare Verwandtschaft der physisch-mineralischen Welt mit den Gesetzlichkeiten des reinen Raumes.

13

Beobachtet man sich selbst gelegentlich der Betrachtung eines Kristalles und beim Studium seiner geometrischen Gesetzlichkeit genauer, so entdeckt man: man sieht und versteht diese geometrischen Achsen- und Flächengesetzlichkeiten nicht nur mit seinem Kopfe, d. h. mit Auge und Gehirn, sondern mit derjenigen Organisation unseres ganzen Körpers, die selbst kristallhaft-geometrischer Natur ist, mit unserem Skelett. Mittelst der Achsenrichtungen und Winkelstellungen unseres Knochensystems ahmen wir in unsichtbarer und ganz innerlicher Weise die vor uns liegende Kristallgestalt nach. Unser

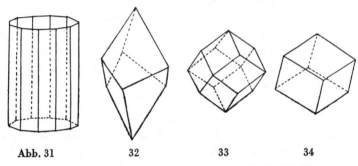

Abb. 31 32 33 34

Einige Grundformen der Kristallbildung (nach Niggli).

ganzes Körperskelett mathematisiert und geometrisiert in feinsten intentionalen Bewegungen beim Studium der Kristallwelt. (Vgl. dazu auch S. 162 ff.)

Nun aber stellt sich folgende Erfahrung ein: Mit denjenigen Erkenntnismitteln, mit welchen man die Kristalle durchschaut, fühlt man sich Pflanzen gegenüber hilflos. Denn nichts ist hier mit einfachen geometrischen Begriffen faßbar, nichts ist berechenbar und eindeutig bestimmt, sondern alles erscheint dem mathematischen Bewußtsein regellos und chaotisch. Dennoch fühlen wir, daß auch hier überall strengste, nur ganz andersartige Wesensgesetzlichkeiten walten. Freilich kann man sich in Pflanzenformen nicht mehr mit den starren Achsen- und Winkelstellungen seines Knochenskelettes einleben, hingegen fühlt man sich veranlaßt, mit zartbeweglichen Fingern wie im flüssigweichen Materiale zu model-

194

lieren, ja schließlich mit dem von Lebensströmungen durch-
zogenen, innerlich regsamen Muskelsystem das Keimen,
Wachsen und Hinwelken der Pflanzenformen nachzu-

Abb. 35   36   37

38   39   40

Einige Grundformen des Pflanzenwachstums

Abb. 35 Delesseria (Rotalge),
Abb. 36 Polypodium vulgare (Farn),
Abb. 37 Chondrus crispus (Rotalge)
Abb. 38 Padina pavonica (Braunalge)
Abb. 39 Saccharomyces cerevisiae, sprossende Hefe (nach Kerner)
Abb. 40 Stypocaulon (Braunalge)
(Mit Ausnahme von Abb. 39 sämtl. nach Wettstein, Hdb. d. Bot.)

ahmen und so deren Wesensgesetz zu erkennen. Der Muskel-
mensch ist weich und quellend wie Pflanzlich-Lebendiges, der
Skelettmensch aber hart und mechanisch wie Mineralisch-Totes.

13*

Man entdeckt dann: Kristallformen gehören ganz dem Raume an und befinden sich mit ihm vollständig im Gleichgewicht. Der kleinste Kristall, ja auch noch jedes Stückchen eines Kristalles ist genau so vollkommen und vollendet wie ein großer und ganzer. Entscheidend für das Wesen des Kristalles ist nämlich überhaupt nicht seine äußere Flächenbegrenzung, sondern das innere, den ganzen Kristall restlos durchziehende Gitterwerk (Kristallgitter). (Abb. 41). Die sichtbaren Begrenzungsflächen eines Kristalles sind nur bestimmte, offenbar gewordene Möglichkeiten seiner mathematischen Feinstruktur, die seine Substanz restlos und bis ins

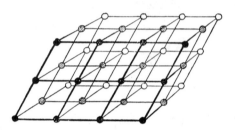

Abb. 41

Raumgitter, reelles, homogenes, dreidimensionales Kontinuum (nach Niggli).

Unendliche durchdringt. Der Raum selbst ist schließlich in gewisser Hinsicht nichts anderes als ein universales Punkt- und Kristallgitter, welches aus sich schneidenden Geraden und Ebenen gewoben ist und in welchem der Möglichkeit nach alle besonderen Punkt- und Kristallgitter der mineralischen Welt wurzeln.

Oberflächlich betrachtet sind nun freilich auch die Pflanzen „räumliche" Gebilde. Bald aber entdeckt man, daß sich P f l a n z e n - f o r m e n w o h l i m R a u m e o f f e n b a r e n, W e s e n u n d E n t - s t e h u n g s g r u n d i h r e r F o r m e i g e n t ü m l i c h k e i t e n j e d o c h n i c h t d e m R a u m e s e l b s t v e r d a n k e n. Es ist unmöglich, sie aus dem Wesen des Raumes, d. h. dem Raumgitter, abzuleiten. Weil nun aber Materie und Raum Wechselbegriffe sind und Materie das Wesen des reinen Raumes (d. h. das Raumgitter) durch ihre Struktur und Anordnung unmittelbar zur Darstellung bringt, liegt hierin der strenge Beweis dafür, daß sich in den pflanzlichen Formen ein Überräumliches und Übermaterielles bekundet. Nur dadurch wird der unermeßliche Formenreichtum der Pflanzenwelt ermöglicht, denn der reine Raum vermag nur eine ganz beschränkte Anzahl möglicher Symmetrie- und Formverhältnisse zu begründen, wie sie durch die Kristallwelt veranschaulicht werden[1]).

Außerdem aber sind bei den Pflanzen gerade jene Teile, welche die Grundlage aller Wachstums- und Gestaltungsprozesse sind, (das Protoplasma der Samen, Knospen und Vegetationspunkte, vgl. Abb.42a), ganz gestaltlos. Der Kristall ist also bis in das Innerste seiner Substanz hinein vom Raume ganz und gar durchgestaltet (Kristallgitter) und deshalb tot, während der innerste Gestaltungs- und Wachstumsgrund der Pflanzen gestaltlos und ganz und gar unkristallin (kolloidal!), dafür aber Offenbarungsbereich überräumlicher und überphysischer Kräfte, also lebendig ist. Es ist eins der größten Mißverständnisse moderner Biologie, dort nach räumlichen Strukturen und Kristallanalogien zu suchen, wo das Entscheidende gerade in der Suspendierung der Gesetze des Raumes und der physisch-materiellen Welt beruht, nämlich im Protoplasma der Samen, Knospen und Eier. (Vgl. S. 86 ff.)

Hingegen macht sich das Kristallprinzip des Raumes und der physischen Welt in dem Grade bemerkbar, in welchem das schöpferische Prinzip des Pflanzenwesens aus dem Unsichtbaren in das Sichtbare heraustritt (Abb. 42b,c). Das gleichförmige, hochkolloidale Protoplasma der Vegetationspunkte (Meristemzellen) wird mehr und mehr vom Zellsaft (also von einer absterbenden und sich dem Mineralischen nähernden) Substantialität verdrängt. Gleichzeitig gewinnen die Zellmembranen (also ebenfalls absterbende Substanzen) die Oberhand und beherrschen schließlich ausgewachsene und verholzende Pflanzenteile gänzlich. Der Bau dieser verdickten Zellmembranen zeigt eine an Kristall-Lamellen erinnernde Struktur (Abb. 43). Dieser Eindruck verstärkt sich noch durch die Einlagerung von Kieselsäure, Kalziumkarbonat, Kalziumoxalat,

---

[1]) Aus geometrischen Gründen gibt es nur 32 mögliche Kristallklassen nach ihrer Symmetrie, sowie 230 typische kristallographische Raumfiguren (Kristallgitter). Vgl. F. Rinne, Kristallograph. Formenlehre, 5. A. 1922, A. Schoenflies, Theorie der Kristallstruktur, 1923, P. Niggli, Lehrb. d. Mineralogie, 2. A. I. Teil, 1924.

Gerb- und Farbstoffen etc. in solche verdickten Zellmembranen, bzw. ins Zellinnere. (Abb. 56).

Betrachtet man daher unvoreingenommen eine keimende Pflanze (Abb. 44), so kann man sich des Eindrucks nicht erwehren, ein außer- und überräumliches Wesen fließe, erst schüchtern („keimhaft") dann aber immer stärker in den Raum hinein, breite sich immer weiter in ihm aus und komme endlich in der fertigen Pflan-

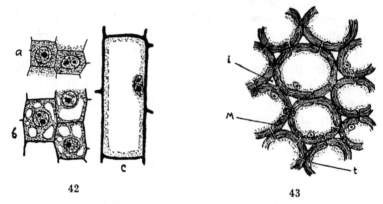

42

43

Abb. 42 Zellen aus der Stengelspitze einer Samenpflanze, stark vergr. (aus Lehrb d. Bot. f. Hochschulen).

a Vegetationsspitze (Meristem),

b u. c Zellen aus der Streckungszone mit Verdrängung des Plasmas durch Zellsaft und Verdickung der Zellmembran.

Abb. 43 Querschnitt durch den Stengel der Waldrebe, vergrößert (n. Schenck, verändert) Zellen mit starker, geschichteter Wandverdickung (M),

i luftführende Interzellularräume,

t Verbindungen von Zelle zu Zelle, sog. Tüpfel,

im Zellinnern sieht man den plasmatischen Wandbelag mit Zellkern.

zengestalt zur Ruhe. Während also der kleinste Kristall, ja jedes Teilchen eines solchen gestaltlich vollendet ist (Kristallgitter!), verwirklicht sich das Pflanzenwesen über ungeformte Anfangszustände erst nach und nach in die Raumgestalt hinein. Pflanzenformen gleichen daher verschiedenartigen dynamischen Strömungsprozessen, die im Überräumlichen entspringen und schließlich im Raume erstarren.

198

Im Zusammenhang mit dieser ihrer Entstehungsgeschichte sind nun auch die Pflanzen nicht wie die Kristalle in sich abgeschlossen, sondern öffnen sich mit ihrem ganzen Wesen der Umwelt. Durch Gestalt, Farbe und Duft verraten die Pflanzen etwas über alle Körpergrenzen in die Umwelt Hinausdrängendes. Sie sind in jeder Hinsicht Ergebnisse eines Wechselgespräches mit der Umwelt, Spiegelungen eines bestimmten Bodens, Klimas und Himmels,

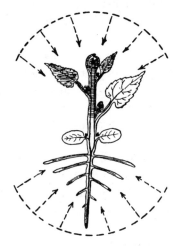

Abb. 44

Schema einer jungen dikotylen Pflanze (nach Sachs), schwarz: Vegetationspunkte, schraffiert: wachsende Teile, weiß: ausgewachsene Teile. Physisch-materiell wächst die Pflanze vom Stamm aus nach auf- und abwärts und verzweigt sich zentrifugal in den Raum hinaus, übersinnlich-ätherisch jedoch strahlen die Sphärenkräfte zentripetal herein und offenbaren ("materialisieren") sich in der Pflanzenform. (Gegensatz von "Materialfeld und Verwirklichungsfeld", H. André). Anderer Gesichtspunkt als in Abb. 45. Vgl. auch Abb. 4, S. 85.

in letzter Hinsicht Ergebnisse eines Wechselgespräches zwischen Erde und Kosmos, Licht und Materie. Daher ist, wie schon bemerkt (vgl. S. 82), alles Pflanzliche von Rhythmen beherrscht, ja geradezu aus dem Rhythmischen, d. h. aus dem Wesen der Zeit, heraus gestaltet (z. B. Tages-, Monats- und Jahreslauf).

Weil Kristallgitter ausschließlich im Raume gründen, fehlt den Kristallen jede Beziehung zur Zeit. In ihrer starren Vollkommenheit sind sie zeitlos-ewig. Man kann ihnen weder Jugend noch Alter zuschreiben, weil sie heute ebenso jung oder alt (wie man es nennen will) sind, als vor Jahrmillionen, bzw. im Augenblicke ihrer Entstehung. Hingegen liegt das Wesen der Pflanzen gar nicht in den erstarrten Formen ihrer materiellen Körper, sondern in den überräumlichen schöpferischen Kraftgebilden, also nicht in Raum-, sondern in Kraftgestalten, die sich in den Raum hinein offenbaren und zur materialisierten Pflanzenform gerinnen. Diese Kraftgestalten sind die ätherischen Bildekräfte.

Das Wachstum einer Pflanze bietet daher einen zweifachen Anblick: Für den materiellen Gesichtspunkt wächst z. B. ein Baum von unten nach oben und breitet sich durch Anlagerung immer neuer Stoffe in zentrifugaler Weise in den Raum hinaus (bzw. in den Boden hinunter) aus. Der Schwerpunkt des materiellen Baumes liegt im massiven Stamm. Für den geistigen Gesichtspunkt hingegen wächst ein Baum von oben nach unten. Die ätherischen Bildekräfte haben ihren Schwerpunkt in der Peripherie der Baumkrone und strahlen dort (mit dem Lichte vereint) aus dem Überräumlichen ins Räumliche herein und verdichten und materialisieren sich in der physischen Pflanze. (Vgl. Abb. 4, 25 u. 44.)

Die Pflanze ist also das Ergebnis der Durchdringung zweier Kraftbereiche: der physisch-materiellen Zentral- und der ätherisch-lebendigen Sphärenkräfte (vgl. S. 81). Die Wuchsform einer Dattelpalme macht das unmittelbar anschaulich (Abb. 45): Die aus dem Vegetationspunkt hervorbrechenden Blätter sind der Schwere entgegen steil aufgerichtet (a). Dann nimmt die Schwere überhand, die Blätter neigen sich (b) und senken sich endlich absterbend ganz herab (c). Schließlich bleibt der verholzte Stamm mit den Ansatzstücken der abgestorbenen Blätter allein zurück (d).

Mit dem Gesagten hängen nun weitere Wesensunterschiede der Pflanzen- und Kristallformen zusammen: Kristalle haben jeweils nur eine einzige, einfachste, den ganzen Kristall beherrschende äußere Gestalt, die zugleich Spiegelung der inneren Gestalt (des Kristallgitters) ist und diese Gestalt ist immer und überall vollkommen verwirklicht. Gestalt und Lebenslauf der Pflanzen hin-

gegen sind beherrscht vom Gegensatz des Unoffenbaren, Unge-
formten und daher Jugendlichen (Vegetationspunkte etc.) zum
Offenbaren, Ausgeformten und daher Alternden (erwachsene
Pflanzenteile). Sie zeigen dadurch unverkennbar die polarische
Spannung zwischen dem Physisch-Räumlichen und dem Ätherisch-
Überräumlichen. Diese Tatsache bedingt auch die eigentümliche
„Hintergründigkeit" des Pflanzenwesens. Man fühlt: das Sichtbare
erschöpft hier nicht (wie beim Kristall) das gesamte Wesen, son-

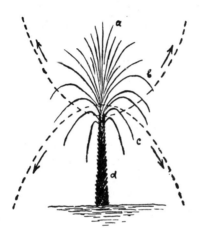

Abb. 45

Die Pflanze als Ergebnis der Durchdringung der physisch-materiellen Zentral-
und Erdenkräfte und der kosmisch-ätherischen Sphärenkräfte. Polarität von
Materie und Licht, Schwere und Leichte. Anderer Gesichtspunkt als in Abb. 44.

dern da überall, im Hintergrunde der sinnlich-materiellen Gestalt
wirkt noch ein Dynamisches. Dieses Dynamische läßt sich eigentlich in keine starre Körpergestalt einsperren. Es sprengt jede und
drängt nach steter Neu- und Umgestaltung, und bewirkt dadurch
1. Wachstum, 2. rhythmische Wiederholung, z. B. in den aufeinanderfolgenden Blattquirlen bzw. Knoten eines Sprosses (z. B.
Bambusrohr), 3. Metamorphose, z. B. die Unterschiede der Keim-
blätter von den Nieder- und Hochblättern und endlich 4. Steigerung, z. B. vom Laubblatt zum Kelch-, Blüten-, Staub- und
Fruchtblatt. (Vgl. Abb. 103.) 5. Schließlich aber auch bei Be-

schädigungen des materiellen Körpers Heilung und Regeneration, d. h. Ersatz verlorener Körperteile.

Hiermit ist nun in der Tat der innerste Unterschied des Pflanzlichen zum Kristallinen gekennzeichnet. Eine einjährige Pflanze z. B. ist gar keine einfache Gestalt, sondern eine Gestalt höherer Ordnung, also die gesetzmäßige Aufeinanderfolge und architektonische Steigerung verschiedener Elementargebilde. Ihr eigentlicher Sinn liegt nicht in der Gleichzeitigkeit des Raumes, sondern bedeutet einen Ablauf in der Zeit und ist nichts anderes, als der Weg vom Samen bis wieder zum Samen, d. h. vom Unoffenbaren (Ätherischen) über das Offenbare (materielle Pflanzengestalt) wiederum zum Unoffenbaren. Der Kristall ist aus der Sphäre des Übersinnlich-Dynamischen ganz herausgefallen und ruht im toten Mittelpunkt (Physischer Raum). Die Pflanze hingegen ist ein zwischen dem Physischen und Ätherischen ausgespannter und eine gesetzmäßige Gestaltenfolge durchlaufender und sich endlich in sich selbst (d. h. vom Samen bis wiederum zum Samen) schließender Prozeß. Zum Unterschied vom Kristall hat nämlich die Pflanze nicht nur die Fähigkeit sich zu evolvieren (zu wachsen), sondern auch wieder alles Ausgebildete und Verphysizierte abzustoßen und der Vernichtung zu überantworten, sich selbst aber daraus ins Übersinnliche (Samen und Knospenzustände) wieder zu involvieren. Werkmeister dieser rhythmischen Expansion und Kontraktion, die für alles Lebendige, also auch für gewisse Seiten des Tier- und Menschenlebens charakteristisch ist, ist das Ätherische.

In dieser ätherischen Welt und damit in gewisser Hinsicht in den Gesetzlichkeiten des Flüssigen (vgl. S. 144), nicht aber im starren Punktgitter des Raumes gründen demnach die Pflanzenformen. Dies wird allein schon durch die Tatsache bewiesen, daß es aus geometrischen Prinzipien nur eine sehr beschränkte Anzahl möglicher Kristallgitter bzw. Kristallformen geben kann, zwischen denen außerdem keine fließenden Übergänge, sondern sprunghafte Unterschiede, wie z. B. zwischen Dreieck und Viereck bestehen. Die Formen der Pflanzenwelt hingegen sind nicht nur unermeßlich reichhaltig, sondern durch beliebig viele, fließende Übergänge miteinander verbunden. (Vgl. auch S. 162 ff. u. Abb. 24.)

Schließlich läßt sich auch auf rein geometrischem Wege zeigen[1]),
daß wohl die Kristallformen nicht aber die Pflanzenformen im
elementaren Gitterwerk des Raumes (und damit in der physischen

Abb. 46—54

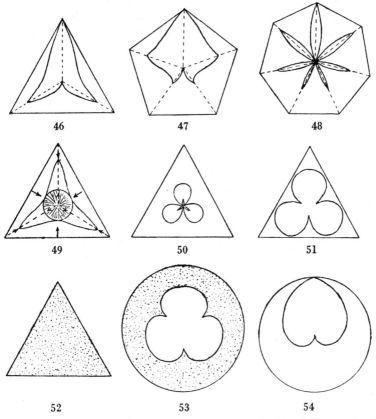

Geometrische Metamorphosen geradlinig begrenzter (kristalliner) Figuren durch
Beziehung auf Punkt und Sphäre in organische Blatt- und Blütenformen
(nach Baravalle)

Welt) gründen, daß also bei letzteren höhere Prinzipien mit eingreifen. (Vgl. hierzu Abb. 46-54.)

---

[1]) Vgl. H. v. Baravalle, Formen und Formbildung im Reiche des Organischen, in der Zeitschr. „Gäa Sophia", Bd. 2, 1927.

Denkt man sich in einem gleichseitigen Dreieck alle Punkte der Dreieckseiten mit dem Mittelpunkt verbunden und läßt man nun alle Punkte in gleichen Schritten gegen den Mittelpunkt wandern, so metamorphosiert sich das Dreieck schrittweise in eine Figur, die nicht mehr von geraden, sondern von kompliziert geschwungenen Seiten begrenzt ist und insoferne das Kristallbereich verläßt und an pflanzliche Gebilde erinnert (Abb. 49). Die Ähnlichkeit mit solchen steigert sich noch, wenn man (Abb. 46) die Punkte der Dreieckseiten nicht in gleichen Schritten, sondern so gegen den Mittelpunkt wandern läßt, daß die Spitze fixiert bleibt, die übrigen Punkte aber im Verhältnis zu ihrer Entfernung von der Spitze immer rascher gegen den Mittelpunkt vorrücken. Entsprechende Gebilde erhält man, wenn man seinen Ausgang, statt von Dreiecken, von Vier-, Fünf-, Sechs-, Siebenecken etc. nimmt (vgl. Abb. 47, 48). Es entstehen dann die verschiedenartigsten Blattformen, die sich außerdem noch metamorphosieren, je nachdem man die Punkte der Ausgangsfigur mehr oder weniger tief gegen den Mittelpunkt wandern läßt. Blütenähnliche Figuren entstehen endlich, wenn man die Punkte der Seiten (z. B. eines Dreiecks) in gleichen Schritten nicht nur gegen den Mittelpunkt, sondern auch noch durch ihn hindurch wandern läßt, wobei sie dann an der gegenüberliegenden Seite hervorwachsen und sich immer weiter vergrößern. Auf diese Weise kann man drei, vier, fünf und mehr-blättrige Blumenkronen entwickeln (Abb. 50, 51). Was ursprünglich Innenfläche des Dreiecks war, wird dabei zur umfassenden Sphäre, die eine Hohlform umschließt (Abb. 52, 53). In letzterem Falle liegen bereits Analogien zur Hohlraumbildung (Gastrulation) der Tiere, mithin zur Wirksamkeit des Seelisch-Astralischen vor. (Vgl. S. 180 f. u. S. 218 f.)

Die Verwandtschaft mit Pflanzenformen verdanken alle diese Gebilde offenbar dem Umstande, daß sie nicht von Kurven erster Ordnung (Geraden), sondern von solchen zweiter Ordnung (Parabeln, Hyperbeln, Ellipsen etc.) begrenzt sind. Die Verwandlung der ursprünglichen Kristallformen in Pflanzenformen geschah nun in unseren geometrischen Konstruktionen durch die Beziehung auf den Mittelpunkt, wodurch zugleich die Wesenheit des Kreises maßgebend hereinwirkte. Dieser Kreis ist unmittelbar sichtbar auf Abb. 49, dann nämlich, wenn man das Hereinwandern gegen die Mitte nicht nur für die äußere Umgrenzung des Dreieckes, sondern für dessen ganze Fläche vollzieht, wobei die unmittelbar dem Mittelpunkt benachbarten Punkte durch diesen hindurch auf die andere Seite wandern. Sie erscheinen dort dann in dem Maße als nach außen wachsender Kreis als die Dreieckseiten gegen den Mittelpunkt nach innen zusammenschrumpfen.

Der Kreis (die Sphäre) ist nun, wie bereits früher mehrfach auseinandergesetzt wurde (S. 164), ein Prinzip, das in gewisser Hinsicht nicht mehr (wie Dreieck, Quadrat, Fünfeck etc.) dem elementaren Kristallgitter des Raumes angehört, sondern über das Physisch-Räumliche hinausführt und ein Bild der beweglichen Regsamkeit des Überphysisch-Ätherischen bzw. Flüssigen darstellt. Indem wir also in unseren geometrischen Konstruktionen das Prinzip der Sphäre einführten und dieses sich da mit den Dreiecken, Fünfecken, Siebenecken etc. begegnen ließen, vollzogen wir im geometrischen Gleichnis eine Durchdringung der physischen mit der ätherischen Welt. Da nun aber die Pflanzen nichts anderes als eine solche Durchdringung sind, darf uns das Erscheinen pflanzlicher Formen bei solchen geometrischen Konstruktionen nicht wundern. Was hier geschieht, kann man in zweifacher Weise auszudrücken versuchen. Man kann sagen:

1. Werden die starren Kristallformen der geradlinig begrenzten Figuren durch das Hereinwirken des Sphärischen (also durch das Flüssig-Ätherische) verwandelt, so verliert die Kristallwelt ihre Härten, Kanten und Ecken, wird in ein Plastisches heraufgehoben und es entstehen dadurch pflanzliche Formen. Diese haben immerhin infolge ihrer strengen Regelmäßigkeit und Symmetrie (im Vergleich etwa zu tierischen Organen) Verwandtschaft mit dem Kristallbereich. Das Räumlich-Kristalline ist aber von einem höheren Prinzip aufgenommen und dadurch gemildert.

2. Umgekehrt wird das Sphärische (Flüssig-Ätherische) durch das Hereinstrahlen der starren Kristallformen gleichsam in das Physisch-Räumliche heruntergeholt, gegliedert und verhärtet, wodurch wiederum pflanzliche Gebilde entstehen müssen. Pflanzen

sind ja schließlich ebenso Versinnlichungen des Übersinnlichen durch das Räumlich-Materielle wie umgekehrt Verlebendigungen des Räumlich-Materiellen durch das Übersinnliche. Man kann daher auch einen Kreis dadurch in eine Pflanzenform überführen, daß man einen Punkt seiner Peripherie festhält, die übrigen aber in wachsendem Grade gegen den Mittelpunkt wandern läßt. Hier wirkt dann in der festgehaltenen Spitze das physisch-räumliche Kristall-Prinzip und bedingt die Umgestaltung. (Vgl. Abb. 54.)

Die vorstehenden Betrachtungen über den Wesensunterschied der Kristall- und Pflanzenformen bedürfen nun noch der Ergänzung hinsichtlich der chemischen Substanz. Ebenso wie ein Kristall ganz aus der Gesetzlichkeit des Raumes verständlich ist, ist er auch ganz ableitbar aus der Beschaffenheit der ihn bildenden chemischen Substanzen. Geometrisches Punktgitter und chemisches Atom- bzw. Molekulargitter entsprechen einander. (Vgl. Abb. 41.) Die Kristallgestalt ist ein eindeutiger und restloser Spiegel der Eigenart der jeweiligen chemischen Substanz, deren Atome bzw. Moleküle an bestimmten Schnittpunkten des Raumgitters angeordnet sind.

Im Gegensatz hierzu fehlt nun bei den Pflanzen jeder derartige Zusammenhang zwischen Form und Chemismus. Trotz ihrer Formenverschiedenheiten bestehen alle Pflanzen im wesentlichen aus denselben grundlegenden chemischen Elementen. Vollständige Souveränität herrscht in vielen Fällen gegenüber der chemischen Zusammensetzung des Bodens: Stoffe, die in hoher Konzentration im Boden vorhanden sind, werden von der Pflanze oft nicht oder kaum aufgenommen; hingegen finden sich wieder andere Stoffe, die im Boden chemisch kaum nachweisbar sind, stark angereichert in gewissen Pflanzen. Dies beweist, daß die Pflanzen nicht vom Chemismus des Bodens gebildet werden, diesem vielmehr souverän überlegen sind, ja umgekehrt sogar den Boden mit Stoffen anreichern können[1]. Der Unterschied ist also folgender: Kristalle werden durch die Mutterlauge erzeugt, von ihr ab-

---

[1] Dies geht soweit, daß gewisse kalkreiche Pflanzen nur auf kalkarmen Böden gedeihen und durch Kalkdüngung sogar geschädigt werden. Solche Pflanzen verdichten den Kalk aus „homöopathischen" Verdünnungen, ja sie

geschieden, ja gleichsam heraus verdichtet. Sie wachsen aus den Kräften der Mutterlauge. Pflanzen hingegen trotzen ihr Wachstum geradezu dem Boden und seinen Mängeln ab. Läßt man experimentell verschiedene Pflanzenarten in derselben Lösung sich entwickeln, andererseits Exemplare derselben Art in Lösungen verschiedener prozentueller Zusammensetzung heranwachsen, so ergibt sich dennoch im letzteren Falle eine gleiche, im ersteren Falle eine sehr verschiedene Aschenzusammensetzung, wodurch die weitgehende Unabhängigkeit und Wahlfähigkeit des Pflanzenwesens gegenüber dem Chemismus seiner Umwelt bewiesen wird.

Aschengehalt verschiedener Pflanzen im selben Wasser:

	Wasserschere	Seerose	Armleuchter	Wasserrohr
Kali	30,82	14,4	0,2	8,6
Natron	2,7	29,66	0,1	0,4
Kalk	10,7	18,9	54,8	5,9
Kieselsäure	1,8	0,5	0,3	71,5

Die chemische Gestaltungskraft, die den Kristall ganz beherrscht, ist vollständig verhüllt in der Pflanzenwelt. Man kann daher nicht sagen, eine bestimmte Eiweißart kristallisiere in der Gestalt einer bestimmten Pflanze. Es gilt vielmehr das Umgekehrte: Jedes Pflanzenwesen baut sich aus denselben chemischen Elementen seinen eigentümlichen Chemismus (z. B. seine artspezifischen Eiweißkörper, Fette, Kohlehydrate, Alkaloide etc.) auf und erhält ihn allen äußeren und inneren Störungen zum Trotz. Der spezifische Chemismus z. B. einer Heilpflanze ist hier also nicht Ursache, sondern Wirkung der Pflanzenform bzw. der dieser zugrunde liegenden Wesenheit. Während nämlich die Eigentendenzen der chemischen Stoffe innerhalb des Kristalles mit dessen Form in vollständigem Gleichgewicht sind (Kennzeichen alles Toten), bestehen zwischen Stoff und Form im Pflanzlichen (wie in allem Lebendigen) härteste Spannungen[1]. Die den chemischen Sub-

reichern einen kalkarmen Boden sogar mit Kalk an, wie es gewisse „Stickstoffpflanzen", z. B. die Leguminosen, mit dem Stickstoff tun.

[1] Eine scharfe Scheidung der materiellen Mittel und der übermateriellen Gestaltungskräfte des Lebendigen betont auch R. Woltereck in seiner „Onto-

stanzen einer Pflanze immanenten Kristallisationstendenzen müssen stets zurückgestaut und zerbrochen werden, d. h. alle Lebensvorgänge widersprechen dem kristalloiden Zustand und setzen den kolloiden Zustand der Stoffe voraus[1]).

An diesem Punkte stehen wir vor außerordentlich bedeutsamen physiologischen, pathologischen und therapeutischen Zusammenhängen. Man kann sich diese an folgenden einfachen Experimenten klar machen (Abb. 55): In stark verdünnten Lösungen von Barium-Sulfat (1/20 000 norm.) bilden sich äußerst langsam Kristalle. Der Vorgang kann Monate und Jahre dauern, liefert dafür aber oft einen einzigen großen schön ausgebildeten Kristall. Es ist als ob hier die Kristallbildungstendenz des Raumes genügend Zeit und Kraft hätte, um alles Stoffliche vollkommen zu durchdringen und zu einer einzigen Kristallform zu vereinigen (Abb. A). Bei weniger stark verdünnten Lösungen (1/1000 norm.) geht die Kristallisation rascher vonstatten, ist aber bereits weniger vollkommen, so daß hier zahlreiche kleinere, minder gut ausgebildete Kristalle entstehen (Abb. B). Steigt die Konzentration noch mehr (1/600 norm.) so entstehen überhaupt keine regelmäßigen Kristalle, sondern nur mehr Nadeln, Treppen, Skelette (also sog. „Wachstumsformen"). Aus stark konzentrierten Lösungen (3—7 × norm.) endlich vollzieht sich die Verdichtung so rasch, daß das räumliche Kristallgitter überhaupt nicht mehr Zeit und Kraft findet, die Substanz zu durchformen. Es entstehen daher hier große amorphe durchsichtige Klumpen von gallertiger (kolloidaler) Beschaffenheit (Abb. 55c).

Kristalloid und Kolloid, d. h. der mathematisch gefügte, raumdurchherrschte und der formlos chaotische Zustand, sind nach den Erkenntnissen der modernen physikalischen Chemie die beiden

logie des Lebendigen" (Philosophie der lebend. Wirklichkeit, Bd. 2, 1940). „Die Grundkonstitution des Lebendigen ist aus räumlichem „Außen" und unräumlichem „Innen" zusammengesetzt." Dieses „Innen" ist zugleich ein „Unmaterielles", das sich der „Lebens-apparaturen" des materiellen Körpers lediglich bedient.

[1]) Daher bleiben Pflanzen auch nur in lebendigem und kolloidalem Humusboden, nicht aber auf rein mineralischer (kristalloider) Grundlage (z. B. in Nährlösungen oder bei mineralischer Düngung) dauernd gesund.

Grundmöglichkeiten der Substanz. Da nun sowohl Kristalle als Lebewesen gesetzmäßige Gestalt besitzen, aber Gestalten ganz anderer und daher einander widersprechender Ordnung, bestehen zwischen beiden keine kontinuierlichen Übergänge, vielmehr ein Abgrund, welcher durch die Vernichtung der einen Gestaltordnung die Möglichkeit zum Erscheinen der anderen kennzeichnet. Kristalle und Organismen formen sich im Wachsen nach zwei divergenten Richtungen. Tritt die Substanz selbst un-

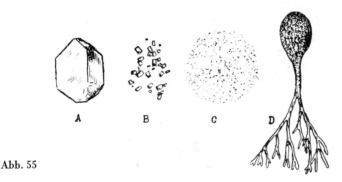

A   B   C   D

Abb. 55

Kristall, Kolloid und Lebewesen

A   Kristalle von Bariumsulfat aus 1/20000 norm.
B   dasselbe aus 1/1000 norm
C   Bariumsulfatgallerte aus 3—7 mal norm. (nach Weimarn, näheres im Text)
D   Grünalge (Botrydium granulatum), mit Sproß- und Wurzelpol.

mittelbar in die Form (Raum), so entsteht ein Kristall; tritt sie ins Chaos (Kolloid), so kann sie Material einer Form höherer Ordnung sein. Das Kolloid (Abb. 55C), steht daher zwischen Kristall (Abb. 55 A) und Lebewesen (Abb. 55 D).

Von hier aus fällt neues Licht auf die Gegensätzlichkeit der Kristall- und Pflanzenformen, mit deren Betrachtung wir dieses Kapitel begannen (Abb. 31-34, 35-40).

Sollen demnach ätherische Wachstums- und Bildekräfte, d. h. die Gesetzlichkeiten einer überräumlichen und übermateriellen Welt, in die Substanz eingreifen können, so muß diese aus dem Banne des Mathematischen (also des Raumes) entlassen werden,

14

und es müssen die im Chemismus der Stoffe gelegenen Kristalltendenzen zurücktreten. Wo daher Lebewesen entstehen,
werden Kristalle zerbrochen und wo Lebewesen altern,
treten Kristalltendenzen auf. Solche sind z. B. die in alternden Pflanzenzellen erscheinenden Eiweißkristalle und Globoide
(Abb. 56 A), die Cystolithen (Abb. B), Raphiden (Bündel feiner

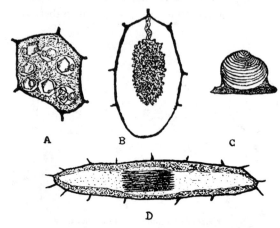

Abb. 56

D

Auftreten von Kristalltendenzen im Organisch-Lebendigen als Absterbe-
    phänomene (nach Straßburger, stark vergr.).

A   Zelle aus Endosperm des Rizinussamens mit Eiweißkristallen und Globoiden.
B   Zystolith in Zelle von Ficus elastica (gewucherte Wandverdickung mit
    Kalkeinlagerung).
C   Stärkekorn auf einem Leukoplasten. Unterschied des toten kristalloid-ge-
    schichteten Stärkekorns zum lebendigen, kolloid-amorphen Leukoplasten.
D   Raphidenbündel (Kristallnadeln) und Schleimvakuole in Rindenzelle von
    Dracäna.

Kristalle, Abb. D), aber auch die mathematisch geschichteten
Stärkekörner (Abb. C), sowie verschiedene flüssige Stoffwechsel-
ablagerungen in den Zellen (Wasser, Öl, Zucker, Schleim etc.
vgl. Abb. 56 D und Abb. 42). Auch die sog. Plasmastrukturen (Fibrillen, Granula, Mitochondrien etc.) sind wohl nicht so sehr
Träger der eigentlichen Lebensvorgänge als bereits mechanisierte
Werkzeuge und stellen daher Abbau- und Verhärtungserscheinun-

210

gen des hochkolloidalen und eigentlich lebendigen Plasmas dar (vgl. S. 86f).

Das Ätherische ist ein Zeitenorganismus. In allen organischen Lebewesen kämpft daher die Zeit mit dem Raume und das Schlachtfeld beider sind die Plasmakolloide, d. h. die vollständig chaotisierte Substanz, die sich einerseits nach dem Mineralischen, andererseits nach dem Lebendigen hinneigen kann. Ein Vergleich der Kristall- und Pflanzenwelt ergibt also: Die Grundlage der Kristallgestalt ist einerseits das geometrische Raumgitter, die Grundlage der Pflanzengestalt aber gerade die vollständige Chaotisierung dieses Raumgitters im formlos kolloidalen Zellplasma. Die Grundlage des Kristalls ist andererseits die Formtendenz der chemischen Stoffe, während die Grundlage des Pflanzenlebens gerade die Vernichtung der Eigengesetzlichkeiten des Chemismus, das chemische Chaos darstellt, wie es in den labilen und chemisch-ungreifbaren Zuständen des Protoplasmas besteht[1]). (Vgl. auch S. 121f.)

Auf Grund unserer biologischen Erfahrungen kann es also heute als erwiesen gelten, daß die Aufhebung der chemischen und morphologischen Eigengesetzlichkeiten des Mineralreiches erst die Möglichkeit (also das bestimmungsfähige Material) schafft, für das Eingreifen höherer, ätherischer Gestaltungskräfte, wie sie dem Pflanzenreich, aber auch allem Vegetativen in Tier- und Menschenreich zugrunde liegen.

---

[1]) Vgl. hierzu J. Killian, Der Kristall. Das Geheimnis des Anorganischen. 1937.

V. ABSCHNITT

PFLANZE UND TIER
(DIE WIRKLICHKEIT DES SEELISCHEN)

Bedauerlicherweise werden auch heute noch und das besonders von Biologen und Medizinern, denen es ernst mit einer Überwindung des Materialismus ist, „Leben" und „Seele" unterschiedslos zusammengeworfen[1]). Man ist erfreut, Phänomene zu finden, die eindeutig die Wirklichkeit übermaterieller Kräfte beweisen, aber verabsäumt es dann, auch im Bereiche des Übermateriellen wieder strenge zu unterscheiden. Durch das Vorhandensein von Pflanzen und Tieren hat sich aber eigentlich die Natur selbst schon klar über solche Unterschiede ausgesprochen und man brauchte nur vorurteilsfrei zu beobachten, um zu klaren Begriffen zu gelangen, ohne die besonders ärztliches Erkennen und Handeln unmöglich sind. Nennt man nun Pflanzen belebt, nicht aber durchseelt, so dürfen damit freilich keine „Bewertungen" verbunden werden, die ohnehin im wissenschaftlichen Bereiche strenge zu vermeiden sind. (Vgl. zu diesem Abschnitt S. 276 ff.)

1. DIE POLARISCHE GEGENSÄTZLICHKEIT PFLANZLICHEN UND TIERISCHEN DASEINS

Man setze folgenden Fall: Wir gehen durch die schweigende Ruhe eines Waldes und fühlen uns inmitten des gewaltigen Säftesteigens und Wachsens der Bäume einsam und uns selbst überlassen. Denn dieses ganze Sprossen und Leben ist wie von tiefem Schlafe gebändigt. Plötzlich aber begännen die Bäume sich zu regen und

---

[1]) Vgl. auch das vorzügliche Werk von R. Woltereck: Philosophie der lebendigen Wirklichkeit, I. Bd. Grundzüge einer allgem. Biologie, 2. Bd. Ontologie des Lebendigen, Stuttgart 1940.

ihre Äste wie in Gelenken zu bewegen. Sie suchten uns mit ihren Zweigen zu fassen, ja rissen sich schließlich im Übermaß der Begierde vom Boden los, um uns nachzulaufen, wobei aus ihrem Innern eigentümliche Laute, wie ein Atmen oder Stöhnen vernehmbar wären. Weiterhin aber brächen überall aus den Spalten der Rinde Augen und Ohren, Fühler und Tasthaare hervor und durchwirkten die ganze Umwelt mit ihrem Spähen und Lauschen. Auch den Beherztesten überfiele in solcher Lage wohl ein albtraumartiges Entsetzen und er müßte sich fragen: „Was ist denn plötzlich in diese Bäume gefahren und riß sie aus ihrer unschuldigen Ruhe? Das sind ja Geister oder Dämonen!" Und in der Tat, es sind „Geister", denn etwas grundsätzlich Neues hat in diesem Augenblick die schlafhafte Welt der Pflanzen ergriffen und sie mit Kräften durchdrungen, die wir als Menschen auch in unserem eigenen Innern als Spürsinn und Begehren kennen. Man wäre berechtigt, von einem „Wunder" und von „Magie" zu sprechen und wäre doch nur Zeuge einer altvertrauten Tatsache gewesen: des Tierseins. (Vgl. S. 108 f.)

Oder man vergegenwärtige sich folgendes Erlebnis: Auf einer Waldwanderung begegnen wir plötzlich einem weidenden Reh. Es hat uns bemerkt und steht nun hoch aufgerichtet und gespannt da, zieht die Luft prüfend ein und späht mit großen glänzenden Augen ins Weite. Pflanzen nehmen nur den Raum ein, den sie unmittelbar durch das drängende Wachstum ihres Leibes erfüllen. Das lauschende und zur Flucht gespannte Reh jedoch durchwirkt mit seinen Sinnesempfindungen und Bewegungsimpulsen den ganzen Umkreis. Weit über den engen Raum seines Leibes greift es durch sein Lauschen und seine Flüchtigkeit hinaus. Solange ich nur unter Bäumen wandelte, war ich allein, der einzig Wachende unter lauter Schläfern. Ich sah wohl, wurde aber nicht wieder gesehen. So war ich einsam. Im Augenblick jedoch als das Reh in meine und ich in seine Daseinskreise trat, hörte ich auf bloßer Zuschauer zu sein. Mein eigenes Wachen und Bewegen begegnete der lauernden Gespanntheit des Tieres. Der „Strahl" meiner Augen schaute in einen Strahl aus anderen Augen, ich bin nun selbst entdeckt, werde beobachtet und verfolgt. Und jetzt beginnt ein seltsames Wechselspiel im Seelenbereich: Ich halte mich ruhig, suche mich zu verbergen und dadurch dem Wachheitskreise des Rehs zu entrinnen. Es entsteht ein laut- und bewegungsloser Kampf meiner eigenen Wachheit mit der des Rehs und ich bin befriedigt, wenn dieses getäuscht wird, mich schließlich aus seinem Wachheitskreis verliert, den Kopf senkt und ruhig weiter frißt[1]).

Der Kräftekreis, um den es sich hier handelt, hat überhaupt nichts Körperliches mehr an sich. Das „Eigentliche" eines Tieres ist sein Sehen und Lauschen, seine Ängstlichkeit oder seine Gier — aber das sind Bestimmungen, die gar nicht mehr äußerlich gesehen oder gar betastet werden können. Freilich gründet auch das Wachstum einer Pflanze in einer übermateriellen ätherischen Kräfteorganisation, aber diese erschöpft sich ganz in Substanzbildung und Leibgestaltung, bleibt also in unmittelbarer Nähe zum Materiellen. In diesem Sinne ist eine Pflanze ganz leibhaftig und offenbart ihr gesamtes Wesen nach außen hin in der räumlichen Gestalt. So kann ich die Plastik eines Baumstammes ebenso wie ein Blatt betasten und verstehen.

Aber nicht mehr ein Auge! Denn dessen Wesen erschöpft sich nicht im anatomischen Bau. Sein Wesen ist sein Blick[2]). Der Blick gehört zum Auge wie das Wachstum zum Blatt. Das Blattwachstum kann ich mit äußeren Mitteln noch messen, den „Blick" des Auges nicht mehr. Das anatomische Präparat tierischer Organe

---

[1]) Im Reich des Pflanzlich-Ätherischen ist alles eindeutig und wahr: Eine Eiche zeigt sich mir ganz als das, was sie ist durch ihre weitausgebreitete Raumesgestalt. Mit dem Seelisch-Astralischen im Tierreich jedoch erscheinen Zweideutigkeit, Verstellung, ja Lüge: Trete ich in ein Zimmer und sehe in einer Ecke einen Hund liegen, so weiß ich oft nicht, ob er gleichgültig bleiben oder mich im nächsten Augenblick freundlich bewedeln oder wütend anfahren wird. Denn ich weiß nicht, was er bisher mit andern Menschen erlebte und bis zu welchem Grade er scheu, verschlagen oder hinterlistig ist.

[2]) Was ist ein „Blick"? Nichts Materielles und insofern ein „Nichts" und doch eine ungeheure Realität, die einen ganzen Raum verändern und ihm eine bestimmte Seelenatmosphäre geben kann. Dies erfährt jeder, der in einen Saal tritt und die Blicke vieler Menschen auf sich gerichtet weiß. Vor der Kraft dieses Blickfeldes verblaßt die Realität der materiellen Tische und Stühle. Sensible Personen fühlen sogar den Blick in ihrem Rücken.

entfernt sich daher noch weiter von der eigentlichen Wirklichkeit als ein Präparat pflanzlicher Organe. Man muß versuchen zu erleben, wie das Wesen eines Tieres nicht mehr bloß dort ist, wo sein Körper sich befindet. Jedes Tier ist gewissermaßen ein Loch in eine ganz andere unräumliche und unkörperliche Welt. Es entsteht hier gleichsam ein Hohlraum, der einerseits Sinnesempfindungen aus der Umwelt in sich hineinsaugt, andrerseits Angriff- oder Fluchtimpulse aus sich in die Umwelt hinaussendet und selbst innerlich von den verschiedenartigsten Stimmungen und Gefühlen durchtönt ist. Nach innen und außen durchbricht so das Tier die leibhafte Gestaltung und äußere Oberfläche, innerhalb deren die Pflanze verharrt. Jedes Sinnesorgan und jede Gliedmasse führt daher ebenso in die Tiefen verborgener seelischer Innenwelten wie in die Peripherie der Umwelt.

Wie eine Magnetnadel nicht der Sitz des Magnetismus, sondern nur der Angriffs- und Offenbarungspunkt der weltweiten magnetischen Kraftfelder ist, so ist auch der Körper eines Tieres nicht Sitz oder gar Ursache, sondern nur der materielle Angriffspunkt eines die ganze Umwelt durchwirkenden seelischen Kräfteorganismus. Deshalb gehört die ganze Umwelt mit zum Tier und ist mit dessen Augen und Beinen, Fühlern oder Giftzangen verwachsen. In ganz besonderem Maße aber gehören zu den Tieren auch z. B. die kunstvollen Nester und Bauten der Ameisen, Spinnen, Vögel, Termiten, Dachse etc. In solchen Gebilden wird unmittelbar sichtbar das Hinausgreifen seelisch-astralischer Kräfte über die Körperperipherie und die Einbeziehung eines mehr oder weniger großen Teiles der Umwelt in die „erweiterte Leiblichkeit" des tierischen Daseins[1]). Solche Gebilde gehören zur „Anatomie der Tiere" wie die Blätter zur „Anatomie der Pflanze".

Doch blicken wir noch einmal zurück auf unser Ausgangsbeispiel:

---

[1]) Vgl. die ausgezeichnete Untersuchung von H. M. Peters über das Netz der Kreuzspinne(Z. f. Morph. u. Oekol. 1939). Peters spricht von einem unräumlichen, in der Spinne wirkenden Plan der sich im Bau des Netzes verräumlicht. In diesem Plan wirkt dieselbe mathematisch-musikalische Ordnung, die auch den Organen der Tiere, z. B. Auge, Nervensystem, Ohr zugrunde liegt und die wir als seelisch-astralisch bezeichnen müssen.

Das ruhig wiederkäuende Reh ist ebenso wie der sprossende Wald in schlafhafte Dumpfheit versenkt und deshalb ein Bild ursprünglicher Gesundheit. Dann aber geht etwas wie ein schriller Riß durch diese ganze Welt, ja, es geht ein Riß durch das Reh selbst, wenn es durch mein Herannahen aus dumpfer Verdauungstätigkeit erweckt und in ängstliche Aufmerksamkeit und fluchtbereite Gespanntheit gebracht wird. Man fühlt zunächst, wie nun die inneren Wachstums- und Ernährungskräfte im Tiere zurückgedrängt werden, weil die Organe für ganz andere, nach außen gerichtete Leistungen beansprucht werden. Man fühlt weiter, wie diese ängstliche Gespanntheit das Tier schließlich erschöpfen muß. Äußerlich wird zwar zunächst keine Arbeit geleistet, denn das Reh bleibt bewegungslos, innerlich aber verzehrt sich die Lebenssubstanz gerade durch dieses gespannte Wachen und Bereitsein. Man könnte sich einen solchen Zustand so lange fortgesetzt denken, bis das Tier an Erschöpfung zusammenbräche. In diesem Falle hätten dann nur eben diejenigen Kräfte bis zum äußersten gewirkt, die bereits dem tierischen Bau (z. B. den Sinnes- und Bewegungsorganen) zugrunde liegen. (Vgl. auch S. 59 ff.)

Im Anschluß an Abb. 57-60 sei nunmehr eine Zusammenfassung der Unterschiede tierischen und pflanzlichen Daseins versucht. Wir können von einem bestimmten Gesichtspunkt aus sagen: **Pflanzen sind Wuchs- und Wachstumsgestalten, mithin Leibesgestalten; hingegen die Tiere Sinnes- und Triebgestalten, mithin Seelengestalten.** Der Sinn aller dieser Fühler und Augen, Taster und Greifzangen etc. erschöpft sich ja nicht im Körperlichen, sondern es handelt sich einerseits um **Sinnesgolfe**, mittels deren die Außenwelt sich nach innen einsenkt, anderseits um **Bewegungsfortsätze**, mittels deren sich die Innenwelt nach Außen vorstreckt. Pflanzliche Gebilde kann man noch zeichnen. Bei den Tieren ist es anders: Was da gezeichnet werden kann, ist nur die Leiche, bestenfalls der schlafende Leib. Denn das Wesen ist hier ganz innere und äußere Beweglichkeit und Reizbarkeit: Hin- und Herflitzen, gieriges Aufspüren und scheues Zurückweichen, blitzschnelles Zupacken oder bewegungsloses Lauern etc.

216

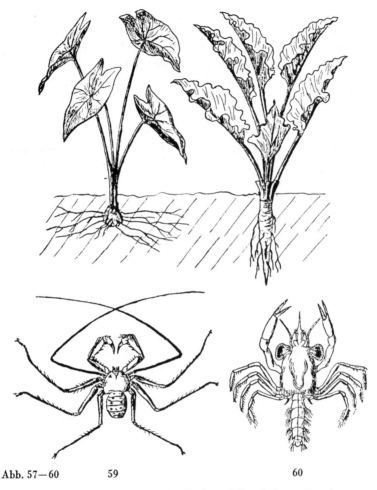

57 58

Abb. 57—60 59 60

Pflanzliche Wuchs- und tierische Trieb- und Empfindungs-Gestalten.

57 Caladium, 58 Rhabarber (nach Kerner), 59 Phrynichus (giftige Skorpion-
spinne), 60 Krebslarve (nach Claus).

Will man daher Tiere verstehen, so muß man in eine gesteigerte Regsamkeit des eigenen Seelenlebens, gewissermaßen in ein inneres Gestikulieren und Grimassieren geraten. Die physische Körperlichkeit der Tiere beginnt dann zu verschwinden, und es erscheinen für den erweckten geistigen Blick dynamische Kraftgebilde, die bald mehr Ähnlichkeit mit komplizierten Linien, bald mehr mit musikalischen Klanggebilden besitzen und die Kraftkonfigurationen einer seelisch-astralischen Welt darstellen, deren Versinnlichung die Fülle tierischer Laute, Bewegungen und Formen sind. Das wirkliche Verstehen des Tierreiches erfordert vom wissenschaftlichen Forscher die Erweckung ganz anderer Kräfte des Erkennens als das Pflanzenreich. Man gewinnt den Eindruck: Pflanzen kann man noch mehr äußerlich „anschauen", Tiere aber muß man innerlich „behorchen".

Der Wesensunterschied des Pflanzlichen und Tierischen[1]) kann am besten an den beiderseitigen höchsten Vertretern (etwa einem Laubbaum und einem Säugetier) studiert werden. Denn Pflanzen- und Tierreich entwickeln sich aus relativ ungesonderten Anfangszuständen nach völlig entgegengesetzten Richtungen. Wir können sagen: je höher die Pflanze, umso mehr entfaltet und verzweigt sie sich nach außen, umso weitausladender und offener ist ihr Bau, umso stärker ist sie mit Astwerk und Blättern der Atmosphäre hingegeben und umso tiefer und unbewegter wurzelt sie in der Erde. Je höher das Tier, umso mehr verzweigt und entfaltet es sich in der Embryonalentwicklung nach innen, umso geheimnisvoller und verborgener ist sein Bau, umso mehr reißt es sich vom Boden los und wird zu einem selbstbetonten und eigenbeweglichen Gebilde. Hingegen nähern sich die niederen Vertreter des Tier- und Pflanzenreiches einander, um schließlich Mischformen zu erzeugen,

---

[1]) Vgl. zum Folgenden O. Hertwig, Allgem. Biologie, 1912, S. 724, H. Conrad-Martius, Seele der Pflanze, H. André, Wesensunterschied von Pflanze Tier und Mensch. — Die beste Analyse dieses Wesensunterschiedes hat kürzlich gegeben F. Ragaller, Der Abbau. Eine entwicklungsgeschichtliche Studie zum Senilitäts- und Fortpflanzungsproblem, Jena 1934, S. 16 ff. Vgl. auch E. Küster, Botanische Betrachtungen über Alter und Tod, Abh. z. theoret. Biologie, H. 10, 1921 (Pflanze als offene, Tier als geschlossene Form).

deren klare Zuordnung zum Tier- oder Pflanzenreich unmöglich ist. Niederste Tiere sind festgewachsen und zeigen sogar pflanzenähnliche Verzweigungen nach außen (z. B. Schwämme und Korallen), niederste Pflanzen hingegen sind durch hochgradige Sinnesempfindlichkeit und Beweglichkeit ausgezeichnet (z. B. Schwärmer der Grünalgen, Flagellaten etc.). Diese Verschiedenheiten werden besonders beim Studium der Entwicklung pflanzlicher und tierischer Keime deutlich: Pflanz-

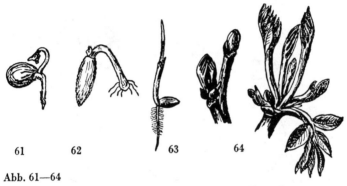

61   62   63   64

Abb. 61—64

Keimende Samen und Knospen (nach Kerner)

61   Kapuzinerkresse (Tropaeolum)
62   Rohrkolben (Typha)
63   Segge (Carex)
64   Knospenentfaltung der Walnuß

liche Samen und Knospen (Abb. 61-64) brechen sogleich nach außen durch, und es herrscht hier ein unbändiger Drang, den Raum immer weiter zu erfüllen. Nach innen zu ist ein solcher wachsender Sproß dicht und substanzerfüllt, nach außen zu beginnt er sich immer weiter und feiner zu gliedern. Ganz anders die tierische Entwicklung (Abb. 65). Das rundliche Ei zeigt lange Zeit nach außen hin keine besonderen Veränderungen. Es bleibt rund und unscheinbar. Alles was geschieht, geschieht in zentripetaler, nach innen hineindrängender Richtung. Zwar hat auch das tierische Ei gewaltige Wachstumskräfte, diese können sich aber nicht einfach nach außen in den Raum entfalten, sie sind nicht grenzenlos und sich selbst

219

überlassen, sondern ihnen entgegen wirkt von der Peripherie her ein neues Prinzip, staut sie zurück und drängt sie nach innen. Frühzeitig tritt so in der embryonalen Furchungskugel (Morula) durch Auseinanderweichen der Zellen ein Hohlraum und hiermit eine Blasenbildung (Blastula) auf (Abb. 67-70). Nirgends gibt es in der Pflanzenwelt derartige Hohlräume. Alles ist kompakt mit Substanz, Aufbau und Wachstumskraft er-

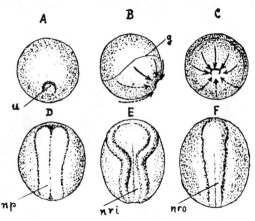

Abb. 65

Entwicklung eines tierischen Eies (Wassermolch, Triton) (nach Dürken).

A—C Bildung des Urmundes (u) bzw. Urdarmes durch Einstülpung (Gastrulation),

D—F Bildung von Gehirn und Rückenmark durch Neuralplatte (np), Neuralrinne (nri) und Abfaltung zum Neuralrohr (nro).

füllt[1]). Im Tiere aber macht sich schon von Anfang an eine negative, Hohlraum schaffende und insofern abbauende Kraft bemerkbar. Hierdurch entsteht erst der Gegensatz von Innenraum und Außenraum, Innenwelt und Außenwelt, Innerlichkeit und Äußerlichkeit. Es ist unmöglich, die räumlichen Vorgänge der tierischen Entwicklung ohne Ausdrücke zu schildern, welche bereits zum Seelischen hinüberführen[2]).

[1]) Eine scheinbare Ausnahme bilden freilich z. B. die Blüten der Labiaten, oder die Schotenfrüchte der Schmetterlingsblütler. Vgl. dazu S. 276 ff.

[2]) Höhere und niedere Tiere unterscheiden sich hierbei deutlich im Grade dieser Verinnerlichung und Durchseelung: Die Eier niederer Wirbeltiere (Fische,

220

Die Tendenz auf Verinnerlichung verstärkt sich nun noch weiter, wenn der ursprüngliche Hohlraum der „Blastula" sich durch Einstülpung in den sekundären Hohlraum der „Gastrula" verwandelt. In noch betonterer Weise entsteht dadurch eine Innenwelt, die später als „Subjekt" einer Außenwelt als „Objekt" gegenübertreten wird (Abb. 65). In der Pflanze wird überall aus Innenwelt (wenn man Samen und Knospen so nennen will) Außenwelt, d. h. aus Verborgenem ein Offenbares. In der tierischen Entwicklung

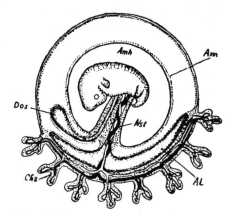

Abb. 66

Embryo eines Säugetieres inmitten seiner Hüllen und Hilfsorgane (nach Kühn). Amh Amnionhöhle, Am Amnion, Al Allantois, Dos Dottersack, Nst Nabelstrang Chz Chorionzotten der Plazenta mit ab- und zuführenden Blutgefäßen. Der Raum zwischen Embryo und Hüllen ist mit Flüssigkeit (Fruchtwasser) erfüllt.

geschieht in gewisser Hinsicht das Umgekehrte: Aus dem nach außen gewandten und offenbaren Teil der Blastula wird durch die Einstülpung ein Verborgenes[1]). Es liegt hier auch eine Art „Samen-

Amphibien) entwickeln sich zumeist im freien Wasser und das ganze Ei wird sogleich zum Embryo (Abb. 65). Die Eier der Säugetiere hingegen entwickeln sich umhütet vom Mutterleib, und das Ei bildet nicht nur den Embryo, sondern komplizierte Hüllen und Ernährungsapparate. Daher kann sich hier eine viel stärkere Durchseelung vollziehen (Abb. 66).

[1]) Dem Ätherisch-Vegetativen eignet die zentrifugale Ausbreitungstendenz vom Mittelpunkt gegen die Peripherie, es will aufquellen und wachsen. Hin-

bildung" vor, nur führt sie nicht, wie bei der Pflanze zu einem vegetativen Keim, sondern zu einem „Seelenkeim". Die Gastrulation ist in der Tat das anatomische Urbild aller Verinnerlichung und Durchseelung. Seelisches konzentriert und verzaubert sich in die Innenorganisation des Tieres hinein, um aus diesem „Samenzustand" späterhin durch Sinnesorgane und Gliedmaßen wieder hinauszukeimen, d. h. sich in Motilität und Sensibilität der Außenwelt zu öffnen.

Erst durch die Gastrulation entsteht so etwas wie „Haut". Eine Haut ist nämlich die Grenze zweier entgegengesetzt gerichteter Welten. Sie trägt daher Organe, welche einerseits die Außenwelt der Innenwelt erschließen (Sinnes-Nervensystem), andererseits Organe, welche die Rückwirkung der Innenwelt auf die Außenwelt ermöglichen (Gliedmaßen, Freßwerkzeuge etc.). „Haut" in diesem Sinne haben also erst die Tiere.

Mit dem Gegensatz von Innen- und Außenwelt sind auch die Urgesten tierischen Verhaltens gegeben: Ein Innenraum ist nämlich entweder leer und saugt dann gierig und sympathisch ein, oder er ist voll und befriedigt und ruht dann, oder er ist übervoll und stößt dann antipathisch aus (z. B. Aushusten, Erbrechen). Aber auch das gewöhnliche Ausscheiden der Ex- und Sekrete, sowie die Ausatmung gehört hierher. Der stärkste Fall antipathischen Ausstoßens wäre, wenn nicht nur z. B. der Mageninhalt, sondern der Magen selbst, ja ein Teil des ganzen Verdauungskanales herausgestülpt und herauserbrochen würde. Werden gewisse niedere Tiere stark gereizt und bedroht, so kann es unter gewissen Umständen tatsächlich dazu kommen. Nachher werden dann die ausgestoßenen Teile des Verdauungstraktes regeneriert. Hier wird am deutlichsten das schon oft besprochene Gesetz sichtbar: Das Seelisch-Astralische verzehrt und baut ab, das Ätherische hingegen ersetzt das Verlorene und baut auf.

———————————————

gegen ist kennzeichnend für das Seelisch-Astralische die Richtung von der Peripherie auf den Mittelpunkt, es will zusammendrängen, verdichten, verinnerlichen (R. Steiner). Diese Polarität ist für ärztliche Diagnose und Therapie sehr bedeutsam. Vgl. auch die Polarität weiblicher und männlicher Keimzellen, S. 267f.

Der Füllungs- und Funktionszustand der inneren Organe, die Sym- und Antipathie zur Außenwelt, spiegeln sich in den tierischen Seelenstimmungen und geben sich bei den höheren Tieren außer-

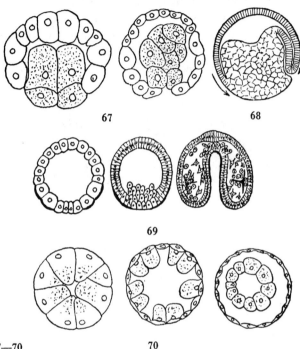

Abb. 67—70
Verschiedene Typen der Gastrulation bei Tieren
Abb. 67 Umwachsung der Zellen des veget. Poles (punktiert), die zum Urdarm werden (Bryozoen), nach Korschelt.
Abb. 68 Umwachsung und Einstülpung bei Amphibien (Schema nach Fischel).
Abb. 69 Gastrulation durch Einstülpung des Entoderms und Einwanderung des Mesenchyms beim Seeigel (Paracentrotus) nach Korschelt.
Abb. 70 Gastrulation durch Abspaltung (Delamination) des Urdarms nach innen bei einer Meduse, nach Korschelt.

dem noch mittels des Atmungsstromes als Laut kund. In gewisser Hinsicht kann die Dynamik der tierischen Innenorganisation als „Musik" erlebt werden, welche bald friedlich und ruhig, bald dramatisch und gereizt erklingt. Auch beim Menschen „musiziert" der

Füllungs- und Funktionszustand seiner Organe in seinen Seelenstimmungen und zwar je nachdem bald in Dur (Gehobenheit, Euphorie), bald in Moll (Melancholie, Depression).

In Abb. 65, 67-70 geben wir Beispiele verschiedener Wege, auf denen die Gastrulation sich vollziehen kann. Besonders an Abb. 65 c, 68 kann man erleben, wie ein gewisser Druck von außen bzw. Saugen von innen nötig ist, um diese Einstülpung nicht nur zu bewirken, sondern sie dann auch dauernd festzuhalten. Was hier in der Bildung

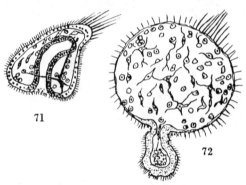

Abb. 71 normale Gastrula vom Seeigel (Echinus).
Abb. 72 Exogastrula bei Entwicklung in Lithium-haltigem Seewasser. Dasselbe wird auch durch gesteigerte Wärme bewirkt.
Urdarm (in beiden Abb. punktiert) nach außen statt nach innen gestülpt (nach Herbst).

des sog. Urdarmes organisierend tätig ist, das zeigt sich später im funktionellen Tonus der Verdauungsorgane, aber auch anderer innerer Organe (z. B. Harnblase, Gebärmutter etc.). Läßt dieser Tonus nach, so erschlaffen diese Organe, und es kann im Zusammenhang damit zu einer teilweisen Rückgängigmachung der Einstülpung und Hohlraumbildung, also zu „Vorfällen" (Prolapsen) verschiedener Art und verschiedenen Grades kommen (Scheiden-, Gebärmutter- und Mastdarmvorfall). In allen diesen Fällen greift die Kraft zu wenig ein, der die ganze äußere Gestalt und innere Organisation des Tieres die Entstehung verdankt: ,das Seelisch-Astralische. (Vgl. dazu S. 108 f.)

In bestimmten Fällen kann durch endogene Entwicklungsstörungen oder auch durch experimentelle Eingriffe die Einstülpung bei der Gastrulation unterbleiben. Der Urdarm stülpt sich dann nach außen und es entsteht dadurch die sog. Exogastrula, d. h. das Urbild aller Bruchsäcke, Atonien und Prolapse (Abb. 71,72). Die nach innen gerichtete animalische Entwicklung ist hier zugunsten einer mehr vegetativen Entfaltung nach außen unterbunden (vgl. Anmerkung auf S. 221). Solche Embryonen sterben später ab[1]).

Die Verschiedenheiten des pflanzlichen und tierischen Entwicklungsweges spiegeln sich nun auch in den Verschiedenheiten des anatomischen Baues. Die Anatomie einer Pflanze ist leicht überschaubar und kann in wenigen Stunden vollständig studiert werden. Die Anatomie eines höheren Tieres oder des Menschen aber ist geradezu ein labyrintischer Abgrund und Jahre reichen kaum aus, um sie in allen verschlungenen Irrgängen zu beherrschen. Dies hängt damit zusammen, daß man Pflanzen nicht eigentlich innere „Organe" (sie haben nur äußere Organe wie Blätter, Wurzeln, Dornen, Schuppen etc.), sondern nur einfache „Gewebe" zuschreiben kann, die z. B. einen Stengel in einfacher Längsrichtung durchziehen (Abb. 74). Aus diesem Grunde können Pflanzen, solange sie nicht blühen grundsätzlich grenzenlos weiterwachsen und immer neue Knoten, Blattspiralen und Sprosse in rhythmischer Wiederholung aneinanderreihen. Sie haben also, verglichen mit der „geschlossenen Organisation" der höher entwickelten Tiere, eine „offene Organisation". Ein Baum oder eine Bambuspflanze ist daher in keiner Weise einem tierischen Individuum vergleichbar. Sie sind nur Stöcke oder Kolonien (Kormen), d. h. offene Aneinanderreihungen (Neben- und Übereinanderschichtungen) von Elementargebilden, d. h. von Stengel- bzw. Aststücken mit den zugehörigen Blättern und Achselknospen (Abb. 74). In dieser r h y t h m i s c h e n A n e i n a n d e r r e i h u n g bekundet sich die G e s e t z m ä ß i g k e i t des Ä t h e r i s c h e n , wie sich die G e s e t z m ä ß i g k e i t des See-

---

[1]) Bei gewissen, stark vegetativ-ätherisch betonten Parasiten (Sphaerulara bombi, ein Fadenwurm) stülpt sich normal das ganze Ovar nach außen und wächst auf das etwa zwanzigfache der Größe des Tieres heran. (Vgl. auch S. 272.)

lisch-Astralischen in den komplizierten Einstülpungen, Drehungen und Verlagerungen z. B. eines Verdauungskanales, Gehirnes oder Herzrohres darstellt (Abb. 73, 75). Dieser Unterschied wird uns im zweiten Teil bei gewissen Stadien der menschlichen Embryonalentwicklung besonders zu beschäftigen haben.

Oberflächliches Denken spricht von „Raum" schlechthin und meint, alle Körper seien in einem und demselben Raume. Das ist unrichtig. Vorurteilsfreie Beobachtung ergibt vielmehr, daß die Naturreiche nach Entwicklung und Bau gleichsam in ganz verschiedenen „Räumen" leben oder ganz verschiedene Möglichkeiten des Raumes verwirklichen. Die „Geometrie" der Kristalle, Pflanzen und Tiere ist jeweils ganz anderer Ordnung, weshalb sich auch unser Raumdenken bei ihrem Studium entsprechend metamorphosieren muß. Um das Kristallgitter (vgl. Abb. 41) zu verstehen, genügt ein „Punkt-Denken", d. h. die Erfassung einfachster, nach allen Seiten gleichförmiger Lagebeziehungen („Kristallgitter"). Für die Pflanzen (vgl. Abb. 44) genügt ein „Linien- bzw. Flächendenken", um etwa den Bau eines Stengels oder Blattes zu verstehen. Ein „Raumdenken", also Topographie höchster Ordnung aber ist erforderlich, um sich in der anatomischen Innenwelt der höheren Tiere und des Menschen zu orientieren. Solche Innenwelten beginnen sich auf verhältnismäßig frühen Stadien, z. B. der Entwicklung eines Amphibienembryos zu zeigen (vgl. Abb. 73) und kontrastieren aufs schärfste mit dem einfachen, linearen Bau pflanzlicher Sprossen und Knospen (Abb. 74).

Aus diesen Gründen reichen gewöhnliches Anschauen und flächenförmige Abbildungen zum vollen Verständnis tierischer bzw. menschlicher Innenorganisation nicht mehr zu. Nur eine Fülle von Quer- und Längsschnitten, Grund- und Aufrissen, von immer neuen Modellen und Schemata kann schließlich eine lebendige Vorstellung der Bau- und Lageverhältnissen geben, wie sie z. B. ein Chirurg braucht. Das äußere Auge, welches Kristall- und Pflanzenformen so klar zu überschauen vermag, versagt hier und muß durch ein „inneres Auge" ersetzt werden, d. h. man muß sich überhaupt von der äußeren Betrachtung losreißen und in das Innere des ana-

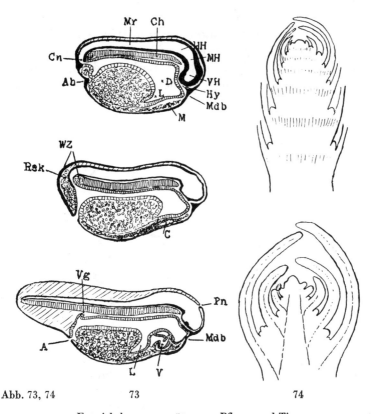

Abb. 73, 74   73   74

Entwickelungsgegensätze von Pflanze und Tier.

Abb. 73 Embryonalentwicklung vom Wassermolch (Triton). Fortsetzung zu
   Abb. 65, Längsschnitte dreier aufeinanderfolgender Stadien (nach
   Dürken). A After, Ab Afterbucht, Ch Chorda, Cn Canalis neurentericus,
   C Cölomspalte mit Herzanlage, D Darm, HH Hinterhirn, Hy Hypophyse, L Leberanlage, Mdb Mundbucht, MH Mittelhirn, Mr Medullar-
   rohr, M Mesoderm, Pn vorderer Neuralporus, Rsk Rumpfschwanz-
   knospe, VH Vorderhirn, V Herzventrikel, Vg Mündung des Vornieren-
   ganges, WZ Wachstumszone nach rückwärts.

Abb. 74 Längsschnitte durch Sproßende (oben) und Endknospe (unten) von
   Pflanzen.

tomischen Objektes eintauchen, indem man im Geiste die Windungen, Kammerungen, Verlagerungen und Drehungen der Organe und der Körperhöhlen durchwandert. Nur mit unserem dreidimensionalen Bewegungssinn bewältigen wir die Probleme der topographischen Anatomie und verstehen dann, warum in Mythen und Märchen „Labyrinthe“ und „alte Schlösser“ mit ihren Gängen, Sälen und Wendeltreppen die Wahr-Bilder für

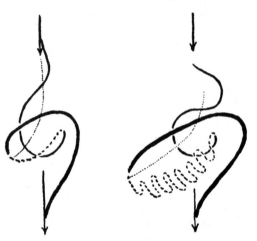

Abb. 75

Schema zweier Stadien der embryonalen Entwickelung der doppelten Darmspirale des Menschen (nach Braus). Man erlebe die musikalisch-mathematische Dynamik solcher animalisch-astralischer Formen! Pfeile: Medianlinie des Körpers (von oben nach unten), dünne Linie: Magen und Duodenum, dicke Linie: Dickdarm, gestrichelt: Dünndarm (Jejunum, Ileum), punktiert: Verlauf der Aorta und Arter. mesent. sup.

den menschlichen Körper, im besonderen für das menschliche Gehirn sein konnten.

Beobachtet man sich nun selbst beim Studium des Baues der Naturgebilde, so findet man: Das „Punkt-Denken“ der Kristalle vollziehen wir mit unserem mechanisierten physischen Leibe und verbleiben hierbei ganz im zeitlos-starren und deshalb abstrakten Intellekt. Im „Linien- und Flächen-Denken“ des Pflanzenbaues geraten wir innerlich in ein Zeithaft-Strö-

mendes, müssen also unsere ätherische Organisation aktivieren. Im labyrinthischen „Raum-Denken" tierischer und
menschlicher Anatomie endlich aktivieren wir eine noch höhere
Beweglichkeit, nämlich die unserer seelisch-astralischen Organisation. Diese ist in uns selbst das Prinzip verborgener, wand-
lungsreicher Seelen-Innerlichkeit und vermag allein den verbor-
genen Gängen und Windungen, Erweiterungen und Verengungen
nachzuschleichen, wie sie z. B. im Bau des Gehörorganes, des
Herzens oder der Bauchhöhle vorliegen. Hierzu kommt noch, daß
die „Anatomie" der Kristalle und Pflanzen unmittelbar verständlich ist, während z. B. die der Baucheingeweide die Heranziehung der embryonalen Bildungsgeschichte unerläßlich macht (Abb. 75). Die Einschachtelung und Verinnerlichung
des Astralischen im Tier- und Menschenleibe erfordert den Rück-
gang in die Zeit, denn die Geschichte des Individuums, ja die
Geschichte des ganzen Erdenplaneten ist hier hineingeheimnist.

Im Gegensatz dazu fehlt der Pflanze jede Innen- und Eigenwelt
und sie geht ganz im Äußeren auf. Nur die Grundgestalt der einzelnen Blätter und Blüten oder der grundsätzliche Verzweigungs-
modus der Äste ist hier von innenher bestimmt. Hingegen werden
sowohl Wachstumsgröße als Einzelheiten der Wuchsform etc. weitgehend durch äußere Einwirkungen modelliert. Dieselbe Baumart
z. B. entwickelt sich auf freiem Felde anders als in geschlossenem
Bestande, auf Bergen anders als in der Ebene. Astzahl, Größe,
Blattstellung, Behaarung etc. können außerordentlich starke
Unterschiede aufweisen. Wir sagten daher früher (S. 170ff), die
Pflanze sei in Boden und Atmosphäre hinausgerissen, sie sei gleichsam nur Oberfläche, an der die Kräfte von Umwelt und Kosmos
gestalten. In gewisser Hinsicht wächst sie gar nicht aus sich selbst,
sondern die Böden und Klimate, die Sonnen- und Mondrhythmen
sind es eigentlich, die in ihr keimen, wachsen, blühen, fruchten und
endlich welken. Der Jahreslauf selbst ist im Grunde die
„Urpflanze", ein „Baum", ein „Lebensbaum" (Jahresringe des Holzes!).

Ganz anders die Tiere: Hier ist z. B. die Anzahl der Gliedmaßen
strenge bestimmt. Jedes einzelne Organ, sowie der ganze Körper

ist nach Gestalt und Größe weitgehend und von innenher fest-
gelegt[1]). Die Tiere sind daher nicht so sehr Spiegelungen einer Umwelt als einer Eigen- und Innenwelt. Dies ist besonders hinsichtlich
der Beurteilung des Zusammenhanges des Ätherischen mit dem
Physisch-Materiellen wichtig. Erst Tiere und Menschen besitzen
nämlich eine individualisierte, ihnen selbst zugehörige, und aus
den inneren Organen heraus wirkende ätherische Kräfteorganisation. Bei den Pflanzen jedoch ist es offenbar, daß die Wachstumskräfte von der Sonne zugestrahlt werden. Das Ätherische der
Pflanzenwelt kommt auf den Bahnen des Sonnenlichtes zur Erde
herein und dringt in enger Verbindung mit dem Licht in die Leiber
der Pflanzen ein. Nachts ist daher die Pflanzenwelt mehr den physisch-irdischen Kräften überlassen, sie nähert sich dem mineralisch-
leblosen Zustand und bewahrt nur gerade soviel Nachwirkungen
des Tages, daß am nächsten Morgen die Ätherkräfte durch das
Sonnenlicht wieder angreifen können. Ohne Sonnenlicht vermag
die Pflanze den Stoffstrom der Erde nicht zu bewältigen. Kos-
misches Licht und eigenes Leben sind hier innig verflochten. Die Polarität des Physischen und Ätherischen ist daher hier zugleich die Polarität von Nacht und Tag (bzw. Winter
und Sommer).

Anders bei den Tieren und Menschen: Hier wirken aus bestimmten Gründen gerade des Nachts (also bei Wegfall äußerer
Sensibilität und Motilität) die ätherischen Wachstums- und Aufbaukräfte. Tiere und Menschen haben (allerdings auch in verschiedenem Grade) eigene, vom Sonnenlicht unabhängige, also individualisierte und organisch gebundene ätherische Lebenskräfte.
Ihr Ätherisches lebt nicht im äußeren Sonnenlicht, sondern in einer
inneren „Lichtgestalt", die übersinnlich den tierischen und menschlichen Organismus durchleuchtet, deren Realität jedoch biologische
Experimente beweisen. In dieser Verinnerlichung und Individualisierung des Ätherischen kann ebenso wie in den embryonalen Ein-

---

[1]) „Dem gesamten Pflanzenreich fehlt eine ähnlich straffe Zentralisierung,
wie sie sich bei den höheren Tieren herausgebildet hat." (G. v. Natzmer,
Ztschr. f. d. ges. Naturwiss. I, 1935, 305). Dort Näheres über Individualität
und Individualitätsstufen im Organismenreich.

stülpungsprozessen, die Wirksamkeit des Seelisch-Astralischen studiert werden. Dieses drängt, wie wir sahen, zentripetal nach innen und hält dadurch die ätherische Wachstums- und Lebenskräfte in den Organen fest[1]).

Die vorstehenden morphologischen Unterschiede zwischen Pflanze und Tier können nun durch die physiologischen weiter vertieft werden[2]). Hier ist besonders folgendes wichtig:

Pflanzliches Dasein erschöpft sich im Wachstum, d. h. in der Substanzbildung und Substanzablagerung. Auch pflanzliche Bewegungen (Öffnen und Schließen der Blütenknospen, die Bewegungen der Winden und Ranken, der Mimosen und der insektenfressenden Pflanzen) sind entweder Wachstumsbewegungen oder werden durch einfache Flüssigkeitsverschiebungen (Schwankungen des osmotischen Druckes und Turgors) bewirkt. Es liegen ihnen also ganz andere Vorgänge als den tierischen Muskelbewegungen zugrunde. Eine nicht mehr wachsende Pflanze hört auf zu leben, denn alles Ausgewachsene ist der Erstarrung ausgeliefert. Für alle pflanzlichen Gestalten ist daher der Gegensatz von Vegetationspunkt und ausgewachsenen Teilen kennzeichnend. Von der Peripherie der wachsenden Vegetationspunkte z. B. eines Laubbaumes senkt sich gleichsam ein Substanzregen herab und lagert sich im alljährlichen Zuwachs von Stamm und Ästen ab. Da aber der Baum die abgelagerten Substanzen nicht wieder abbauen und verflüssigen kann, entgeht er dem baldigen Tode nur dadurch, daß sich seine Krone (d. h. die Peripherie seiner Vegetationspunkte) alljährlich auf den abgelagerten Produkten der vergangenen Jahre weiter in den Raum vorschiebt. (Vgl. Abb. 44, 45.)

Die Pflanze erstirbt hinein in ihren Leib und ist daher fortwährend im Begriffe zum Mineralischen ab-

---

[1]) „Was die Pflanze aus der Welt erhält, entnimmt der Mensch während seines Lebens aus sich. Der Mensch trägt individualisiert nicht nur einen physischen Leib sondern auch einen Ätherleib in sich" (R. Steiner). Die äußeren Rhythmen des Pflanzenlebens (z. B. Laubentwickelung und Laubfall, jährliche Zuwachszone der Äste und Jahresringe etc.) werden daher im Menschen bzw. Tier zu inneren Rhythmen (z. B. Aufbau und Abbau, Ein- und Ausatmen, Herzschlag, Darmperistaltik etc.). Vgl. S. 190f.

[2]) Vgl. bes. Fr. Ragaller, Der Abbau, Jena 1934, S. 16ff.

zusinken. Sie gleicht einem Menschen, dessen Glieder durch Gicht, Rheumatismus oder Ischias ihre Beweglichkeit eingebüßt haben und dadurch dem starren Astsystem eines Baumes verähnlicht wurden. Ein solcher Mensch ist in gewisser Hinsicht im Begriffe zu verholzen, d. h. er vermag wohl Substanzen abzulagern, aber nicht die abgelagerten wieder abzubauen und auszuscheiden. Ein solches inneres Ersticken und Erstarren an undurchlichteter und unbeweglicher Substanzfülle, wird besonders bei manchen vollsaftigen Konstitutionstypen beobachtet (sog. plethorischer und arthritischer Habitus).

Pflanzliche Substanzbildung und -ablagerung zeigt sich am deutlichsten an den Zellmembranen. Diese verdicken sich im Laufe des Wachstums durch schichtweise Anlagerungen oft bis zum vollständigen Schwunde des freien Zellumens (Abb. 43). Was der botanische Anatom untersucht, ist im wesentlichen überhaupt nur dieses die ganze Pflanze durchziehende Gerüstwerk der Zellmembranen. Hier spielt der Kohlenstoff eine entscheidende Rolle. Er ist der eigentliche Erd- und Gerüststoff, der von der Pflanze mittels des Lichtes aus der atmosphärischen Kohlensäure verdichtet wird. Er ist sowohl im chemischen als im morphologischen Bereiche der Strukturbildner des Pflanzenreiches, denn er gestaltet nicht nur das aus Zellulose bzw. Holzsubstanzen bestehende anatomische Gerüstwerk der Zellmembranen, sondern ist auch die stereochemische Gerüstsubstanz der von der Pflanze aufgebauten und dem Tier als Nahrung dargebotenen Kohlehydrate, Fette und Eiweißstoffe.

Die Pflanze kann nun alle diese Substanzen, die sie aus Luft, Wasser und Erdboden aufsaugt, einatmet und aufbaut nicht wieder abbauen, auflösen und ausscheiden. Sie leidet, sozusagen, an absoluter innerer Stauung und Verstopfung[1]). Ihr ganzer Leib ist nur eine einzige große Stoffablagerung (Abscheidung), die aber nicht ganz ausgestoßen, abgeschieden und ausgeatmet werden kann. So erstickt sie an ihrer inneren Nahrungs- und Substanzfülle und ist da-

---

[1]) Das Beschneiden der Bäume und Sträucher ist daher ein gärtnerischer Kunstgriff, um durch Fortschaffen der physischen Substanzanhäufungen die ätherischen Wachstumskräfte freizubekommen und anzuregen. Vgl. auch S. 97f.

her unfähig, sich zu bewegen und zu empfinden. Während z. B. nierenähnliche Organe für alle Tiere, bis herab zu den Würmern und Protozoen (Protonephridien, Nephridien, kontraktile Vakuolen etc.) charakteristisch sind, fehlen solche den Pflanzen vollständig.

In physiologischer Hinsicht muß man sagen: In den Pflanzen überwiegen die Aufbau- und Assimilationsprozesse. Aus einfachsten Ausgangsstoffen (Wasser, Kohlensäure, anorganische Salze) entstehen am Lichte komplizierte Substanzen. Die chemischen Energiepotentiale werden also vermehrt. Nach innen wird Kohlenstoff abgelagert, nach außen Sauerstoff ausgeschieden. Hingegen überwiegen in den Tieren die Abbau- und Dissimilationsprozesse. Die chemischen Energiepotentiale werden gesenkt, d. h. aus komplizierten und energiereichen Substanzen (Fette, Kohlehydrate, Eiweiße) werden einfachste und energiearme Substanzen (Harnstoff, Harnsäure, Wasser, Kohlendioxyd etc.) gebildet. Der Sauerstoff wird nach innen aufgenommen und mittels seiner das starre Kohlenstoffgerüst aufgelöst und veratmet. Insofern kann man den Sauerstoff den Verflüssiger („Wasserstoff") des Kohlenstoffs („Erdstoff") nennen (R. Steiner).

In dieser dissimilatorischen Veratmung und Ausscheidung kann die Wirksamkeit seelisch-astralischer Kräfte, wie in der assimilatorischen Synthese von Zucker und Stärke die Wirksamkeit ätherischer Kräfte studiert werden. Mittels letzterer, die im Sonnenlicht ihm zustrahlen, kämpft das Pflanzenreich gegen den Tod des Mineralreiches; mittels ersterer, die innerlich in seinen Organen (z. B. in Lunge, Niere, Leber) wirken, kämpft das Tierreich gegen die „rheumatischen" und „gichtischen" Verfestigungstendenzen des Pflanzenreiches. Tierische und menschliche Gliedmaßen glichen nämlich verholzten Ästen, wenn in ihnen nicht Abbau- und Ausscheidungsvorgänge (also Dissimilationen) mit den Aufbauvorgängen (Assimilationen) rhythmisch wechselten. Im Schlafe überwiegt der Aufbau, weshalb der Mensch in Bewegungslosigkeit versinkt und auch noch einige Zeit nach dem Erwachen seine Glieder dumpf und schwer fühlt. Das Wachen hingegen hat zur Voraussetzung Abbau und Ausscheidung, daher wir uns nach längerem Wachen innerlich eigentümlich leer, ausgehöhlt und überreizt empfinden (vgl. S. 45 u. 59 ff.)[1]).

Eine Grunderkenntnis der Physiologie hat also zu lauten: Durch Abbau und Beseitigung gedichteter Körpersubstanz entstehen gewissermaßen gelichtete Hohlräume, und die „Lichtung" dieser Hohlräume ist die Voraussetzung tierischen und menschlichen Bewußtseins (Sensibilität und Motilität). Diese Durchlichtung, Durchlüftung und Durchhöhlung sind Ausdruck der astralischen Kräfte und diese setzen damit nur einen Prozeß fort, der seinen Anfang in der Gastrulation, d. h. der anatomischen Innen- und Hohlraumbildung fand. Hier möge man sich auch der früheren Ausführungen über die innere Atmung erinnern (S. 182). Wer dies durchschaut und die Lebensphänomene vorurteilsfrei beobachtet, wird Pflanzen niemals „Seele" oder „Bewußtsein" zuschreiben, wie es in so dilettantischer Weise von manchen sonst ernsten Forschern geschah.

Mit der Möglichkeit von Abbau und Wiederaufbau hängt nun die Eigenart tierischer Entwicklung enge zusammen. Die Pflanze vollzieht die Metamorphose von den Keimblättern über die Nieder- und Hochblätter zu den Kelch- und Blütenblättern so, daß sie die einmal gebildeten Organe nicht unmittelbar verwandelt, sondern sie als solche stehen lassen muß. Die zeitliche Metamorphose erscheint daher im Bau der Pflanze räumlich übereinandergelagert. (Vgl. Abb. 103, S. 282.)

Die Metamorphose z. B. eines Schmetterlings verläuft anders: Da wird innerhalb der Puppenruhe der Raupenkörper eingeschmolzen und aus seiner Substanz bildet sich mittels kleinster verstreuter Embryonalanlagen (sog. Imaginalscheiben) der fertige Schmetterling. Tiere vermögen also schon bestehende Organe und Gewebe entweder ganz oder teilweise einzuschmelzen oder sie doch nachträglich umzuformen. Auf Letzterem beruht ein großer Teil der

---

[1]) Störungen des Abbaues und der Ausscheidung wirken daher tiefgreifend auf das menschliche Bewußtsein: dumpfe, somnolente bzw. soporöse Zustände bei starker Stuhlverstopfung, Urämie, Diabetes mellitus etc. Umgekehrt beobachtet man bei angestrengter Denktätigkeit, also bei gesteigerter Wachheit, vermehrte Harnabscheidung.

234

Embryonalentwicklung der höheren Tiere: Aus einfachsten Platten, Säckchen und Röhren werden durch plastische Umformungen alle späteren Organe erzeugt. Auch Knochen wachsen nicht einfach durch äußere Substanzanlagerung, sondern werden immer zugleich aufgelöst (Osteoklasten) und neu gebildet (Osteoblasten), wodurch sie trotz der gewaltigen Größenzunahme ihre Gestaltproportionen beibehalten.

Plastisches Um- und Neugestalten sind schließlich auch die äußeren Bewegungen der Tiere, ihr Aufrollen und Einrollen, ihr

Abb. 76

Urphänomene der Körperbewegung, Lösung und Ballung, Wasserpolyp (Hydra) in maximaler Ausdehnung und Zusammenziehung seines Körpers und der Fangarme. (Nach Stempell.)

Schwimmen, Laufen und Schlängeln, ihr Greifen und Beißen. Tiere bewegen ihre Extremiten von- und gegeneinander; sie vermögen sich selbst z. B. zu kratzen und zu reinigen. Sie haben ein Gefühl für die gegenseitige Lagerung ihrer Teile, nicht nur ein Lagegefühl zum Schwerefeld der Erde, wie die Pflanze. Verglichen mit der kristallinen Starrheit von Baumästen ist die tierische Gestalt in fortwährender plastischer Metamorphose, welche nur durch fortdauernden Abbau, Ausscheidung und Neubildung der Körpersubstanzen ermöglicht wird. In diesem Ab- und Aufbauen wirken seelisch-astralische und ätherische Kräfte rhythmisch ineinander.

Abb. 76 zeigt besonders extreme Fälle tierischer Körperbewegung und Gestaltveränderung, wie sie durch Kontraktion bzw. Expansion der Muskulatur ermöglicht werden. Ein Vergleich mit dem starren Astgerüst eines Baumes (z. B. Abb. 25) beleuchtet zusammenfassend unsere bisherigen Ergebnisse.

2. DIE URGESTEN DES SEELISCH-ANIMALISCHEN

Das Wesen animalischer Organisation und Funktion kann besonders klar an gewissen einfachsten Tieren, den Protozoen studiert werden. Für den Arzt besteht hier die Möglichkeit, die Urgesten des Seelisch-Astralischen im Zusammenhange und wie in gleichnishaften Bildern anzuschauen und dadurch den Blick für menschliche Physiologie und Pathologie zu schulen. Denn hier ist alles das unmittelbare dynamische Bewegung, was bei den höheren Tieren bzw. im Menschen in Gestalt dauernder anatomischer Organisation erscheint. Bei den Amöben entstehen und verschwinden die Organe zugleich mit ihrer Funktion, die organisierende und die funktionelle Tätigkeit des Astralischen ist also hier noch unmittelbar dasselbe (vgl. zum Folgenden Abb. 77 ff.) [1].

Die gereizte Amöbe gerät in einen Zustand gesteigerter Tonisierung, sie zieht sich von der Umwelt zurück und kugelt sich (nicht anders als etwa auch ein Igel) ab. Im Vergleich zur selbstlosen Offenheit und bewegungslosen Hingegebenheit der Pflanze an ihre Umgebung spiegelt sich hier die Wesenheit der Tiere in ihrer ersten Urgeste: im selbstbetonten, in gewisser Hinsicht sogar selbstsüchtigen Abgrenzen, Einrollen und Verschließen, wodurch erst so etwas wie eine tierische Eigen- und Innenwelt gegenüber der Umwelt und Außenwelt sich begründet und sich ihr entgegenstellt.

---

[1] Die Frage nach dem „Bewußtsein" solcher Protozoen bleibe hier ganz beiseite. Es kommt vielmehr hier, ebenso wie beim Studium der Innenorganisation der höheren Tiere und der Embryonalentwickelung des Menschen allein auf die Besonderheiten der Gestaltung und darauf an, in der Signatur dieser Gestaltungen die Wirksamkeit bestimmter Kräfte und Gesetzlichkeiten zu studieren.

Alsbald aber folgt dem Einrollen und Abschließen die zweite
Urgeste: das Aufrollen und sich Öffnen. Die tierische Eigen- und

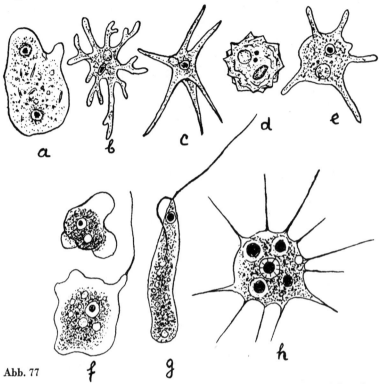

Abb. 77

Animalische Urgesten veranschaulicht an den Bewegungsformen und Pseudo-
        podien der Protozoen (stark vergrößert).

a—e Amöben (der Reihe nach: Pelomxya binucleata, Amöba proteus, Amöb.
        radiosa, Amöb. varrucosa, Amöba polypodia (nach Doflein).

f g   Umwandlung desselben Protozoons (Naegleria bistadialis) aus der Amöben-
        form mit lappigen Pseudopodien in die geißeltragende Flagellatenform,

h   Sonnentier (Heliozoon Pseudosphära volvocalis) nach Kühn. Man beachte
        die ungeheuren Formkräfte, die aus weichem Plasma derartige feinste
        Strahlen bzw. bewegliche Geißeln bilden!

Innenwelt leidet nämlich, abgeschlossen von der Um- und Außenwelt, Mangel, und dieser Mangel verwandelt sich alsbald in den
Trieb, in die Außenwelt vorzubrechen und sich in sie hineinzu-

bewegen. Die sich bildenden Pseudopodien sind ebenso Bewegungsorgane wie Sinnesorgane und veranschaulichen dadurch zwei
Hauptmöglichkeiten, in denen tierisch-astralisches Dasein über
sich selbst hinaus in die Umwelt greift: Motilität und Sensibilität.
Die Formverschiedenheiten dieser Pseudopodien (Abb. 77a-e) (verschieden nach Art und Innenzustand des Tieres, sowie chemisch-
physikalischer Beschaffenheit des Mediums) spiegeln ebensoviele
Möglichkeiten der Motilität und Sensibilität, ja es können sich
durch besonders intensiven Eingriff des Astralischen aus der
weichen Protoplasmamasse sogar bewegliche Geißeln (wie bei den
Flagellaten) oder feinste starr-elastische Strahlen (wie bei den
Heliozoen) bilden und nach Gebrauch auch wieder eingeschmolzen
werden (Abb. 77f-h). Hierzu sind ganz beträchtliche Kraftleistungen
nötig, weil sich solche Gebilde nur im Widerspruch zu
starken physikalischen Kräften (Oberflächenspannung) entwickeln können.

In solchen Gebilden macht also die antipathische Verschlossen-
heit der sympathischen Öffnung Platz, aber nur, um der Amöbe
die Möglichkeit zu geben, die Umwelt ihrer egoistischen Innenwelt
nutzbar zu machen, d. h. sich zu ernähren.

Abb. 78. Die dritte Urgeste ist daher die Aufnahme des Äußeren
in das Innere durch ein Umfließen, Ergreifen und Einstülpen, wodurch zugleich die innere Leere erfüllt wird, d. h. Hunger in
Sättigung umschlägt. Diese Nahrungsaufnahme kann man ebenso
einem Ansaugen durch ein inneres Vacuum, wie einem Hinein-
pressen und Hineinstülpen von außen vergleichen. Jedenfalls aber
offenbart sich hierin besonders deutlich die von außen nach
innen gerichtete einstülpende Kraftrichtung des Seelisch-Astralischen. Hierdurch entsteht das Urbild aller tierischen Innen-, besonders der Ernährungs- und Atmungsorgani-
sation. Die Kraft nämlich, die nach innen einstülpt, bläht und
bläst zugleich das Innere auf und schafft dadurch Hohlorgane
(z. B. Magen, Lunge, Gallenblase), welche sich um ihren Inhalt
(z. B. Nahrungsbrei, Gallensekret, Atmungsluft) unter einem bestimmten, mit dem Funktionszustand wechselnden Druck (Tonus)
schließen. (Füllungszustand von Magen, Gallen- und Harnblase

etc.; Gefühl der „Leere" oder „Aufgetriebenheit".) Mit der
Schaffung innerer Organe durch Einstülpung und Aufblähung ist
also zu gleicher Zeit der ganze Reichtum der tonischen

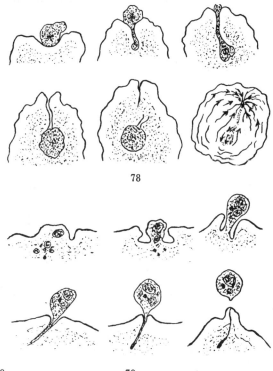

Abb. 78, 79   79

Abb. 78 Nahrungsaufnahme durch Einstülpung (Invagination) bei Amöba terri-
   cola (nach Grosse-Allermann). Die Pfeile bedeuten die Strömungs-
   richtung des Plasmas.
Abb. 79 Ausstoßen von Exkreten bzw. Nahrungsresten durch Ausstülpung
   (Evagination) bei einer Amöbe (nach Grosse-Allermann).

Phänomene gegeben. Zu starkes Eingreifen des Astralischen
muß folglich Hypertonie, bis zu lokalen oder ausgebreiteten spastischen Zuständen (z. B. erhöhter Magendruck, Magen- und Darm-
spasmus etc.) bewirken, während umgekehrt zu schwaches Ein-

greifen zu Hypotonien und Atonien führen muß, welche ihrerseits wieder von Senkungserscheinungen der Organe (z. B. Gastero- und Enteroptose) begleitet sein können. Die volle Bedeutung solcher Zusammenhänge wird freilich erst in der menschlichen Physiologie und Pathologie sichtbar.

Abb. 80. Bereitet das aufzunehmende Nahrungsmaterial infolge seiner Länge Schwierigkeiten, so bekundet sich die Kraft astra-

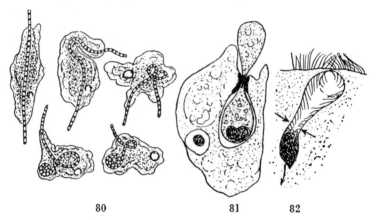

80   81   82

Abb. 80 Amöba varrucosa einen Algenfaden (Oscillaria) aufnehmend (nach Rhumbler).

Abb. 81 Amöba vespertilio eine Euglena verschlingend. Vorübergehende Schlund- und Sphinkterenbildung (nach Ivanic).

Abb. 82 Zellschlund (Zytopharynx) eines Wimperinfusores (Carchesium) mit eingestrudelten Nahrungsteilchen. Pfeile zeigen an, wo sich der untere Teil des Schlundes ablöst und als Verdauungsvakuole ins Zellinnere abwandert (nach Greenwood). Sämtl. stark vergr.

lischer Einstülpung und Zusammendrängung noch in einer ganz besonderen Weise, nämlich als spiralige Aufrollung. Es wirken hier also Kräfte, welche auch in der embryonalen Entwicklung höherer Tiere eingreifen und dort die Umgestaltung des ursprünglich geradlinig verlaufenden Verdauungskanals in die komplizierten Darmwindungen bzw. innere Spiralfalten im Darme (bei gewissen Fischen) bewirken. Was die Pflanzenwelt gelockert und geradlinig sich verzweigend nach außen hin zeigt, das wird durch die Astral-

240

kräfte zur komplizierten, ineinander geschachtelten, gekrümmten und spiralig eingerollten tierischen Organisation. (Vgl. Abb. 75.)

Das hungrige Einstülpen der Umwelt in die Innenwelt ist weiterhin gefolgt von der Zerstörung des Aufgenommenen, also von der Verdauung. In den zerspaltenden und lösenden chemischen Kräften der Verdauungsfermente wirkt derselbe egoistische Aneignungs- und Zerstörungsdrang, der sich auch in den Waffen der Tiere (z. B. in Krallen und Zähnen) bekundet. Selbst die Giftzähne und Giftdrüsen der Schlangen sind nur die höchste Steigerung der normalen Beiß- und Zermahlfunktion der Zähne bzw. der Speichelsekretion anderer Tiere[1]). Es ist schließlich bekannt, daß auch der Speichel ungiftiger Tiere beim Biß giftige Eigenschaften annehmen kann, wenn diese Tiere bis zum äußersten gereizt wurden. Die tierischen Gifte und Verdauungsfermente sind also Offenbarungen derselben astralischen Zerstörungs- und Selbstsuchtskräfte, wenn auch auf verschiedenen Ebenen. Im übertragenen Sinne sagt man selbst angesichts eines heftig scheltenden Menschen, daß er „geifere" und „Gift und Galle" verspritze.

Abb. 79. Dieselbe Kraft, die hungrig einsaugt und einstülpt, stößt nun auch wieder die unverdaulichen Nahrungsreste und Abbauprodukte des Stoffwechsels (Exkrete) aus. Diese antipathische Ausstoßung geschieht aber nicht einfach durch Abschnürung, sondern auch wieder mittelst einer Hohlraumbildung, nur jetzt einer solchen, die nicht einsaugt und hineinschlingt, sondern umgekehrt auspreßt (wie der Enddarm oder die Harnblase höherer Tiere), ja, in gewisser Hinsicht aushustet und ausspuckt (vgl. besonders das dritte und vierte Stadium von Abb. 79). Die Vorgänge

---

[1]) „Das Schlangengift ist bei der Verdauung von allergrößter Bedeutung, indem das Sekret der Giftdrüsen unter anderen Stoffen auch eiweißverdauende Fermente enthält" (R. Kraus u. Fr. Werner, Giftschlangen und die Serumbehandlung der Schlangenbisse, 1931). Das der Beute durch den Biß beigebrachte Sekret tötet und leitet zugleich eine Art Vorverdauung ein. Den stärksten Ausdruck finden diese Vernichtungskräfte bei den Schlangen, die Gift auf ziemlich große Entfernungen ausspeien, d. h. das aus den Giftzähnen austretende Gift mittels eines gewaltsam aus den Lungen ausgestoßenen Luftstromes zerstäuben und ausspritzen. (Zusammenhang von Biß, Gift und innerer Atmung im Tierreich! Vgl. auch S. 180 ff.).

16

der Defäkation, Sekretion und Exkretion, sowie des Erbrechens und Aushustens sind ebenso aktive Leistungen des Organismus wie die Vorgänge der Nahrungsaufnahme und müssen daher scharf vom bloßen passiven Ausfließen z. B. aus Mund und After bei atonischen Lähmungen (z. B. Schlaganfall) unterschieden werden. Es wird sich im zweiten Teile dieses Buches zeigen, daß gerade diese Ausstoßungsfunktionen bedeutsam für das ganze psychophysische Befinden des Menschen sind.

Zwischen Aufnahme und Ausscheidung der Stoffe liegt nun aber die Stauung, d. h. die tierische Innenorganisation wird nicht von einem gleichbleibenden Substanzstrom durchflossen, die inneren Hohlräume nehmen nicht dauernd kleine Mengen Substanz auf und scheiden sie wieder aus. Der Vorgang ist vielmehr ein grundsätzlich anderer: es werden auf einmal größere Substanzmengen aufgenommen und gestaut (Nahrungsballen bzw. Nahrungsvacuole, vgl. Abb. 78) und auch die auszuscheidenden Substanzen werden erst zu größeren Quantitäten versammelt (Exkretballen, Exkretionsvacuolen, Abb. 79) und dann erst auf einmal nach außen entleert. In ähnlicher Weise sammelt sich beim Menschen die aufgenommene Nahrung im Magen und treibt ihn auf, bzw. werden die auszuscheidenden Stoffe zunächst im Rectum bzw. in der Harnblase angestaut. Auch der Übergang des Speisebreies aus dem Magen in das Duodenum vollzieht sich nicht als gleichmäßiger Strom, sondern als rhythmische Stauung und Entleerung. Ebenso besteht zwischen der Ein- und Ausatmung die gespannte Füllung der Lunge.

Diese Stauung bzw. Spannung ist wesentlich für die Gesundheit bzw. Krankheit des Menschen und wirkt auch tief auf das Bewußtsein ein. (Pathologisches zurückhalten bzw. Ausfließenlassen von Harn und Stuhl bei Kindern, bzw. Neurasthenikern und Geisteskranken!)

Besonders wichtig sind nun jene Stellen der tierischen bzw. menschlichen Organisation, wo Außen- und Innenwelt ineinander übergehen bzw. die äußere Körperbedeckung in die Auskleidung der inneren Körperhöhlen sich umschlägt. An jenen Stellen greifen die aufnehmenden bzw. ausstoßenden Kräfte besonders intensiv ein und es kommt daher einerseits zur Bildung motorischer Organe (Sphinkteren, z. B. die Schließmuskel der Augen, des Mundes, der Harnblase, des Afters), andererseits zur Bildung sensorischer Organe (z. B. der sensiblen Tasthaare am Lidrand des Auges, am Eingang des Ohres und der Nase, die Haare der Oral- und Analgegend). Sphinkteren sind aber nicht nur am Eingang und Ausgang des Körpers, sondern auch im Verlaufe der inneren Hohlorgane und zwar dort zu finden, wo sich wichtige Abschnitte befinden bzw. Erweiterungen (Auftreibungen) oder Verengungen stattfinden. Beispiele hierfür sind: die Muskulatur des Magenein- und -ausganges, die Muskulatur der kleinen Bronchien, aber auch Gebilde wie die Ileo-Coecalfalte zwischen Dünndarm und Dickdarm, die Klappenvorrichtungen im gekammerten Magen der Wiederkäuer etc.

Die Sphinkteren sind physiologisch und pathologisch außerordentlich wichtige Gebilde. In ihnen vollzieht sich nämlich nicht nur die Öffnung und Schließung der betreffenden Organe, sowie die Aufnahme und Ausstoßung von Stoffen, sondern sie regulieren auch den inneren Füllungs- und Spannungszustand („Stauuungszustand") der Hohlorgane (Tonus). Greift also hier das Astralische zu stark und langdauernd ein, so kommt es schließlich zu spastischen Lähmungen; greift es zu schwach ein, so sind atonische Lähmungen die Folge. Es ist bekannt, welch verhängnisvolle Rolle die Ringmuskulatur der feinen Bronchien beim Asthma bzw. die Ringmuskulatur des Pylorus bei bestimmten Magenkrämpfen spielt. Aber auch die Speiseröhre kann an atonischer Erweiterung bzw. spastischer Konstraktion erkranken und dadurch in beiden Fällen die geregelte Nahrungsaufnahme erschweren. Für die Gesundheit animalischer Funktionen ist daher der rhythmische Wechsel zwischen Kontraktion und Erschlaffung, Schließen und Öffnen, d. h. Eingreifen und sich wieder Zurückziehen des Astralischen aus der physisch-ätherischen Leiblichkeit unerläßlich[1]). Alles nicht Rhythmische führt entweder zur

---

[1]) Auch die normale muskuläre Beweglichkeit des Menschen ist an den Rhythmus von Spannung und Erschlaffung gebunden. Dauerspannung wie Dauererschlaffung sind gleicherweise pathologisch und verhindern die freie Be-

atonischen oder spastischen Lähmung. Beides kann sich oft sehr unvermittelt ereignen, und es ist daher das „Anfallhafte" (ein Ausdruck, den ich Dr. Walter Bühler verdanke) beim Studium der animalisch-astralen Phänomene besonders zu beachten.

Bei manchen Amöben (Abb. 81) kann nun die Bildung eines solchen Sphinkters als unmittelbare Folge der Funktion der Nah-

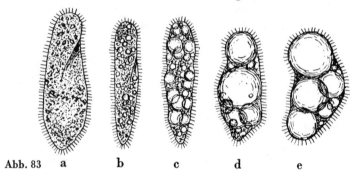

Abb. 83   a   b   c   d   e

Progressive Hungererscheinungen an Paramäcium aurelia (Wimperinfusor) nach Verworn (stark vergr.).

a normales Tier mit fein und reichlich gekörntem Plasma.

b Schwund der Nahrungsgranula, primäre Größenabnahme.

c—e Auftreten von pathologischen Hungervakuolen, sekundäre Körpervergrößerung (Oedeme!) und Deformierung.

rungsaufnahme (Einstülpung) beobachtet werden. Nach erfolgter Nahrungsaufnahme verschwindet er ebenso spurlos wieder, weil er nur eine vorübergehende aktiv-verdichtete Partie im gewöhnlichen Protoplasma war. Dies zeigt deutlich, daß das Dynamisch-Funktionelle der anatomischen Organisation vorhergeht, die Funktion selbst aber (in unserem Falle also Einstülpung und Verengung) Ausdruck eines übersinnlichen Kräfteorganismus (des Astralischen) ist.

Das Eingreifen des Astralischen äußert sich also morphologisch in Hohlraumbildungen, physiologisch aber im Abbau und Weg-

weglichkeit der Gliedmaßen bzw. des ganzen Körpers (Parkinsonsche Krankheit, Myasthenie, schlaffe Muskelatrophie, etc.). (Vgl. Abb. 76.)

schaffen von Substanzen. Hierdurch entstehen ebenfalls „Leeren" und „Hohlräume", in die dann wieder von außen neue Substanz in der Ernährung eintreten muß, um sie auszufüllen. Diese Vorgänge lassen sich besonders deutlich bei Protozoen unter Einwirkung des Hungers studieren. Zunächst wird das Protoplasma heller und durchsichtiger, weil die feinen Reservegranula verflüssigt, abgebaut und veratmet werden. Dann aber ergreift der Abbau das lebendige Protoplasma selbst. Jetzt treten im Protoplasma hyaline Vacuolen auf, die immer zahlreicher und größer werden und schließlich fast das gesamte Plasma verdrängen und dadurch die Gestalt des Tieres schwer deformieren (Abb. 83). Diese Vacuolen enthalten die letzten Abbauprodukte der Selbstzerstörung des Protoplasmas: Wasser und Salze. Der ganze Protozoenkörper verwandelt sich schließlich in ein System wabiger Hohlräume als sinnfälliges Bild der inneren Aushöhlung durch das Astralische. Hunger führt hier zur Selbstverdauung und Selbstverflüssigung. Man erinnert sich hier der Hungerödeme der Menschen.

Mit dieser Zerstörung und Wegschaffung der Substanz ist nun die Möglichkeit des „Bewußtseins" gegeben. Überall wo Bewußtsein in der Natur aufleuchtet, ist es nicht eine Folge der pflanzenhaft-ätherischen Aufbauprozesse (Substanzbildung), sondern vielmehr eine Folge der animalisch-astralischen Abbauprozesse (Substanzvernichtung). Wir wissen, daß angestrengtes Denken mit vermehrter Diurese verbunden ist. Der Raum, wo Substanz weggeschafft wurde, erfüllt sich gewissermaßen mit Bewußtsein, mit Sensibilität und Triebhaftigkeit. Daher schläfert Nahrungsfülle ein und erweckt Hunger. Es ist das Verdienst Rudolf Steiners, auf diese für die gesamte Physiologie und Pathologie grundlegende Tatsache aufmerksam gemacht zu haben. (Vgl. auch S. 66 ff.)

Abb. 82. Die Nahrungsaufnahme mancher Protozoen kann sich aber auch durch anatomisch bereits vorgebildete Einsenkungen (Cytopharynx mancher Ciliaten) vollziehen. Haben sich an dessen Grund genügend Stoffe angesammelt (Stauung!), so kapselt sich dieser Teil ab, sinkt als Nahrungsvacuole in die Tiefe und durchwandert langsam den ganzen Protozoenkörper und stellt so eine

dem Blut- und Chylusstrom höherer Tiere vergleichbare Nahrungs-
zirkulation dar.

Das Wichtige aber ist in diesem Falle noch Folgendes: Die Her-
beischaffung und Einbringung der Nahrungspartikeln erfolgt durch
Cilien, die besonders die Oralöffnung umgeben und durch ihren
Schlag eine weitausgreifende schraubig-spiralige Flüssigkeitsströ-
mung erzeugen. Durch diese werden die Nahrungsteilchen in den
Cytopharynx hereingesogen. (Abb. 89.) Was hier stofflich in

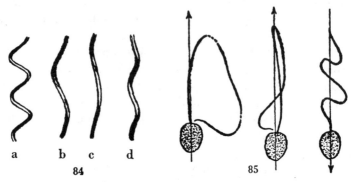

Abb. 84 Schraubenbahnen freischwimmender Infusorien (nach Bullington).
a von Strombidium, b Frontonia, c Paramäcium, d Euplotes.
Abb. 85 Geißelbewegungen von Monaden (nach Krijgsman). Pfeile bedeuten
die Schwimmrichtung. Es werden komplizierte Raumkurven be-
schrieben, die an die Kurven des Menschendarmes erinnern. (Wirksamkeit des Astralischen, vgl. Abb. 75).

der Ernährung geschieht, geschieht unstofflich bei jeder
Sinneswahrnehmung. Auch die Sinnesempfindungen werden
von den Sinnesorganen aus der Umwelt „angesogen" und dringen
durch sie wie durch Golfe in den Organismus ein. Es gibt daher
beim Menschen nicht nur einen Hunger nach Nahrungsstoffen,
sondern auch einen Hunger nach Sinneseindrücken[1]); und
tatsächlich bilden sich viele Sinnesorgane, ja, das ganze Zentral-

---

[1]) Vorurteilsfreie Beobachtung lehrt, daß Sinneseindrücke tatsächlich für
die dauernde Gesundheit des Menschen nötig sind. Werden ihm Licht, Farben,
Gestalten und Töne dauernd entzogen (wie z. B. in dunklen, einsamen Kerkern),
so siecht er dahin. Sinneseindrücke sind „Vitamine höherer Ordnung". Wir

246

nervensystem (Neuralrohr!) aus embryonalen Einstülpungen der Körperoberfläche (Abb. 65 d-f).

Mit der spiraligen bzw. schraubigen Wirksamkeit der Cilien ist nun eine neue grundsätzliche Erscheinungsform seelisch-astralischen Kräftewirkens gegeben, welche der Einstülpung gleichberechtigt zur Seite tritt. Wie schon früher gelegentlich der Besprechung des Gasförmigen und der tierischen Atmungsvorgänge erwähnt, bekundet sich die Spirale doppelsinnig: als Saugen und Pressen, Sympathie und Antipathie, Leere und Vollheit, Einatmung und Ausatmung etc. und stellt dadurch eine Grundkraft sowohl der Physiologie wie der Anatomie der Tiere bzw. Menschen dar. (Vgl. Abb. 21, S. 154.)

Seelisch-Astralisches dringt also in spiraliger Form in die tierische Organisation ein, schafft dadurch innere Hohlräume und saugt in Einatmung bzw. Nahrungsaufnahme das Äußere nach innen und preßt es in Ausatmung und Ausscheidung auch wieder nach außen. Hier bewegt sich der Substanzstrom durch das Tier hindurch, das Tier selbst aber ruht. Das Umgekehrte geschieht nun bei der Ortsbewegung. Hier wird durch dieselben Kräfte, welche in Stoffaufnahme- und Ausscheidung wirken, der tierische Körper gegen die Umwelt bewegt und in das umgebende Medium in spiraliger Form hineingeschraubt, hineingesogen bzw. hineingepreßt[1]).

Rotierende, spiralige bzw. Schraubenbewegungen liegen in gewisser Hinsicht allen tierischen Ortsbewegungen zugrunde[2]). Man

wissen auch, daß geschmack- und geruchlos zubereitete Speisen weniger gut verdaut werden als solche, die auf dem Wege der Sinnesorgane den Appetit (Sekretion der Verdauungsdrüsen!) anregen.

[1]) Vgl. dazu die ausführliche, reich bebilderte Darstellung bei M. Hartmann, Allgemeine Biologie, 1933, S. 118 ff.

[2]) Über die Ursachen dieser Bewegungsformen bei Tieren und Menschen hat sich in letzter Zeit eine lebhafte Diskussion entwickelt. Sicher ist, daß sowohl bei Tieren wie Menschen Neigung zu Kreis-, Schrauben- bzw. Spiralbewegungen besteht, wenn äußere Orientierungsmöglichkeiten wegfallen (Nacht, Nebel, eintönige Ebene, Wald etc.) und allein die im Inneren der Organismen wirkenden Bewegungsantriebe wirken. Assymmetrien der Körperhälften (Rechts- oder Linksbetontheit) müssen dann zu Zirkulärbewegungen etc. führen. Aber das

denke auch an die Kreise bzw. Spiralen, die desorientierte Menschen beschreiben. Nirgends aber treten sie so klar, wie bei gewissen Protozoen (Flagellaten und Ciliaten) in Erscheinung (Abb. 84—86). Liegt umgekehrt das Tier fest, so entsteht unter bestimmten Bedingungen eine zirkuläre Wasserströmung, mittels deren das Tier Nahrungsteile heran und wieder wegstrudelt (Abb. 87, 89). In solchen Erscheinungen ist dann das Urphänomen der Blut- und Lymphzirkulation gegeben, nur daß die Strömung nicht innerhalb der tierischen Haut sondern mit Einbeziehung des umgebenden Mediums verläuft. Auch hierin haben wir eine Urgeste seelisch-astralischer Kräfte zu erblicken. (Vgl. auch S. 180f., Zirkulation in Tier und Pflanze.)

Abb. 85, 87. Auch die Geißeln der Flagellaten schlagen nicht etwa in einer Ebene, sondern beschreiben komplizierte trichterartige Raumkurven. Sitzt das Tier fest (Abb. 87), so gerät der Wasserstrom in Bewegung und kann Nahrung aufgenommen werden. Ist aber das Tier freibeweglich, so wird umgekehrt sein Körper in das Wasser hineingesogen bzw. geschoben, je nachdem die Geißel sich am Vorder- oder Hinterende befindet. Diese Bewegungen durch den Raum kann man in gewisser Hinsicht ein Aufnehmen und wiederum Ausscheiden von Raum nennen. Am Vorderpol des Tieres besteht dann Sympathie zum Raum (Hunger), der Organismus bewegt sich in den Raum hinein, am Hinterpol des Tieres aber besteht Antipathie, der Organismus stößt den Raum von sich.

Problem liegt doch noch tiefer, weil wir das Spiral-, Zirkulär- und Schraubenprinzip auch im Bauplan der Tiere und Menschen (Abb. 75, 86, 88), ja auch der Pflanzen (vgl. S. 283) finden. Auch die paratonischen Bewegungen Geisteskranker bzw. die monotonen Schleifen- und Zirkulärbewegungen gefangener Raubtiere beweisen, daß im Inneren tierischer und menschlicher Organisation Kräfte wirken, die sich, woferne sie nicht durch andere Einflüsse zurückgestaut werden, in solchen Kurven physiognomisch ausdrücken. Vgl. Anm. S. 187.

Neueren Biologen gilt daher mit Recht das Schrauben- bzw. Spiralprinzip als eines der grundlegenden Gestaltungsprinzipien der Natur. Vgl. H. G ü n t h e r, Das Schraubungsprinzip in der Natur, Biol. Zentrbl. 39, 1919, Ders. Die Grundlagen der biol. Konstitutionslehre, Leipz. 1922, S. 65, V. H a e c k e r, Goethes morpholog. Arbeiten, Jena 1927, S. 62 ff., W. L u d w i g, Rechts-Links-Problem im Tierreich und beim Menschen, Berlin 1932. Auch G o e t h e wies auf das Spiralprinzip in der Vegetation hin (Blattspiralen, Ranken, Winden).

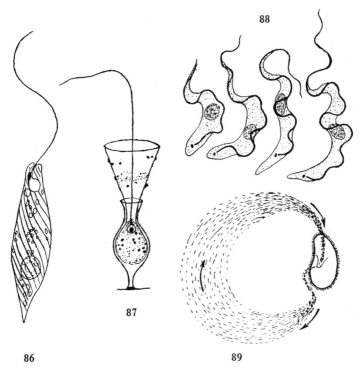

Schrauben-, Zirkulations- und Spiralprinzip in Bau und Bewegung von Protozoen
(stark vergr.)

Abb. 86 Flagellat (Euglena) mit spiralig gebauter Haut (Cuticula) (nach Stempell).

Abb. 87 Geißeltragende Kragenmonade (Salpingoeca) mit Wirbeltrichter (nach Doflein).

Abb. 88 Erreger der Schlafkrankheit (Trypanosoma gambiense) (nach Reichenow), links wenig virulente, rechts hochvirulente Typen. Zusammenhang von Virulenz und Spiralprinzip (Astralität!!).

Abb. 89 Strudelbewegung eines Wimpeninfusors (Paramäcium) im umgebenden Wasser (nach Maupas). Man vgl. die Zirkulation von Blut und Lymphe im Menschen!

Denkt man sich nun diese äußere Schraubenbewegung einer Euglena in der inneren Leibesorganisation eines Tieres ausgeprägt, so gelangt man zum Verdauungskanal, welcher den Körper in der Längsrichtung durchzieht, vorne Substanzen aufnimmt, hinten sie ausscheidet und von einem mittelst Peristaltik oder Flimmerepithel bewegten Substanzstrom durchzogen ist.

Man erkennt dann den Wesenszusammenhang zwischen dem tierischen Bau (vorne — hinten), der tierischen Bewegung (hinzu und weg), den tierischen Trieben (Sympathie und Antipathie), sowie den Rhythmen von Ernährung und Atmung (Aufnahme und Ausscheidung). Alle diese Polaritäten, welche das Tierische dem Pflanzlichen gegenüber kennzeichnen, wurzeln in der inneren Polarität des Astralischen. (Vgl. Abschn. VI, Kap. 3.)

Abb. 86-88. Das Schrauben- bzw. Spiralprinzip tierischer Ortsbewegung kann sich aber auch strukturell im Bau der Tiere ausprägen, also z. B. in der feinen spiraligen Struktur der Oberflächenhaut (Cuticula) von Euglena (Abb. 86), in der undulierenden Membran der Spirochäten, deren Virulenz (krankheitserregende Kraft) umso größer ist, je vielfacher gewunden ihre Gestalt ist, je stärker also das astralische Prinzip eingreift (Abb. 88); weiterhin im schraubig-spiraligen Bau der meisten Spermatozoen und Spermatozoiden (Abb. 95-99), in den spiraligen Windungen der Gehäuse von Schnecken und Cephalopoden, schließlich aber auch in den Drehungen und Schrauben- und Spiralwindungen des Darmes der Wirbeltiere und des Menschen (Abb. 75). Hier überall wird das innere, labyrinthische Prinzip animalischer Organisation offenbar und zeigt deutlich die Physiognomik einer ganz bestimmten und eigenartigen Kräftewelt, die wir eben „seelisch-astralisch" nannten.

Die verschiedenen Grade des Eingreifens dieser Kräftewelt werden uns im Folgenden beschäftigen müssen.

3. STUFEN DER VERINNERLICHUNG UND AUTONOMIE

Die Beobachtung ergibt, daß der Mannigfaltigkeitsgrad der einzelnen Naturreiche ein sehr verschiedener ist. Er ist am geringsten im Mineralreich (Kristallformen), größer im Pflanzenreich und noch größer im Tierreich. Dies wird verständlich, wenn man bedenkt, daß der Kristall einpolig (nur-physisch), die Pflanze zweipolig (physisch-ätherisch), das Tier aber dreipolig (physisch-ätherisch-astralisch) ist. Es sind dadurch in letzterem Falle viel mehr Gestaltungsmöglichkeiten gegeben, weil z. B. bald das Physische, bald das Ätherische, bald das Astralische und das wieder jeweils in verschiedenem Sinne, überwiegt. Hierzu kommt nun aber noch Folgendes: Die ätherischen Kräfte stehen zum Physisch-Materiellen in einem mehr stabilen Verhältnis. Alles Pflanzlich-Lebendige zeigt daher nur am Anfang und Ende seines Daseins die Rhythmen von Jugend und Alter bzw. die Polarität von Vegetationspunkt und verhärteten Teilen. Das Pflanzenreich umfaßt wohl eine große äußere Formenmannigfaltigkeit, läßt aber wesentliche Unterschiede hinsichtlich des Zusammenhangs des Ätherischen mit dem Physischen vermissen. Ein einfaches Moospflänzchen ist nicht weniger durchlebt wie ein Kraut oder Baum.

Im Gegensatz hierzu zeigt nun das Seelisch-Astralische außerordentlich wechselnde Verhältnisse zum Physisch-Ätherischen. Bald greift es tiefer und mehr von innen, bald mehr von außen und oberflächlicher in die Leiblichkeit ein. Hierdurch entsteht die Stufenfolge des Tierreiches, welche viel wesenhaftere Unterschiede aufweist als die Stufenfolge des Pflanzenreiches. Zwischen einem Schwamm oder parasitischen Wurm auf der einen, einem Säugetier auf der anderen Seite besteht ein grundsätzlicherer Niveauunterschied als zwischen einer Fadenalge oder einem Eichbaum. Zwischen verschiedenen Kristallen aber gibt es überhaupt keine solchen Niveauunterschiede mehr.

Wir können also sagen: Es gibt keine Unterschiede im Grade des Tot-seins der Minerale, geringe Unterschiede im Grade des Lebendig-seins (des Schlafzustandes) der Pflanzen, hingegen große Unterschiede im Grade des Beseelt-seins (des Bewußtseins- und Wachheitszustandes) der Tiere. Da sich diese Bewußtseinsstufen aber selbstverständlich im Bau der Tiere spiegeln, läßt sich die Stufenfolge des Tierreiches in zweifacher Hinsicht kennzeichnen:

1. als Stufenfolge des Ausbildungsgrades innerer anatomischer Organisation, 2. als Stufenfolge des Ausbildungsgrades tierischer

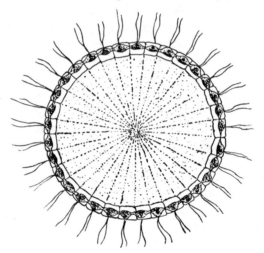

Abb. 90

Volvox globator (grüne Algenkolonie) im optischen Querschnitt, vergr. (nach Kühn, vereinfacht). Gallerterfülltes Innere, von grünen, geißeltragenden Zellen umgeben.

Individualität, Seeleninnerlichkeit und Bewußtheit. Beide Stufenfolgen gehören zusammen und sind Ausdruck des verschiedenen Hereinwirkens des Seelisch-Astralischen in die Leiblichkeit. Dies soll nun an einigen Beispielen erläutert werden (vgl. auch S. 190 f.):

Die niederste Stufe animalischen Daseins veranschaulicht etwa eine Volvoxkolonie (Abb. 90). Es ist dies eine Hohlkugel, an deren Oberfläche die einzelnen geißeltragenden und nach Pflanzenart assimilierenden Zellen angeordnet sind. In wunderbarer Weise, bald auf- und absteigend bewegt sich diese Kugel rollend durchs Wasser. Ein eigentliches Inneres gibt es hier nicht, und so hat man den

252

Eindruck, eine solche Kugel werde von einer bewegenden Kraft wie von außen umspielt und durch das Wasser geführt. Bewegung und damit wohl auch Empfindung solcher Wesen kennzeichnen den tiefsten Grad eines kaum „Bewußtsein" zu nennenden Zustandes, welcher gänzlich außer sich und in die Umwelt hinein verloren ist. Es ist hier auch unmöglich (und die Beobachtung erweist dies auch), von einem Gegensatz zwischen Wachen und Schlafen zu sprechen. Dieser Rhythmus kann nämlich erst dann

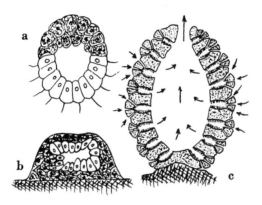

Abb. 91

Entwickelung eines Meeresschwammes (Sycon)
a freischwärmende Wimperlarve, b die Larve hat sich an einer Unterlage festgesetzt und den bewimperten Teil eingestülpt (Gastrulation) (nach Maas), c ausgebildeter Schwamm mit vielen Einströmungs- und einer Ausströmungsöffnung. Feine Geißeln in den ovalen Geißelkammern (nach Haeckel).

erscheinen, wenn die Bewegung und Empfindung verleihende Kraft sich anatomisch und funktionell verinnerlicht (eingestülpt) hat und nun den Organismus bald mehr von „innen" (Wachen), bald mehr von „außen" (Schlafen) ergreift. Deutlich zeigt sich dieser Rhythmus daher erst bei höheren und höchsten Tieren[1]. Periodische Unterschiede der Reizbarkeit und Beweglichkeit zeigen freilich auch niedere und niederste Tiere, aber diese Rhythmen

[1]) Der Gegensatz von Schlafen und Wachen entsteht in der Tierreihe im Zusammenhang mit der Ausbildung des Gehirns, besonders des Großhirns, also eigentlich erst bei Vögeln und Säugern.

253

werden hier ganz durch äußere Verhältnisse (Temperatur, Belichtung, Salzgehalt etc.) gesteuert, wodurch bald die ätherischen, bald die astralischen Kräfte stärker hervortreten.

Volvoxähnliche Zustände durchlaufen die meisten Tiere im Blastulastadium ihrer Embryonalentwickelung. Der entscheidende Schritt darüber hinaus ist aber die Gastrulation, welche erstmalig bei den Schwämmen erscheint. (Vgl. Abb. 91). Die das Ei verlassende Flimmerlarve ist noch ein volvoxähnliches Gebilde, dessen Bewegungsorganellen (Wimpern) nach außen gerichtet sind. Nachdem diese Larve einige Zeit hindurch im Wasser schwärmte, setzt sie sich mit ihrem Vorderpol an einer Unterlage fest und beginnt hier mit der Einstülpung. Die bewimperten Zellen, die früher einen Teil oder (bei anderen Arten) die ganze Oberfläche der Larve bildeten, gelangen entweder durch Umwachsung oder durch Einstülpung nach innen und sind der Ausgang der darmähnlichen Organisation, welche den ausgewachsenen Schwamm in Gestalt eines mehr oder weniger komplizierten Hohlkammersystemes durchzieht.

Der Wasserstrom, der vom Schwamm durch viele kleine Poren in feinster Verteilung aufgenommen, dann in den größeren Innenräumen gesammelt und endlich durch einen einzigen großen Porus wieder ausgestoßen wird[1]), ist zugleich Träger der Atmung, Ernährung und Sinneswahrnehmung. Diese drei Funktionen sind hier noch ununterscheidbar eines. Indem das Wasser den Schwamm durchströmt, das Äußere stets ein Inneres, das Innere stets ein Äußeres wird, kann man erleben, wie sein „Bewußtsein" in tief traumhafter Weise dem ganzen See oder Meer verwoben ist. Schmecken, Riechen, Sehen und Tasten sind noch eines, ja man kann fast von einem „Hören" der im Flüssigen wirkenden Weltenmelodien sprechen. Der ganze Ozean gehört noch mit zum Schwamm und dieser fühlt sich wohl noch in keiner Weise als abgesondertes

---

[1]) Die Tatsache ist wesentlich: Die Stoffaufnahme in feinster, gleichsam homöopathischer Form, die Stoffausscheidung aber in solider Massigkeit! Dies wird uns bei der Frage der menschlichen Ernährung und ihrer Beziehung zu den Sinnesorganen (Ernährung durch Sinneseindrücke) noch beschäftigen müssen.

und der Umwelt gegenübertretendes Wesen. Man vergleiche hierzu die Schilderung des ozeanischen Lebens in Goethes „Faust" II. Teil, aber auch den Urton der Gewässer am Beginn von R. Wagners „Rheingold".

Folgendes ist auch noch wesentlich: Die Wimpern, welche die Flimmerlarve äußerlich durch das Wasser bewegten, bewirken im ausgewachsenen festsitzenden Schwamm den inneren Flüssigkeitsstrom. Die Organe der äußeren Ortsbewegung dienen also jetzt den inneren Stoffwechselprozessen und verraten dadurch einen gewissen Zusammenhang beider Systeme (vgl. Stoffwechsel-Gliedmaßensystem als Gegenpol des Nerven-Sinnessystems beim Menschen, S. 136f. und im folgenden II. Teil). Verglichen mit seiner Flimmerlarve hat hierdurch zwar der Schwamm seine äußere Beweglichkeit verloren und wurde zu einem pflanzenähnlich wachsenden und sich bisweilen sogar verzweigenden Gebilde (man denke an die großen Badeschwämme), er gewann dafür aber innere Beweglichkeit und erlangte insofern eine höhere Stufe tierischen Seins. Eine noch höhere wird freilich erst von jenen Tieren erreicht, bei welchen das durch Gastrulation verinnerlichte Bewegungs- und Empfindungsprinzip aufs neue nach außen durchdringt und zur Bildung von Flossen, Schwänzen und Gliedmaßen führt. Diese sind (im Vergleich zu den Wimpern der Flimmerlarve oder des Volvox) Bewegungsorgane höherer Ordnung, da sie eine vorgängige Einstülpung und Verinnerlichung voraussetzen.

Mit Überspringung eines großen Teiles des Tierreiches betrachten wir nun einige wesentliche Abschnitte der Individualentwicklung der Wirbeltiere. Hier kann man sich zunächst folgendes Prinzip klar machen: Kräfte, welche in der Embryonalentwicklung niederer Tiere sich frühzeitig nach außen manifestieren, werden in der Entwicklung der höheren Tiere zurückgehalten und erscheinen erst späterhin, aber dann auf höherer Ebene. Auch die Eier der Amphibien durchlaufen nämlich zwar (wie die Schwämme) ein Blastula-Stadium, es fehlt ihnen aber die Bewegungsfähigkeit. Es folgt dann die Ausbildung des sog. Urdarms durch Gastrulation, sowie die Abfaltung und Tiefenverlagerung des Zentralnervensystems (Neuralrinne, Neuralrohr)

(Abb. 65). Ist dies geschehen, so werden die ersten größeren Umgestaltungen der bisher rundlichen Eiform bemerkbar. Durch die Entwicklung der Rumpfsegmente und besonders der Schwanzknospe entsteht der längliche fischähnliche Körper der Kaulquappe. (Vgl. auch Abb. 73.)

Wir stehen nun an einem bedeutsamen Wendepunkt: Bis zu diesem Augenblick war die Froschlarve ein rein pflanzhaft-vegetatives Gebilde. Das Seelisch-Astralische war ausschließlich formend und organbildend tätig: zuerst in der Gestaltung der inneren Hohlorgane (Urdarm, Neuralrohr), dann im Hervortreiben der Schwanzknospe (Bildung der Muskulatur etc). Jetzt aber beginnt es in die von ihm aufgebaute Organisation in neuer, funktioneller Weise einzugreifen: es erscheint die erste Körperbewegung. Jede Muskelbewegung aber ist, wie auch jede Nervenreizung, mit Abbauvorgängen verbunden, weshalb hernach Ermüdung und Schlafbedürfnis (Regeneration!) auftritt. „In den aufbauenden Vorgängen gedeiht das Leben, aber es erstirbt in ihnen das Seelenwesen. Das Leben des Körpers, das selbst von der Seele aufgebaut wird, muß abgebaut werden, damit das Wesen und Wirken der Seele aus dem Körper sich entfalten kann." (R. Steiner).

Es gibt für den wissenschaftlichen Beobachter wenige Erlebnisse, die so aufregend sind, wie die ich nun entfaltende freie Beweglichkeit der Kaulquappe. Erst nach Überwindung gewisser Widerstände, die in der Dumpfheit der vegetativen Organisation begründet sind, gelingt es dem Seelisch-Astralischen das Muskel- und Nervensystem von innenher zu ergreifen und zu durchlichten, d. h. Sensibilität und Motilität zu erzeugen. Daher sind die ersten Bewegungen des Embryos nur plötzliche, unkoordinierte Zuckungen des Schwanzendes, die zu einer scharfen Krümmung des ganzen Körpers führen. Von „Bewegung" kann hier noch kaum gesprochen werden, eher schon von einem schmerzhaften Krampfzustand.

Dies ist wichtig: Das funktionelle Eingreifen des Seelisch-Astralischen in Sensibilität und Motilität, also das erste Erscheinen von „Bewußtsein" ist dem Schmerz verwandt und insofern der erste Keim möglicher Erkrankung. Die krampfhaften Zuckungen der Froschlarve auf diesem Stadium zeigen, daß es dem seelischen Prinzipe noch nicht vollständig gelingt, die körperliche Organisation zu ergreifen und in harmonischer Weise durch sie hindurch in die Umwelt zu treten. Diese ersten Bewegungen machen den Eindruck, als entstünden sie nicht durch eigene Aktivität, sie ähneln vielmehr den Zuckungen beim elektrischen Schlag. Das neue Prinzip scheint den tierischen Organismus noch wie von außen anzupacken und erst nach und nach ganz zu durchdringen. Wir beobachten hier auf niederer Stufe die früher besprochenen Vorgänge beim menschlichen Erwachen (vgl. S. 45 ff., 56 ff.).

Die ganze weitere Entwicklung ist nun die wachsende innere Zueignung dieses bewegenden Prinzipes durch die tierische Organisation, also die schrittweise „Inkarnation" des Seelisch-Astralischen, welche sich zugleich in der anatomischen und histologischen Durchmodellierung des Nerven-, Muskel-, Blut- und Skelettsystems spiegelt. Gleichzeitig wächst der Schwanz weiter in die Länge und schließlich kommt es zu rhythmischen Ausschlagsbewegungen nach beiden Seiten, die den anfänglichen Krampfcharakter verlieren und ein gleichmäßiges Schwimmen ermöglichen. Dieses Schwimmen erfolgt autonom und wird vom Inneren des Tieres vollkommen beherrscht und zielsicher gesteuert, während die ersten zuckenden Bewegungen meist auf äußere Reize eintraten und jede sinnvolle Einordnung in die Umwelt (Orientierung) vermissen ließen.

Der nächste Entwicklungsschritt ist nun die Metamorphose der Kaulquappe in den Frosch. Hier geschieht einerseits eine Verinnerlichung und Einstülpung höherer Ordnung (Verlust der äußeren Kiemen, Rückbildung des Schwanzes, Ausbildung der Lungen und damit Vorbereitung der inneren Stimmgebung, „Quaken"), wodurch der gestreckte Bau der Kaulquappe zur gedrungenen Gestalt des Frosches wird. Andererseits werden aber damit zugleich die gegliederten und gefingerten Extremitäten nach außen vorgetrieben. Dieselbe (astralisch-seelische) Kraft also, die hier auf höherer Ebene einen Organismus von der Außenwelt abschließt und ihn nach innen hineinbildet, schließt ihn zugleich auf höhere

17

Weise und als selbständigere Individualität der Umwelt wieder auf.

In gewisser Hinsicht kann man sagen: Eine Kaulquappe sei noch mehr „außer sich", ein Frosch schon mehr „in sich". Geschwänzte, oder sich durch Schlängelung fortbewegende Tiere (Fische, Kaulquappen, Molche, Schlangen) besitzen im allgemeinen eine niedrigere Organisation als die ihnen verwandten landbewohnenden Tetrapoden (Vierfüsser). Ihre Bewegungen zeigen einen wenig individuellen und gleichsam traumhaften Charakter. Ihr Bewußtsein steht in jeder Hinsicht auf tieferer Stufe. Sie scheinen oft mehr „von außen" geführt und bewegt. Daher schwimmen auch Fische und Kaulquappen oft in Gruppen und ihre gemeinsamen Wanderungen und die oft plötzlichen gemeinsamen Richtungsänderungen erwecken den Eindruck, als würden sie wie von einem höheren, unsichtbaren Magneten gelenkt.

Der hier gekennzeichnete Entwicklungsabschnitt hängt auch mit dem Übergange vom Wasser- zum Landleben zusammen. Im Wasser überwiegen die ätherischen Wachstumskräfte, auf dem Lande und im Zusammenhange mit der intensiveren Durchlüftung, Durchlichtung und Durchwärmung (Lungenatmung!) die astralischen Seelenkräfte. Wassertiere (wie z. B. Molche) besitzen daher ein stärkeres Wundheilungs- und Regenerationsvermögen, als die ihnen nächstverwandten Landtiere (Frösche, Kröten). Diese Verwandtschaft mit dem Pflanzlich-Ätherischen bekundet sich auch in der gleichmäßigen und segmentalen Gliederung des Wirbel-, Muskel- und Nervensystems. Ein solcher Organismus ist bis zu einem gewissen Grade die Aneinanderreihung gleichwertiger Segmente und dadurch den aufeinanderfolgenden Knoten (Segmenten) einer Pflanze, z. B. eines Bambusrohres verwandt. (Vgl. Abb. 74). Die Anzahl der Schwanzwirbel ist oft nicht fixiert und kann bedeutenden Schwankungen unterliegen. Wenig ausgebildet ist die hierarchische Unterordnung der hinteren unter die vorderen Körpersegmente und die zentrale Steuerung durch das Gehirn. Bei solchen „Rückenmarkstieren" werden die Schlängelbewegungen des Rumpfes und Schwanzes durch Kopfverletzungen wenig behindert, da jedes Körpersegment von dem ihm zugehörigen Teile des Rückenmarkes gesteuert wird. Die autonome Vitalität der Rumpf- und Schwanzsegmente ist oft sehr groß, wie man an kopflosen Schlangen, abgetrennten Eidechsenschwänzen, aber auch an Stücken von Regenwürmern beobachten kann, welche sich trotzdem noch längere Zeit bewegen. Im Gegensatz dazu steht die Bewegungsweise der landbewohnenden Tetrapoden, z. B. der Frösche sowohl anatomisch als physiologisch auf grundsätzlich höherer Ebene. An Stelle der gleichmäßigen Wirbel- und Schwanzsegmente erscheinen hier kompliziert gegliederte Beine (ein Schulterblatt, ein Humerus, 2 Radius und Ulna, 5 Phalangen). Demgemäß gewinnt man hier den Eindruck: Diese Beine sind Tatorgane eines Innern und werden von ihm nach außen gestreckt und bewegt, während der Schwanz einer Kaul-quappe ein Lebewesen für sich scheint und wie ein selbständiger Motor den übrigen Körper durchs Wasser bewegt. Gehen den landbewohnenden Wirbeltieren die Gliedmaßen sekundär verloren, so werden die Unterschiede noch deutlicher. Man vergleiche etwa die Bewegungen einer Schlange mit dem Laufen eines Hundes. Mit dem Schwanz setzt sich ein Lebewesen noch in die Umgebung hinein fort. Es ist daher weniger geschlossen und verkörpert eine primitivere Stufe der Individualität. Unvoreingenommene Beobachtung kann hier zwei verschiedene Stufen des organisatorischen und funktionellen Eingreifens des Seelisch-Astralischen in die Leiblichkeit studieren.

Im Folgenden geben wir noch einige ganz andersartige Beispiele für diese stufenweise Entwicklung tierischer Innenorganisation. Was z. B. heute bei den höheren Wirbeltieren Hypophyse und Epiphyse bzw. Paraphyse (d. h. unterer und oberer Hirnanhang) und als solche in das Innere der Schädelkapsel verschlossen sind, waren bei niederen Wirbeltieren und besonders in lang vergangenen Zeiten, oberflächlich gelegene Sinnesorgane, die zu bestimmten Sinnesperceptionen am Dach der Mundhöhle (Hypophyse) und am Dach des Scheitels (Epiphyse bzw. Paraphyse) dienten. Nun sind „Sinnesorgane" Gebilde, welche Außen- und Innenwelt miteinander verbinden und in denen besondere Rhythmen des Kosmos in ein Lebewesen hereinwirken und dessen Lebensprozesse beeinflussen und steuern. Werden nun, wie in den genannten Fällen, aus Sinnesorganen Drüsen mit innerer Sekretion, so besagt das Folgendes: Rhythmisch-dynamische Wirkungen der Umwelt werden im Laufe der Entwickelung von den Tieren als innere Organe mit bestimmtem inneren Chemismus verinnerlicht. Hierdurch wird offenbar ein höherer Grad tierischer Autonomie erreicht: Was nämlich ursprünglich aus der Umwelt her (also kosmisch) das tierische Leben rhythmisierte

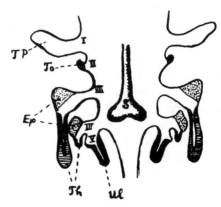

Abb. 92

Organe die sich aus den embryonalen Schlundtaschen entwickeln (nach Bonnet). I—V Schlundtaschen, TP Tube und Paukenhöhle (Mittelohr), To Tonsille, Ep Epithelkörper, Th Thymusanlage, Ul-ultimobranchiale Körper, (S Schilddrüse)

und steuerte, das wirkt nun aus der Eigen- und Innenwelt (also mikrokosmisch) in Gestalt chemischer Substanzen, die man mit Recht „Hormone" nennt, weil sie bewegenden, gestaltenden und regelnden Einfluß auf Entwickelung und Funktion des tierischen Organismus ausüben. Aus kosmischen Sinnesorganen werden also Drüsen mit innerer Sekretion, so wie (auf anderem Gebiet) aus dem Kreislauf des Wassers in der Atmosphäre der Blut- und Lymphkreislauf wird (vgl. Abb. 26 und S. 174f.).

Ähnliches liegt vor bei der Umgestaltung der Schlundbögen bzw. Schlundtaschen der Fische (oder vergangener Entwickelungsstadien der Wirbeltiere, wie sie noch heute von den Embryonen durchlaufen werden) in verschiedene innersekretorische Drüsen der Hals-Region (Abb. 92). Die Kiemenregion ist eine Region, wo im Zusammenhange mit der Atmung Außen- und Innenwelt in intensivster Weise einander begegnen. Aber der sauerstoffreiche Wasserstrom, der in den Mund des Fisches eintritt und durch die Kiemen wieder nach außen tritt, ist offenbar nicht nur ein Strom von Materie, sondern ein Strom, von dem ganz bestimmte rhythmische Kräftewirkungen der Umwelt auf die tierische Innenwelt ausgehen. Das Atmen des Fisches ist gleichzeitig ein Schmecken, Riechen, ja ein Hören. Heute empfinden es nur mehr die Dichter, daß im Strömen und Wogen der Ozeane ein Musikalisches lebt, welches enge zusammenhängt mit dem musikalisch-mathematischen Wesen der Planetenbewegungen. Vielleicht kann aber doch auf diesem Wege die Tatsache verständlich werden, daß aus dem ersten Kiemenloch (dem sog. Spritzloch der Haie) die eustachische Tube und die Paukenhöhle, also ein Teil des menschlichen Gehörorgans wird, aus den übrigen Schlundtaschen bzw. Schlundbogen aber wichtige Drüsen mit innerer Sekretion sich entwickeln, also Gebilde, die zwar nicht „hören", wohl aber durch ihre innere Stoffwechselrhythmik auf chemisch-hormonalem Wege Wirkungen auf das Wachstum des menschlichen Körpers, bzw. auf wichtige Funktionen (Atmung, Herzschlag, Stoffwechselintensität etc.) ausüben.

So besteht also die gesamte Entwicklung des Tierreiches in einer Verinnerlichung, Hereinstülpung und dadurch Autonomisierung (Mikrokosmoswerden) dessen, was ursprünglich, bei niederen Formen und am stärksten bei den Pflanzen Oberfläche, Außenwelt und dadurch Heteronomie, d. h. kosmische Abhängigkeit war. (Vgl. S. 180f., 190f.)

Hierzu gehört schließlich auch die Tatsache, daß niedere Tiere sowohl in Körpertemperatur als Konzentration der Körpersäfte (osmotischen Druck)[1] vom umgebenden Medium (Meer- oder Süßwasser) abhängig sind, ja in manchen Fällen mit ihren Körperhöhlen bzw. Blutgefäßen mit dem umgebenden Medium in offener Kommunikation stehen, hingegen die höheren Tiere von der Umwelt unabhängig und ganz abgeschlossen werden.

---

[1] Vgl. R. Höber, Physikalische Chemie der Zelle und der Gewebe, 6. A. 1926, S. 333 ff.

4. POLARITÄTEN DES VEGETATIVEN
UND DES SEELISCH-ANIMALISCHEN IM TIERREICH

Da alle Tiere in sich ein Pflanzlich-Ätherisches und ein Physisch-Mineralisches tragen und diese beiden erst die Grundlage der spezifisch animalischen Gestaltungen und Funktionen bilden, ist es möglich, kleinere oder größere Gruppen des Tierreiches einander so gegenüber zu stellen, daß hierdurch der Gegensatz einer mehr pflanzlich (ätherisch) oder mehr animalisch (astralisch) betonten Organisation innerhalb des Tierreiches selbst deutlich wird. Hierfür nun einige Beispiele, die für den Arzt lehrreich sein können, wenn er die Nutzanwendung für Physiologie und Pathologie des Menschen zu ziehen vermag.

1. Die Hydrozoen erscheinen in zwei Formen, als Polyp und als Meduse, die im Generationswechsel aufeinander folgen. Der Polyp sitzt fest, vermehrt sich intensiv durch vegetative Sprossung und bildet schließlich große verzweigte Stöcke, innerhalb deren die Einzeltiere ernährungsmäßig zusammenhängen. Die ätherisch-vegetative Kraft ist hier so bedeutend, daß selbst kleine Stücke eines Polypen durch Regeneration zu einem Ganzen auswachsen können. Ausgenommen hiervon sind kennzeichnenderweise nur Stücke des Tentakelkranzes. Gerade dieser ist aber der Teil des Polypen, wo er am wenigsten pflanzenhaften und am meisten animalischen Charakter (Sensibilität und Motilität) zeigt, wo also die ätherischen Kräfte von den seelisch-astralischen zurückgedrängt werden und damit zugleich indirekt das Physisch-Materielle, d. h. das Regenerationsunfähige verstärkt wird. Hingegen ist nun die Meduse ganz auf Sinnesempfindung und Bewegung organisiert. Ihr anatomischer Bau ist viel komplizierter, es entwickeln sich Augen, Schmeck-, Tast- und statische Organe. Jedes einzelne Tier lebt als geschlossenes Individuum für sich und führt ein frei im Wasser bewegliches Räuberdasein. Nach Verletzungen besteht äußerst geringes Regenerationsvermögen. Vegetative Sprossung fehlt selbstverständlich ganz und die Fortpflanzung erfolgt durch Eier und Spermatozoen. In Bau und Lebensweise bekundet sich also ein höherer Grad von Bewußtsein

und individueller Geschlossenheit. In gewisser Hinsicht verhalten sich Polyp und Meduse zueinander wie Schlafen und Wachen. Deshalb setzen sie einander wohl auch voraus und folgen rhythmisch im Generationswechsel aufeinander[1]).

2. Auf anderer Ebene wird diese Polarität z. B. durch Raupe und Schmetterling verkörpert (vgl. auch Abb. 27). Die Raupe lebt vorwiegend von grünen Blättern, ist selbst oft grün gefärbt und erschöpft ihr ganzes Dasein in Nahrungsaufnahme und Wachstum. Die Sinnesorgane sind klein und wenig leistungsfähig, hingegen ist die Produktion von Verdauungssäften, also die Assimilationskraft ungeheuer. Entsprechend ihrem vegetativ betonten Wesen besteht der äußere Bau der Raupe aus gleichartigen Segmenten und ist ihr innerer Bau sehr einfach. Der Schmetterling hingegen zeigt eine komplizierte architektonische Zusammenraffung einzelner Segmente zur Dreigliederung in Kopf, Brust und Hinterleib. Die ganze Organisation ist mittelst des Nervensystems auf den Kopfpol hin zentriert. Sinnes- und Bewegungsorgane sind maximal entwickelt und an Stelle des durchschnittlichen Grün der Raupe erscheint Farbigkeit, in manchen Fällen sogar Duftproduktion.

Was die Raupe während langer Zeiten aufbaute, das ergreift der Schmetterling als Material und durchdringt es mit Formkraft, Sensibilität und Motilität. In der Raupe ist das Flüssig-Weiche, im Schmetterling sind Luft, Licht und Wärme (also die oberen Elemente) betont und diese wirken in Durchlüftung (Leib und Flügel sind stark von Tracheen durchzogen), Durchfärbung und Durchgestaltung zugleich auch austrocknend und verhärtend, d. h. das Seelisch-Astralische drängt die ätherischen Wachstum- und Aufbaukräfte zurück und stärkt dadurch indirekt das Physisch-Mineralische.

Als hochsensible Nerven-Sinneswesen zeigen die Schmetterlinge oft weitgehende Rückbildungen der Verdauungsorgane und nehmen kaum mehr physische Nahrung auf. Wohl aber ernähren sie sich gleichsam durch die Sinne: im Schmecken, Riechen, Sehen, Fühlen. Hierin und auch in ihrer Tendenz zur Verhärtung gleichen

---

[1]) Vgl. hierzu H. Poppelbaum, Tierwesenskunde, Dresden 1937.

sie manchen Neurastheniken. Schmetterlinge wachsen nicht mehr. Fertig entsteigen sie der Puppe und entfalten Leib und Flügel nur durch Aufnahme durchsonnter Luft, nicht durch innere Substanzbildung. Abbauprozesse überwiegen in jeder Hinsicht dem Aufbau. Wie die Raupe dem grünen Sproß, so ähnelt daher der Schmetterling der Blüte, mit der ihn ja auch enge biologische Beziehungen verbinden. So stark aber auch im Schmetterling die Wirksamkeit des Seelisch-Astralischen spürbar ist, so wenig können wir doch versucht sein, ihm etwas der Seeleninnerlichkeit z. B. einer Katze Ähnliches zuzuschreiben. Er muß vielmehr eher als starres Bild eines Seelischen bezeichnet werden, das unmittelbar als Dynamisches erst in anderen Tiergruppen wirksam ist.

3. Dies führt nun zu einem Vergleich der beiden höchstentwickelten Gruppen des Tierreiches, der Insekten und Säugetiere. Beide sind Gipfelpunkt des Tierseins, aber nach entgegengesetzten Richtungen. Im allgemeinen könnte man sagen: Insekten sind nach außen, Säugetiere nach innen organisiert. Erstere zeigen daher innerhalb der Tierheit gewisse Beziehungen zum Pflanzlichen. Das Stützskelett der Insekten ist ein äußeres, es besteht aus Chitin und dieses hat chemische Verwandtschaft mit der pflanzlichen Zellulose. Das Stützskelett der Säugetiere ist aber ein inneres und besteht aus Kalk. Was bei den Insekten als verwirrende Fülle äußerer Gliedmaßen und Anhangsgebilde (z. B. Schuppen, Dornen, Leisten, Zähnchen) gleichsam abgelagert wird und den Körper dieser „gepanzerten Ritter" belastet, das bleibt bei den Säugetieren mehr im dynamisch-funktionellen Inneren bzw. wird als Stoffwechselprodukt ausgeschieden. Die Schmetterlingsschuppen z. B. enthalten Harnsubstanzen, deren sich die Säugetiere durch die Niere entledigen und die beim Menschen, wie sich später ergeben wird, in bestimmten Zusammenhängen mit dem Denken stehen.[1]). Die Mechanisierung ist bei den Insekten aufs Höchste gesteigert. Während z. B. der Mund der Säugetiere eine

---

[1]) Vgl. die gründliche Experimentaluntersuchung von G. Suchantke, Über den Zusammenhang des Seelisch-Geistigen im Menschen mit seiner Leibesnatur, „Natura" Ztsch. z. Erweitg. der Heilkunst, Bd. 4, 1929/30.

innere Höhlung bildet, in der die Nahrung durch eine weiche muskulös-bewegliche Zunge regiert wird, ist der „Mund" der Insekten eine Fülle nach außen gerichteter harter Chitinapparate, deren mechanisches Zusammenwirken durch raffinierte Gelenke, Scharniere und Zapfen bewirkt wird. Ähnliche Unterschiede bestehen z. B. bei den Augen: Die Augen der Säugetiere sind in eine Vertiefung des Schädels versenkt und außerdem durch Lider verschließbar. Sie entwickeln sich durch eine becherförmige Einstülpung der primären Augenblase nach innen. So bilden sie „Sinnesgolfe", durch die sich die Außenwelt in die Innenwelt einsenkt und dadurch „erlebnishaft" verinnerlicht wird. Die Augen der Insekten (vgl. Abb. 27) jedoch sind konvex in die Außenwelt vorspringende Halbkugeln und ihr optischer Apparat ist grundsätzlich von dem der Säugetiere verschieden. Man hat den Eindruck, ein solcher Organismus sei ganz behext von den Reizen der Umwelt und könne sie nicht erlebnishaft verinnerlichen. Starr und lidlos geweitet stehen diese Augen offen, ein Bild ekstatisch-medialer Entrücktheit.

Ähnliche grundsätzliche Unterschiede ergeben sich bei einem Vergleich von Atmung, Zirkulation, Blut, Stimmgebung. Auf letztere sei hier noch hingewiesen. Die Stimmgebung der Insekten ist ebenso äußerlich, wie ihr Bau. Nicht durch den aus dem Inneren kommenden Atmungsstrom, sondern durch Aneinanderreiben streng mechanisierter Apparate (Chitinleisten und -zähnchen an Beinen und Flügeln) zirpen z. B. die Grillen und Heuschrecken. Daher ist dieses Zirpen, nicht wie das Fauchen, Heulen, Jaulen, Knurren der Säugetiere Ausdruck individualisierter Seelen stimmungen sondern Ausdruck des Kosmos, z. B. der Stimmungen der durchsonnten Atmosphäre.

Das „Seelenleben" der Insekten und Säugetiere vollzieht sich also wohl in grundverschiedener Richtung. Bei den Insekten ist es ganz hineingeronnen in die wunderbaren, aber völlig mechanisierten anatomischen Einrichtungen und Instinkte. Am deutlichsten ist dies bei den stockbildenden Arten (Termiten, Ameisen, Bienen), wo sogar das einzelne Individuum nichts als ein mechanisiertes Teilorgan darstellt: z. B. Eierlegemaschine, Nähr- und Speichelbereitungsapparat, Honigspeicher, verteidigender Beißkiefer oder panzerähnliches Verschlußstück der Eingänge zum Bau etc. Man erkennt, wie die Vollkommenheit der anatomischen Einrichtungen und Instinkte die „Seele" als innere Erlebniskraft geradezu ausschließt. So wenig in einer Maschine noch Platz für den Ingenieur ist und das, je vollkommener sie ist, so wenig kann Seele unmittelbar als

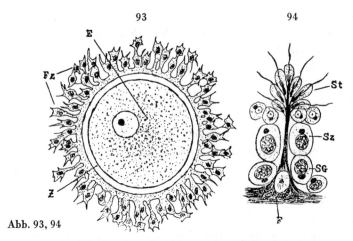

93   94

Abb. 93, 94

Polarität des männlichen und weiblichen Prinzips

Abb. 93 reifes menschliches Ei (E), umgeben von Zona-pellucida (Z) und Follikelepithel (Fz),

Abb. 94 Spermiogenese des Menschen, St Spermatiden, Sz Spermatozyten, SG Spermatogonien, F Fußzellen (Sertolische Zellen) mit ernährender Funktion (nach Waldeyer) stark vergr.

solche in dem wirken, was sie ganz als mechanisiertes Produkt aus sich herausstellte. Insekten sind „Seelen-Bilder" oder „Seelen-Automaten". Sie lernen, kämpfen und erleben deshalb nicht mehr. Verglichen mit den Insekten sind nun zwar die Säugetiere nach Bau und Instinkten unvollkommen. Vieles ist hier der individuellen Erfahrung, Erinnerung und Intelligenz überlassen. Aber gerade diese Unvollkommenheit bedeutet zugleich Unstarrheit, in welche Seelisch-Astralisches unmittelbar als solches eingreifen und zum

inneren Selbsterleben des Tieres führen kann[1]). Aufs Höchste gilt
dies dann freilich erst für den Menschen (vgl. S. 287 ff.).

4. Der Unterschied ätherisch-vegetativer und seelisch-astraler
Kräfte wird schließlich besonders deutlich an der Entwickelung und
Gestaltung der Eier- und Samenzellen. Wie Abb. 93, 94 zeigt,
veranschaulichen beide polarisch entgegengesetzte Richtungen.
Das Ei erfüllt sich in Wachstum und Substanzbildung, die Samenzelle in Teilung und Durchformung. Hier überwiegt daher ein
Abbauendes, Verdichtendes und zugleich Strukturbildendes, dort
aber ein Aufbauendes und Quellendes. Dadurch wird aufs neue,
was man auch sonst weiß[2]), deutlich: Wachstumskräfte und Tei-
lungskräfte, Substanzbildung und Formbildung sind jeweils einander entgegengesetzt.

Versucht man sich den Unterschied der Entwickelung von Ei
und Samenzelle klar zu machen, so stellt sich folgendes geometrisches

---

[1]) Instinkt und Intelligenz sind nach den Ergebnissen moderner Tierpsycho-
logie und Verhaltenslehre zwei entgegengesetzte Möglichkeiten der Entwickelung. „Die höhere Entwickelung der einen macht die der anderen biologisch
unnötig, und tatsächlich läßt sich in ganz grober Verallgemeinerung der Satz auf-
stellen, daß zumindest in bezug auf Extremtypen der Herausdifferenzierung entweder von Instinkthandlung oder höherer psychischer Leistung eine umgekehrte Proportionalität zwischen beiden besteht." (K. Lorenz in J. Vers-
luys, Hirngröße u. hormonales Geschehen bei der Menschwerdung, Wien, 1939.)

[2]) Der Botaniker Jollos unterscheidet einen Teilungs- und Wachstumsfaktor.
Teilung aber bedeutet Gliederung und Formung. Die Eizelle wächst riesenhaft,
bis sie in der Befruchtung den Teilungs- und Formungsfaktor der Spermie aufnimmt und sich nun rasch in viele Furchungszellen zergliedert. Auch bei Algen
führt Überernährung zur Bildung von Riesenzellen, die hernach unter geänderten
Bedingungen sich rasch in viele Zellen teilen. Schlechte Lebensbedingungen be-
günstigen also die Teilung (bzw. die sexuelle Fortpflanzung) und hemmen das
Wachstum, günstige Bedingungen bewirken umgekehrt Riesenwachstum bzw.
agame (vegetative) Fortpflanzung. Vermehrte Beleuchtung fördert bei Pflanzen
die Zellteilung, ist also ein Formfaktor. Unter besonderen Umständen teilen sich
dann manche Algenzellen so stark und rasch, daß sie gleichsam sich zu Tode
teilen. Verwendet man jedoch einfarbiges Licht, so zeigen sich nach Experimenten von Klebs an Farnprothallien folgende Unterschiede (vgl. Abb. 100):
Rotes Licht steigert Wachstum und hemmt Teilung, so daß Riesengebilde entstehen (Stoffpol), blauviolettes Licht hingegen befördert Zellteilung und hemmt
Wachstum (Formpol). Auch damit sind gewisse Beziehungen zu Spermie und
Eizelle, bzw. Astralischem und Ätherischem angedeutet.

Schema ein: In der Eizelle herrscht die Richtung vom Mittelpunkt zur Peripherie und jedes Ei möchte in gewisser Hinsicht ins Grenzenlose wachsen, Substanzen ansammeln und aufquellen. Dieser Wachstumsrichtung des Eies kommt von außen, d. h. von der Peripherie die Richtung der Ernährung entgegen (vgl. S. 221, Anmkg. 1). Wie Abb. 93 zeigt, ist die menschliche Eizelle von Hilfszellen umhüllt, die ihr von der Peripherie her Nahrung zuleiten. Hingegen herrscht in der Samenzelle die Richtung von der Peripherie nach dem Mittelpunkt. Diese Kräfte bewirken weitgehende Zerteilung, Zergliederung und Verdichtung. Spermatozoen machen einen verhärteten, zugleich aber äußerst durchgeformten Eindruck. Die notwendigen Nährstoffe strömen nicht, wie beim Ei, von der Peripherie zu, sondern werden (Abb. 94), im Mittelpunkt dargeboten, wohin jede einzelne Samenzelle mit ihrem Kopfstück strebt. In der Entwickelung der Eizelle sind die Zellteilungen so stark zurückgedrängt, daß selbst die unbedingt nötigen Reifungsteilungen nur zur Abschnürung kleiner Polzellen führen, die überwiegende Eimasse hingegen ungeteilt bleibt. Das Bestreben, wenige aber möglichst große Gebilde zu erzeugen, bedingt sogar, daß ein Teil der in den Eierstöcken angelegten Eier sich in Nährmaterial für das Riesenwachstum weniger endgültig reifender Eier verwandelt. Auch im menschlichen Ovarium wird der größte Teil der Eianlagen später zurückgebildet und nur ein kleiner Teil entwickelt sich zum befruchtungsfähigen Zustande. Die Anhäufung mächtiger Dottermaterialien als Ausdruck für die überwiegenden Aufbaukräfte und den herabgesetzten Abbau unterbleibt nur im Falle einer Entwickelung innerhalb des Mutterleibes. Die ätherischen Aufbaukräfte wirken aber auch dann, nur bekunden sie sich nicht in der Dotteranhäufung im Ei selbst, sondern in den gesteigerten Ernährungsprozessen des Uterus und der Plazenta. So wird die Tatsache verständlich, daß der Uterus das bei weitem lebenskräftigste Organ des menschlichen Leibes ist. Sein Wundheilungs- und Regenerationsvermögen nach Geburten bzw. chirurgischen Auskratzungen grenzt, was Tempo und Umfang betrifft, ans Wunderbare. Man versteht dadurch aber auch, warum hier das ideale Gebiet für Geschwülste (Karzinome und Sarkome) ist.

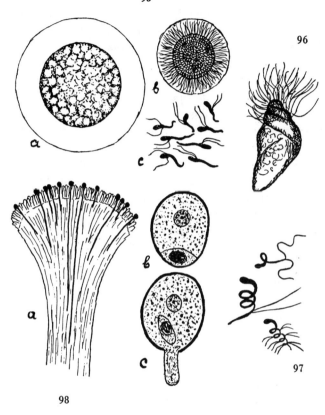

95

96

97

98

Polarität des männlichen und weiblichen Prinzips (sämtl. stark vergr.)

Abb. 95 Volvox (Algenkolonie). a befruchtungsfähige Eizelle mit reichlichem Nährmaterial, b Bündel von Spermatozoiden, aus einer großen Zelle hervorgegangen, c einzelne Spermatozoiden.

Abb. 96 Spermatozoid von Equisetum arvense (Schachtelhalm) mit Spiralprinzip (nach Sharp).

Abb. 97 Spermatozoiden von Farnen und Moosen (Funaria, Sphagnum, Adiantum) nach Kerner-Hansen.

Abb. 98, a Narbe einer Blütenpflanze mit auswachsenden Pollenschläuchen, b Pollenkorn, c auswachsender Pollenschlauch (nach Kerner-Hansen).

269

Auf diese Weise steht eine mächtige, an Substanzfülle gleichsam erstickende Eizelle (die unbefruchtete Eizelle zeigt tatsächlich eine herabgesetzte Atmungsintensität, die sich nach der Befruchtung sprunghaft erhöht) einer Vielzahl kleiner verdichteter und höchst beweglicher Spermatozoen, bzw. Spermatozoiden gegenüber (Abb. 95)[1]). An Abb. 99 kann man gut beobachten, wie sich die rundliche vegetativ gequollene Samenmutterzelle (a) durch Verdichtung und Strukturbildung in die reife Spermie (d) verwandelt. Sichtbarlich greifen hier Kräfte ein, die einerseits das Ätherisch-Vegetative zurückdrängen und dadurch strukturbildend, ja mineralisierend wirken, andrerseits aber Sensibilität und Motilität verleihen. Spermien sind für Richtungsreize höchst empfindlich (Chemotaxis, Rheotaxis!). Oft finden sich in ihnen doppelbrechende Substanzen, wie bei gewissen Kristallen, sowie eine Fülle komplizierter, an Neurofibrillen erinnernder Achsenfäden und Stützfasern[2]). Im Vergleich zur weichen gequollenen „hypotonischen" Beschaffenheit der Eizelle könnte man von der „hypertonischen" und „spastischen" Samenzelle sprechen, womit natürlich nicht Unterschiede des osmotischen Druckes gemeint sind. Die Beziehungen zum Seelisch-Astralischen verstärken sich noch durch die charakteristischen Spiralstrukturen, die mit dem Bewegungscharakter dieser Gebilde zusammenhängen (vgl. hierzu Abb. 96, 97, 99 und S. 247 f.).

---

[1]) Hier erinnere man sich, was früher über die Beziehung des runden Flüssigkeitstropfens zum Ätherischen und der austrocknend-gliedernden Luft zum Seelisch-Astralischen gesagt wurde. Dasselbe Prinzip, welches Zweige und Blätter aber auch besonders das Nervensystem gliedert und formt, wirkt auch in der Spermiogenese. Was hier über den Wesensunterschied von Ei und Spermie gesagt wurde, könnte in entsprechender Form auch über die anatomischen, physiologischen und psychologischen Unterschiede von Frau und Mann gesagt werden (vgl. den zweiten Teil dieses Buches). Jedenfalls aber erkennt man, daß nur die Vereinigung des mehr ätherisch-stofflichen und des mehr astralisch-formenden Prinzips die Grundlage der Embryonalentwickelung geben kann. Damit sind auch experimentelle Erfahrungen im Einklang.

[2]) Diese Strukturgebilde hat besonders Koltzoff untersucht (vgl. die Abb. bei M. Hartmann, Allgem. Biologie, S. 101 ff.). Kennzeichnenderweise werden sie meist erst beim künstlichen Aufquellen der Spermien sichtbar, was erneut für die stark verdichtete Beschaffenheit dieser Gebilde spricht.

Niedere Pflanzen wie die Algen und Moose besitzen teilweise bewegliche, den Tieren verwandte Spermatozoiden (Abb. 95-97). Hier ist also Vegetatives und Animalisches noch vermischt. Die strenge Sonderung beider Kräftebereiche vollzieht sich erst bei den höheren Pflanzen, besonders den Blütenpflanzen. Wie wir sahen, ergreift das animalisch-astralische Prinzip diese nur von außen, es spiegelt sich an ihnen, tritt aber nicht in sie innerlich ein. Daher legen bei

a   b   c   d

Abb. 99

Entwickelung der Spermien der Maus durch Ausformung rundlicher embryonaler Bildungszellen (a). Entstehung des schraubigen Fadens der reifen Spermie (d) aus ungeordneten Granula (Mitochondrien) der Bildungszellen (a—c) stark vergr. (nach Benda).

der Befruchtung der Blüten die Pollenkörner (die auch vergleichend anatomisch den Spermatozoiden durchaus nicht homologe sind), den langen Weg von der Narbe bis zu den Samenanlagen ausschließlich durch vegetatives Wachstum des Pollenschlauches, also auf rein pflanzliche Weise zurück (Abb. 98).

5. Mehr oder weniger vollständige Rückbildung der animalisch-astralischen Organisation wird schließlich bei Parasiten beobachtet. Mit Recht gelten diese als physiologische Zwischenglieder des Tier- und Pflanzenreiches, besitzen aber zugleich gewisse Ähnlichkeiten mit den bösartigen Geschwülsten (Karzinome, Sarkome). Die aus dem Ei schlüpfenden Jugendformen sind meist noch voll

entwickelte Tiere. Erst mit dem Festsetzen bzw. Eindringen in den „Wirt" beginnt die Rückbildung des Sinnes-, Nerven- und Bewegungsapparates. Selbst der Darm verschwindet oft, weil die Nährstoffe direkt von der Körperoberfläche resorbiert werden. In extremen Fällen bleibt zum Schluß nur ein unförmlicher schlauch-

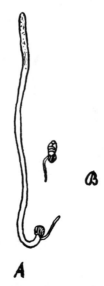

Abb. 100

Polarität von Wachstum und Teilung. (Zu Anm. 2 auf S. 267.)
Prothallium eines Farnes (Pteris longif.) nach Klebs.
A im roten Licht gewachsen, ungeteilte Riesenzelle,
B in blauem Licht gewachsen, Zerklüftung in viele kleinste Zellen bei ge-
   hemmtem Wachstum.

ähnlicher Klumpen übrig. Ins Riesenhafte gesteigert ist allein die Vermehrung. Es gibt Parasiten, deren Eierstock aus dem Körperinnern sich vorstülpt und dann die zwanzigfache Länge des ganzen Tieres gewinnt.

Die erstaunlichsten Veränderungen beobachtet man an einem kleinen Krebs (der Cirripede Sacculina carcini, Abb. 101)[1]). Das

[1]) Vgl. die ausführliche Schilderung bei Korschelt-Heider, Vergleichende Entwicklungsgeschichte der Tiere, neue Aufl., Bd. 2, S. 614 ff.

Ei verläßt ein normaler, mit Gliedmaßen und Augen versehener, nur des Darmes ermangelnder „Nauplius". Dieser metamorphosiert sich in das Cyprisstadium und setzt sich als solches an einer bestimmten Stelle am Panzer des Wirtstieres (der Krabbe Carcinus maenas) fest. Nun wird der größte Teil der Weichteile zusamt Haut, Beinen und Muskulatur abgestoßen. Der ungeformte Geweberest zieht sich sackartig zusammen (Involution!), umgibt sich mit einer Chitinhülle und bohrt sich mit deren Spitze wie mit

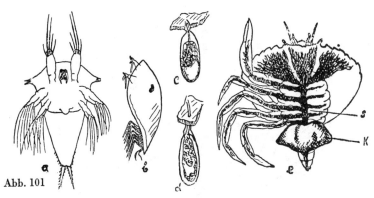

Abb. 101

Entwickelung des parasitischen Krebses Sacculina carcini (nach Delage) a Naupliuslarve, b Cyprisstadium, c d Eindringen des Parasiten in den Wirt (eine Krabbe), e Parasit in Form wurzelförmiger Verästelungen den Wirt durchwuchernd, (S Saugwurzeln, K Hauptkörper mit großem Hoden und Ovar).

einer Injektionsnadel durch den Panzer des Wirtes hindurch und wandert daraufhin in dessen Inneres ein, um sich schließlich an der Darmwand festzusetzen („Sacculina interna"). Im Laufe der weiteren Entwicklung, die etwa ein Jahr dauert, treibt der Parasit nun von einem rundlichen „Zentraltumor" aus wurzelähnliche Ausläufer in die Darmwand hinein und durchwuchert schließlich den ganzen Krebs bis in die Spitzen der Beine (Abb. 101e), wobei das Gewebe des Wirtes zerstört, verflüssigt und resorbiert wird. Dadurch entstehen schwere Giftwirkungen auf das Wirtstier. Infolge des wachsenden Zentraltumors stirbt das abdominale Gewebe der Krabbe ab und der Parasit treibt nun auch nach außen

18

einen Tumor (die „Sacculina externa") hervor. Diese umschließt Ovarien und Hoden und bildet befruchtete Eier, aus denen sich wieder freibewegliche Nauplien entwickeln, womit der Kreislauf abgeschlossen ist. Das Wirtstier selbst aber stirbt schließlich zusamt seinem Parasiten.

Schon die zur Schilderung dieser Vorgänge von den Zoologen gebrauchten Ausdrücke (Tumor) deuten auf die Verwandtschaft eines solchen parasitischen Prozesses mit den Krebsprozessen des

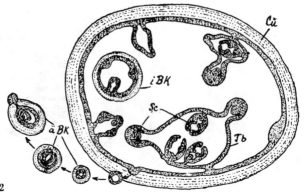

Abb. 102

Finne eines Bandwurmes (Taenia echinococcus) mit sekundären Tochterblasen (Tb), inneren Brutkapseln (iBk) und Bandwurmköpfen (Skolices, Sc), Metastasenbildung nach außen in Form äußerer Brutkapseln (äBk), nach Kühn.

Menschen hin. Wichtig ist, daß diese zerstörenden Wucherungen des Parasiten dadurch zustande kommen, daß sich die verdichtenden Formkräfte des Astralischen zurückziehen und dadurch die ätherischen Wachstums-, Verdauungs- und Ernährungskräfte in hemmungsloser, also pathologischer Weise aufquellen. Dieses ist zugleich ein Schlüssel zum menschlichen Krebsproblem.

Die Ähnlichkeit gewisser Parasiten mit bösartigen Geschwülsten steigert sich noch bei einem parasitischen Bandwurm (Taenia echinococcus), weil hier ausgesprochene Metastasen in das umliegende Gewebe ausgesät werden (Abb. 102). Zum Unterschied von anderen Bandwürmern entwickelt sich hier in der Finne nicht nur ein einziger Bandwurmkopf (Scolex), sondern es entstehen innerhalb der mächtig heranwachsenden Mutterfinne sekundäre Finnen (Brutkapseln), die sich immer weiter vermehren und schließlich auch zahlreiche Bandwurmköpfe (Scolices) durch Sprossung hervorbringen. Bei dieser inneren Sprossung und Vermehrung hat es jedoch nicht sein Bewenden, es brechen vielmehr Teile der wuchernden Innenschicht in Gestalt rundlicher Keime durch die Blasenwand nach außen durch, wo sie alsbald zu neuen selbständigen Brutkapseln heranwachsen, die nun wieder zur Aussaat schreiten, bis das ganze befallene Organ mit „Metastasen" durchsetzt ist. Man spricht dann von Echinococcus multilocularis. In solchem Falle ist an eine operative Entfernung nicht mehr zu denken. Es ist verständlich, daß dieser ätherisch-vegetativ so überkräftige Parasit, den man wegen seiner Wachstumsform auf diesem Stadium kaum mehr „Tier" nennen kann, vorwiegend die menschliche Leber, also das ätherreichste, am meisten vegetativ betonte Organ des Menschen befällt.

6. Parasitäre Erscheinungen werden übrigens auch auf einem Gebiete beobachtet, wo man sie zunächst am wenigsten erwarten würde: in der menschlichen Embryonalentwicklung. Das befruchtete Ei differenziert sich in einen inneren Teil, welcher später den eigentlichen Embryo hervorbringt und in eine Außenschicht, den sog. „Trophoblasten". Mittelst dieses Trophoblasten versenkt sich nun das Ei in die Tiefe der Gebärmutterschleimhaut, wobei die Oberfläche des Trophoblasten wurzelartige Verästelungen treibt, die auf chemischem Wege das umliegende Schleimhautgewebe auflösen (verdauen) und diesen Nahrungsbrei (Embryotrophe) resorbieren und in geeigneter Form dem wachsenden Ei zuführen. Diese Trophoblastzellen besitzen nun tatsächlich gewisse Ähnlichkeit mit den Zellen bösartiger Geschwülste, und auch hier haben wir es offenbar mit einer außerordentlich gesteigerten Aufquellung und Entfaltung ätherischer Wachstums- und Ernährungskräfte zu tun, denen zunächst keine entsprechenden Formungs- und Begrenzungskräfte (Abbau und Einstülpung) von der Peripherie entgegengesetzt werden.

5. VOM HEREINSCHLAGEN DES SEELISCH-
ANIMALISCHEN INS PFLANZENREICH

Geschult an der Betrachtung des Tierreiches für die gestaltlichen und funktionellen Eigenheiten seelisch-astralischen Kräftewirkens, kann man nun zurückschauen auf die Pflanzenwelt und sich fragen, ob und wo denn nun auch hier solche Kräfte eingreifen. Man muß sich hierzu folgendes klar machen: Ausschließlich sich selbst überlassene vegetative Wachstums- und Ernährungsprozesse müßten offenbar nur formlose und klumpige Massen erzeugen, wie wir solche bei gewissen Algen und Pilzen, aber auch bei pathologischen Wucherungen (Tumoren) finden. Daher muß alles, was im Bau der Pflanzen darüber hinausliegt, dem Eingreifen eines über-vegetativen Kräftesystems seine Entstehung verdanken, wenngleich dieses nicht eigentlich in der Pflanze selbst lebt, sondern nur wie von außen in sie hereinwirkt. Sonst bliebe nämlich die Pflanze nicht Pflanze, sondern würde zum Tier. Eine besondere Rolle spielt hierbei die durchlichtete und durchwärmte Atmosphäre und das dieser angehörige Insektenleben. Im Ineinanderwirken dieser Bereiche mit dem grünenden und blühenden Pflanzenteppich, kann der Arzt Prozesse studieren, die auch im Innern der menschlichen Organe stattfinden, dort aber viel schwerer zu überschauen sind. Hierin liegt die Bedeutung der im Folgenden zu besprechenden Erscheinungen für die Schulung des diagnostischen und therapeutischen Blickes.

1. Vom feingegliederten Astwerk der Bäume und Sträucher wurde schon gesprochen. Es konnte gezeigt werden, daß hier der rhythmisierende und durchatmende Einfluß des Atmosphärischen und eines vom Kosmos hereinwirkenden Seelisch-Astralischen studiert werden kann, welcher die geballte Massigkeit vegetativer Wachstumstendenzen lockert, auffasert und durchformt. Zugleich damit finden aber auch verdichtende und verphysizierende Einflüsse statt, genau wie in den Nervenfibrillen und ähnlichen Gebilden der tierischen Organisation. (Vgl. Abb. 26, 29.)

Solche Kräfte wirken daher auch den Geschwulsttendenzen im menschlichen Organismus entgegen. Wir wissen, daß maligne Tumoren (Karzinome und Sarkome) keine normale Gewebeatmung haben, sondern sich in einer Art dumpfem Erstickungszustand befinden. Hier zu „durchlüften", zu durchformen und abzubauen ist daher Voraussetzung jeder internistischen Tumor-Therapie und -Prophylaxe[1]).

2. Den reinen Wachstumskräften überlassen, müßten auch die vegetativen Laubsprossen ins Grenzenlose weiterwachsen. Finden sie hingegen nach dem Streckungswachstum des Frühlings ihre Begrenzung in den endständigen Ruheknospen, so ist auch hier das Eingreifen eines neuen Faktors sichtbar. Dieser lebt im Jahreslauf, der keine grenzenlose Gerade, sondern ein in sich zurücklaufender Kreisprozeß ist (Gestirn!). Er staut von der Peripherie her die grenzenlosen, radiär von der Erde ausstrahlenden vegetativen Wachstumstendenzen zurück und verinnerlicht und involviert die Pflanze in den herbstlichen Knospen.

3. Am Entscheidendsten aber verläßt die Pflanze das vegetativ-ätherische Bereich in der Blüte bzw. Frucht. Die pflanzliche Metamorphose im Bereich der grünen Blätter erleidet beim Übergang zur Blüte einen absoluten Einschnitt und Sprung[2]). Die Blüte ist in gewisser Hinsicht noch einmal eine ganze Pflanze, aber auf höherer Ebene. Man kann sie sich dadurch entstanden denken, daß man einen langgestreckten, beblätterten Pflanzensproß so vollständig zusammenstaucht, daß seine Längsachse verschwindet und die Blätter nun strahlenförmig aus einem einzigen Mittelpunkt hervorkommen. Hier wirken dann zusammendrängende, ballende,

---

[1]) Vgl. O. Warburg, Über den Stoffwechsel der Tumoren, 1926.

[2]) Die wesenhafte Gegensätzlichkeit zwischen Laubsproß und Blüte wird heute wieder zu einem Hauptthema der Fachbotanik, vgl. bes. H. André. Der verhaltensgegensätzliche Aufbau der Pflanze im Lichte biologischer Feldtheorie, Ztsch. f. d. ges. Naturwiss., Bd. 1, 411, 1936, Ders. Die Polarität der Pflanze als Schlüssel zum Generationswechselproblem, Jena 1938. André stellt die radiär ausstrahlende, distanzierende, verzweigende Tendenz der Laubsprosse gegenüber der umkreishaften, peripherisch-umschließenden Tendenz der Blüte. Könnte die Polarität des Vegetativ-Ätherischen und des Seelisch-Astralischen klarer ausgedrückt werden? Das Ätherische quillt und wächst, wie wir sahen, nach außen, das Astralische hingegen verdichtet faßt zusammen und stülpt ein nach innen. Ersteres baut auf (Stärke), Letzteres baut ab (Duftstoffe).

gewissermaßen verinnerlichende Kräfte und zwar bei den einzelnen Blüten in verschiedenem Grade.

Die einfachste Blütenform ist die sternförmige oder strahlige. Diese Blüten machen auf uns den reinsten, selbstlosesten Eindruck. Intensiver wirkt dann diese Kraft herein in den eingezogenen, kelchförmigen Blüten. Sie schafft sich da einen tiefer eingestülpten, nur oben offenen Hohlraum, der auch als saugend erlebt werden kann und damit bereits eine gewisse Verwandtschaft mit animalischer Triebgier verrät. Die höchste Stufe dieser Verinnerlichung finden wir dann z. B. bei den Lippenblütlern, Schmetterlingsblütlern und Orchideen. Hier macht die „Animalisierung" der Blüte weitere Fortschritte, indem durch komplizierte Einrollungen und Aufblähungen, Ausstülpungen und Verwachsungen der Blütenblätter labyrinthische Hohlräume entstehen, die sich den Insekten auf Grund bestimmter Mechanismen erschließen. Solche Blüten sind bis auf Einzelheiten ihres Baues und ihrer Färbung die pflanzlichen Gegenbilder dessen, was im Insekt als Sinnesorgan (Auge, Fühler) und Triebbegierde (Rüssel, Beine) wirkt. Auch die Einrollung der „Staubblätter" zum „Staubgefäß", die Einrollung und Verlötung mehrerer „Fruchtblätter" zum „Fruchtknoten" sind Vorgänge, die über das Reinvegetative hinausweisen und Anklänge an tierische Embryonalentwicklung (z. B. die Bildung des Neuralrohres) zeigen.

Man muß daher sagen: Die vegetative Pflanze findet in der Blüte (bzw. Frucht) nicht ihre Forsetzung, sondern ihr Ende. Blüten- bzw. Frucht- und Sproßbildung sind einander entgegengesetzt[1]). Jeder Gärtner weiß, daß alles, was das Wachstum

---

[1]) Reife Äpfel beschleunigen den Reifevorgang an unreifen, nahe gelagerten Äpfeln, hemmen aber das vegetative Wachstum von Keimlingen. Die Sprosse werden hierbei in ähnlicher Weise zurückgestaucht und zusammengedrängt wie bei der Blütenbildung bzw. den sog. Sproßgallen. Der wirksame Stoff ist hierbei das Äthylengas. Dieses ist Ausdruck der gesteigerten Dissimilationsprozesse reifender Äpfel, also der Abbauvorgänge, die als solche den ätherisch-vegetativen Vorgängen entgegengesetzt sind. Daher fördert Äthylen auch die Zersetzung des Chlorophylls, d. h. das Verfärben der Blätter und Früchte. Klarer könnte die Gegensätzlichkeit des Vegetativen und Animalischen nicht mehr bewiesen werden. Vgl. H. Molisch, Der Einfluß einer Pflanze auf die andere, Allelopathie, Jena 1937.

einer Pflanze fördert (z. B. reichliche Ernährung, Feuchtigkeit und Schatten), die Blütenbildung hemmt und umgekehrt. Sobald die Pflanze blüht, schließt sie ihr Wachstum ab, Stengel und Blätter werden faserig und holzig. Blühende Pflanzen welken rascher und dürfen daher in diesem Zustande nicht umgepflanzt werden. Bei Obstbäumen kann man z. B. beobachten, wie die blühenden Triebe stets kürzer als die Laubtriebe sind, Gipfelsprosse umso leichter blühen, je schwächer sie sind und schließlich kranke Bäume oft eine verfrühte und verstärkte Blütenbildung zeigen, ehe sie absterben.

In ähnlicher Weise wie die Anatomie ist also offenbar auch die Physiologie der Blüte den grünen Sprossen entgegengesetzt und zwar so wie das Seelisch-Animalische dem Vegetativ-Ätherischen. Die Atmungsintensität der Blüten ist im Vergleich zu den Blättern meist beträchtlich erhöht und erinnert in manchen Fällen an tierische Atmungsquotienten. Während die Blätter infolge ihres starken Wasserprozesses (Transpiration) meist kühler als die Umgebung sind, zeigen die meisten Blüten Übertemperaturen, die bei manchen Gewächsen (z. B. dem Aronstab) fieberhaften Charakter annehmen können. In ähnlicher Weise wie bei den seelischen Bewußtseinsprozessen der Tiere überwiegt also bei den Blüten die dissimilatorische Stoffwechselphase, d. h. sie veratmen und bauen ab, was die Blätter erzeugten und aufbauten. Deshalb sprechen die Blütenprozesse (Farbe, Duft, Geschmack) auch wieder besonders zu den seelischen Empfindungsprozessen der Tiere und Menschen. Verglichen mit den Blättern sind die Blüten weitgehend entvitalisiert. Sie sind vergänglich, welken rasch und sind in keiner Weise (wie viele Blätter) imstande, Wunden zu verheilen oder gar an Schnittflächen neue Pflänzchen hervorzutreiben (vgl. Abb. 17, 19).

Die Verwandtschaft der Blüte zu den atmosphärischen Luft-, Licht- und Wärmevorgängen und damit ihr Zusammenhang mit der Periodik des Planetarischen (Astralischen) beweist die ganze Blütenbiologie[1]). Im Gegensatz zu den Blättern sind alle Blüten gegen Feuchtigkeit und Regen sehr empfindlich. Im Zusammen-

---

[1]) Ausführliche Darstellung bei Kerner von Marilaun, Pflanzenleben, Neuausgabe von Hansen, 1921, 3 Bde.

hange mit Tag und Nacht, Besonnung und Beschattung, Trockenheit und Feuchtigkeit, öffnen und schließen, erheben und senken sie sich, streuen den Pollen aus bzw. halten ihn zurück. Pollenkörner platzen und sterben nämlich wenn sie naß werden. Was in den Stimmungen der Atmosphäre und im Kreisen des Planetensystems lebt, das spiegelt sich bis in Einzelheiten im Verhalten der Blüten. Es ist sogar möglich eine sog. „Blütenuhr" aufzustellen, weil viele Pflanzen (besonders die Gräser) ihre bestimmten und von anderen Pflanzen unterschiedenen Tageszeiten haben, an denen sie sich öffnen bzw. schließen. Viele Blüten wenden sich der Sonne zu und folgen ihrem Tageslauf. Auch dies beweist, bis zu welchem Grade die Pflanze in der Blüte von einem Seelisch-Empfindungshaften überleuchtet, wenn auch nicht, wie das Tier, davon innerlich ergriffen ist.

Die vollentwickelte Blütenpflanze steht also in einem dreifachen Kräftebereich und bringt dies in der Dreigliederung ihrer Organisation[1]) zum Ausdruck: Von unten dringen in sie ein mineralisierende Erdenkräfte. Die Wurzel ist von Verdichtung und Schwere ergriffen. Von oben leuchtet herein Seelisch-Astralisches. Blüten, Früchte und Samen sind luft-, licht- und wärmeverwandt. Die pflanzliche Mitte ist der eigentliche Schwerpunkt des Vegetativ-Ätherischen im flüssigkeitsverbundenen grünen Blatt. (Abb. 29.)

Diese Dreigliederung spiegelt sich auch im Chemismus und dieser zeigt ganz bestimmte Zusammenhänge mit den Wesensgliedern und Regionen des Menschen[2]). In der pflanzlichen Mitte bildet sich die Stärke als Urnahrung. Stärke ist geschmack-, geruch- und farblos, sie spricht also nicht zu den seelischen Bewußtseinsprozessen, sondern nur zu den tief-unbewußten ätherischen Ernährungsprozessen des Menschen. Diese Stärke verwandelt sich nun nach zwei Seiten: nach oben durch teilweisen Abbau in Zucker, Farb- und Duftstoffe (ätherische Öle)[3]) der Blüten, Früchte

---

[1]) Vgl. G. Grohmann, Die Pflanze, 1929, Botanik, 1933, Metamorphosen im Pflanzenreich, 1935, Blütenmetamorphosen, 1937.

[2]) Vgl. R. Hauschka in „Natura", Zeitsch. z. Erweiterung d. Heilkunst, Bd. 4, 308, Bd. 5, 155.

[3]) Eine ältere Medizin besaß noch Einsicht in die therapeutischen Kräfte. pflanzlicher Duftstoffe (vgl. Hufeland, Enchiridium medicum 5. A., 1839).

und Samen, also in Substanzen, die intensive Beziehungen zum menschlichen Empfindungsleben haben. Der Wesenheit der oberen Pflanze gehören aber auch an die Alkaloide (z. B. Atropin, Digitalin, Akonitin), also Substanzen, welche als Gifte bzw. Heilmittel stärkste Wirkungen auf die seelisch-astralische Organisation der Tiere und Menschen ausüben (z. B. Krämpfe und Lähmungen, Erregungen und Hemmungen etc.). Wie die Farben, Geschmäcke und Gerüche, so kann man auch diese Giftstoffe, in jeweils bestimmter Hinsicht, gleichsam als chemische Verkörperungen der abbauenden Wirksamkeit seelisch-astralischer Kräfte ansehen, wodurch sie auf die ihnen entsprechenden Wesensglieder des Menschen wirken. Schließlich verwandelt sich die Stärke nach unten hin in die Zellulose- und Holzsubstanzen des Stammes und der Wurzeln. Diese Stoffe entgleiten nicht nur dem Seelenbereich: sie sind geschmack- und geruchlos, sondern auch dem Lebensbereich: sie sind unverdaulich bzw. werden nur nach vorhergehender Spaltung und Vergärung durch Darmbakterien teilweise resorbierbar.

Blüten-, Blatt- und Wurzelprozeß sind nun aber in der Pflanze nicht etwa immer streng räumlich voneinander getrennt, sie durchdringen sich vielmehr oft sehr stark: Der astralisierende Blütenprozeß kann z. B. in die Gestaltung und Farbigkeit der Stengelblätter übergreifen, wie es z. B. beim Wachtelweizen der Fall ist, dessen oberste Stengelblätter rot oder blauviolett sind. Innerhalb derselben Pflanzengruppe, z. B. der Labiaten, sind die großblühenden Arten (z. B. die Taubnesseln) arm an ätherischen Ölen. Hier erschöpft sich der Blütenprozeß ganz in Größe und Farbe der Blüte. Er betätigt sich hingegen bei den relativ kleinblütigen Arten, wie Lavendel, Thymian oder Minze, in der Produktion ätherischer Öle und durchdringt mit ihnen die ganze Pflanze. Ähnliches gilt für die Alkaloide. Die Verhältnisse liegen aber im einzelnen Falle sehr kompliziert und erfordern das eindringende Studium des Arztes und Pharmakologen.

4. Von hier aus fällt nun auch ein neues Licht auf die Metamorphose der grünen Blätter am Stengel. Wie aus Abb. 103 hervorgeht, zeigt diese Metamorphose einen ganz bestimmten ein-

sinnigen Verlauf. Sie ist, um mit Goethe zu sprechen, „die Steigerung auf einer geistigen Leiter". Eine solche Steigerung setzt aber
eine Polarität voraus, ist also aus den ätherischen Wachstumskräften allein nicht verständlich. Blütenlosen Pflanzen wie den

Abb. 103

Scabiosa lucida, Blattmetamorphosen zwischen Wurzel und Blüte
(nach Grohmann).

Farnen fehlen daher solche Metamorphosen, aber auch bei Blütenpflanzen mit schwach entwickeltem Blütenprozeß sind Blattmetamorphosen kaum angedeutet. An unserem Beispiel aber wird
deutlich, wie von oben ein dem vegetativen Wachstum entgegen-
gerichteter Prozeß eingreift; wie er die Blätter stärker gliedert und

282

durchformt, sie zugleich aber auch verdichtet und zusammendrängt und schließlich die Pflanze überhaupt aus dem Räumlichen heraus in die Verbogenheit zurückdrängt. Erst in der Blüte wird sie dann auf höherer Ebene sich wieder im Raume offenbaren.

5. Mit den Blütenprozessen, wenn auch auf ganz anderer Ebene verwandt, sind schließlich die Vorgänge, die zur herbstlichen Verfärbung des Laubes, bzw. zur Fruchtreife führen (vgl. Anmkg. auf S. 278). Nur erscheinen sie nicht zentrifugal ausstrahlend wie in der Blüte, sondern von allen Seiten zentripetal einstrahlend und bedingen zugleich mit dem Süß- und Farbigwerden der Früchte das Vergilben und Verdorren des Laubes, sind also ebenfalls dem Vegetativ-Ätherischen entgegengerichtet. Innerhalb des menschlichen Kulturbereiches wird dann dieser Prozeß noch weiter fortgesetzt, z. B. in der Weinbereitung (Gärung!).

6. Nicht zuletzt sind hier die sog. insektenfressenden Pflanzen, sowie die Mimosen und Ranken zu erwähnen. Insektenfressende Pflanzen machen handähnliche Schließbewegungen (Drosera, Dionaea) oder bilden Hohlräume, die wie ein „Magen" Sekret (Pepsin-Salzsäure) absondern und tierisches Eiweiß verdauen (Nepenthes, Sarracenia). Die Wesensnähe zum Animalischen ist hier also sehr groß. Mimosen und Ranken zeigen auffallende Beweglichkeit, letztere zugleich schraubige bzw. spiralige Kontraktionen. Der Mechanismus dieser Bewegungen ist jedoch ein grundsätzlich anderer als bei tierischen Muskel- und Gelenkbewegungen. Daher haben auch die von Haberlandt entdeckten „Reizleitungsfibrillen" wohl Verwandtschaft mit Nerven, sind aber keine. Niemals darf man nämlich vergessen, daß über die wahre funktionelle Bedeutung einer Gewebestruktur allein der gesamte Bauplan des Organismus entscheidet. Dieser Bauplan aber trennt sowohl Mimosen und Ranken als insektenfressende Pflanzen grundsätzlich vom Tierreich (fehlende Gastrulation!) so daß wir hier nur von Hereinspiegelung seelisch-astralischer Kräfte, nicht aber von wirklich animalischem Dasein sprechen dürfen.

7. Das größte Experiment über das Zusammenwirken des Ätherischen und Astralischen in der Pflanze hat aber die Natur ange-

stellt in den „Gallen"[1]). Pflanzengallen entwickeln sich besonders durch den Einstich, bzw. die Eiablage bestimmter Insekten auf den Blättern, bzw. Laubsprossen. Bei den Sprossen wird hierdurch das vegetative Längenwachstum unterbunden und es kommt zu dicht zusammengedrängten, köpfchenförmigen, oftmals farbigen Gebilden, die eine gewisse Ähnlichkeit mit Blütenständen besitzen. Auf den Blättern aber bilden sich um das Ei herum Gewebewucherungen, die in ihrer äußeren Gestalt und Farbigkeit an reifende Früchte (Äpfel, Schoten etc.) erinnern, innen aber oft einen Hohlraum umschließen, der mit einem eigens präparierten fett- und eiweißreichen Nährgewebe erfüllt ist, in welchem die Insektenlarven heranwachsen. Ist dies geschehen, d. h. ist das fertige Insekt zum Ausflug bereit, so öffnen sich auf Grund komplizierter vorgebildeter Mechanismen die Gallen und entlassen das Insekt nicht anders wie die reife Frucht den Samen oder wie die Knospe die Blüte.

Das Auffallende hierbei ist nun, daß jede Insektenart die für sie charakteristische Gallenbildung hervorruft, wobei das Hauptprinzip der Gestaltung im Insekt und weniger in der Pflanze liegt. Verschiedene Insektenarten rufen aus derselben Pflanzenart verschiedene Gallen hervor, dieselbe Insektenart auf verschiedenen Pflanzen zwar etwas abweichende, aber doch sehr ähnliche Gallen. Die Pflanze bietet also mehr das indifferente wachstums- und ernährungsfähige Material, während im Tier mehr die bestimmenden Gestaltungskräfte liegen. Klarer könnte dieses, schon so oft von uns erwähnte Verhältnis des Ätherischen zum Seelisch-Astralischen von der Natur selbst nicht ausgesprochen werden!

Eine Gallenbildung ist nun offenbar ein Organismus höherer Ordnung, welcher aus der Vereinigung pflanzlicher und tierischer Kräftewirkungen entsteht. Die Pflanze allein wäre zu einer Bildung unfähig, die sich nicht nur durch ihre charakteristische Gestalt, sondern auch durch einen besonderen Stoffwechsel (z. B. Tanninanhäufung) vom vegetativen Blatt bzw. Sproß grundsätzlich

---

[1]) Über deren Biologie vgl. Kerner von Marilaun-Hansen, Pflanzenleben, Bd. 2, 1921, über deren Anatomie E. Küster, Patholog. Pflanzenanatomie, 3. A., 1925.

unterscheidet. Man hat gefragt, wie es denn die Pflanze gelernt habe, auf den Anreiz des Insektes nicht nur eine beliebige krankhafte Wucherung, sondern ein kompliziertes und für das Insekt raffiniert zweckmäßiges Organ zu erzeugen. Man meinte, ob hier nicht Selektion eine Rolle spiele. Aber das ist ausgeschlossen, weil solche Gallenbildungen für die Pflanze selbst in keiner Weise nützlich sind. Man muß eben einfach feststellen, daß vom Insekt eine gestaltende Kraft in die Pflanze hineinwirkt, wodurch deren Wachstumskräfte so geleitet werden, daß sie den lebendigen, schützenden und ernährenden „Leib" eines „Seelischen" bilden. In der Tat ist das Insekt die Seele solcher Gallenbildungen und deren Entwicklung eine Art Embryonalentwicklung.

Unabhängig von unseren Erklärungsversuchen ist dies die eindeutige Sprache der Phänomene! Erst glaubte man, die bloße Verletzung durch den Legestachel oder die Saugorgane bedinge die Gallenbildung, dann meinte man, das abgelegte Ei oder ein vom eierlegenden Tier ausgeschiedenes Sekret wirke als entsprechender Reiz. Man injizierte nun Extrakte von Eiern, Gallwespen und jungen Larven, konnte aber niemals Gallenbildungen bewirken. Der einfache chemische Reiz genügt also offenbar nicht, aber auch der bloße Reiz der sich bewegenden und fressenden Larve kann nicht das Wesentliche sein, denn die vielen sonst auf Pflanzen fressenden Insekten bedingen keine Gallen. Das Ausschlaggebende ist offenbar ein inniges Zusammenwirken von Pflanze und Tier, denn die Gallenbildung hört sofort auf, wenn die Larve abstirbt. Es müssen vom lebendigen Tier Kräfte in die Pflanze eingreifen, nicht anders wie solche Kräfte auch innerhalb der tierischen Embryonalentwicklung z. B. der Gastrulation, sowie der inneren Organ- und Hohlraumbildung zugrunde liegen. In der Gallenbildung ist nur auf zwei Lebewesen (Tier und Pflanze) verteilt, was sonst ein Organismus umschließt. Erst wenn man bestimmte übersinnliche Kräfteorganisationen in die Biologie einführt[1]), können Phänomene wie die Gallenbildung, aber auch die tierische Embryonalentwicklung oder die pflanzliche Blüten-

---

[1]) Dies tut z. B. auch E. Becher, dessen Buch (Die fremddienliche Zweckmäßigkeit der Pflanzengallen und die Hypothese eines überindividuellen See-

bildung verständlich werden. Dies schließt selbstverständlich nicht aus, daß gelegentlich bestimmte chemische Stoffe als „formative Reize" wirken. Sie tun dies jedoch nur als Werkzeuge und Ausdrucksmittel der eigentlichen organisierenden Kräfte.

In diesem Zusammenhange wäre schließlich noch darauf hinzuweisen, daß auch die Nektarbildung der Blüten durch Insektenbeflug angeregt wird[1]).

Hiermit sind wir, durch die Stufenfolge der Naturbereiche aufsteigend und deren wesenhafte Gestaltungskräfte und -gesetzmäßigkeiten darlegend, bis unmittelbar zum Menschen gelangt, in welchem alle diese Kräfte und Gesetzlichkeiten zwar wirken, zugleich aber als unselbständige Glieder eingegliedert sind dem eigentlich Menschlichen. Zum folgenden Abschnitte vergleiche man auch noch besonders die Zusammenfassungen auf S. 116 ff. und S. 190 ff.

---

lischen, 1917) seinerzeit großes Aufsehen machte. Vgl. auch H. Driesch, Philosophie des Organischen, 4. A., 1928.

[1]) Über den Zusammenhang von Pflanze und Insekt vgl. mein Buch „Erde und Kosmos", 2. A., 1940, S. 215 ff.

VI. ABSCHNITT

TIER UND MENSCH

(DIE WIRKLICHKEIT DES GEISTES)

Von „Geist" spricht man in Kultur- und Geschichtswissenschaften bzw. in der Philosophie und meint damit jenes flüchtige Etwas, das im menschlichen Bewußtsein aufleuchtet, aber schon bei den kleinsten Störungen des Gehirns bzw. allnächtlich im Schlafe spurlos vergeht. Es ist daher verständlich, wenn der naturwissenschaftliche Realismus der neueren Zeit einem solchen „Geist" die tiefere Wirklichkeit bestreitet und nur das handfeste Körperlich-Materielle gelten läßt. Anders ist es jedoch, wenn sich aus der Betrachtung anatomischer und entwickelungsgeschichtlicher Tatsachen zeigen läßt, daß der Mensch bis in die Fundamente seines Körpers „Geist-Träger" (Ich-Träger) ist, daß das Geistige hier also zugleich materielle Wirklichkeit wird. Das Seelisch-Astralische, das Ätherisch-Lebendige und das Physisch-Materielle, das der Mensch mit Tieren, Pflanzen und Mineralen teilt, wird innerhalb des Menschseins seiner selbständigen Eigengesetzlichkeit entkleidet, zurückgestaut und in das höhere Ganze der Ich-Organisation eingegliedert. Wäre nämlich auch nur der kleinste Teil der menschlichen Organisation nicht Ich-, d. h. Geist-durchdrungen, so führte dies zu Krankheit bzw. Mißbildung[1].

Leicht ist heute Einverständnis zu erzielen über den Wesensunterschied von Lebendigem und Totem, schwieriger schon über den von vegetativer und animalischer Organisation. Für noch feinere Unterschiede muß man aber seinen Blick schulen, um die Wesenseigenart des Menschseins gegenüber dem Tierreich zu erfassen. Aus anatomischen Gründen betrachtet die vergleichende Anatomie den Menschen als Glied der Wirbel- bzw. Säugetiere und bringt ihn in unmittelbare Nähe zu den Affen. Obgleich es so

---

[1] Vgl. zu allem Folgenden Abschn. II, Kap. 5.

möglich ist, jedem einzelnen Teile des Menschen einen bestimmten Teil der Säuger- bzw. Affenorganisation zuzuordnen, wird man auf diese Weise dem Menschen doch nicht gerecht. Denn dessen Wesen liegt in der Eigenart des Bauplanes, innerhalb dessen der Bauplan der Säuger bzw. Affen nur die Rolle eines Materiales spielt, genau so wie die chemischen Elemente im Lebendigen zum Material herabsinken. Das eigentlich Menschliche bildet sowohl im Ganzen wie im Einzelnen einen Bauplan für sich, der dem Bauplan aller anderen Tiere, ja aller Naturreiche als selbständiges Gebilde gegenübertritt[1]).

Der menschliche Bauplan ist nach Form und Haltung eine „Ich-Gestalt".

Eine sachgemäße Physiologie, Pathologie und Therapie des Menschen, wird sich in Zukunft nur entwickeln können, wenn man sich zu dieser Einsicht erhebt und es unterläßt, z. B. in der experimentellen Medizin Erfahrungen an Tieren (z. B. Hunden, Katzen, Kaninchen, Fröschen) und Menschen unterschiedslos zusammenzuwerfen. Die tierische Physiologie und Pathologie ist nämlich wohl in der des Menschen, nicht aber umgekehrt diese in jener enthalten.

Im Folgenden sei daher das Wesen menschlicher „Ich-Gestalt" an einigen Beispielen herausgearbeitet. Hingegen bleibe die Frage nach der phylogenetischen Herkunft dieser Ichgestalt (Abstammungslehre) hier beiseite. Fest steht heute nur schon das eine, daß es unmöglich ist, den Menschen als Nachkommen der Affen, besonders der sog. Menschenaffen (Anthropoiden) zu betrachten, weil diese als Baumtiere viel zu einseitig ausdifferenziert sind. Es kommt also nur eine parallele bzw. divergente Entwickelung von Affe und Mensch aus sehr ursprünglichen Tierformen in Frage; aus Tierformen, die ganz hypothetisch sind und die wir in immer grauere Urzeiten zurückzuverlegen gezwungen sind, so daß das Rätsel der

---

[1]) Diese Einsicht setzt sich heute aus vergleichend anatomischen Gründen klar durch. Vgl. z. B. M. Westenhöfer, Das Problem der Menschwerdung, 2. Aufl., 1935, Ders. Zeitschr. f. d. ges. Naturwiss., Bd. 6, 57ff., L. Bolk, Das Problem der Menschwerdung, 1926. Die Ergebnisse R. Steiners verwertet H. Poppelbaum, Mensch und Tier, 1928. Die neueste umfassende Darstellung gibt A. Gehlen, Der Mensch, seine Natur und seine Stellung in der Welt, 1940. Bei Westenhöfer und Gehlen ausführliche Literatur.

Menschwerdung heute für die vorurteilslose Fachwissenschaft dunkler als jemals geworden ist[1]).

1. DIE DREIGLIEDERUNG DES MENSCHLICHEN SCHÄDELS

Von sehr verschiedenen Ausgangspunkten kann man es unternehmen, das Wesen des Menschseins zu schildern[2]). Im Hinblick auf die regionale Gliederung (Architektonik) des menschlichen Bauplanes, sei nun eine ganz bestimmte psychologische Wesenseigenart an die Spitze gestellt. Im Menschen sind Erkennen, Fühlen und Wollen (wenigstens dem Ideal nach) klar voneinander geschieden, wodurch diese drei seelischen Urbekundungen erst ihr charakteristisches Wesen erhalten. Der Mensch vermag nämlich:

1. In selbstloser Sachlichkeit Tatbestände rein als solche sich zu vergegenwärtigen, außerhalb der subjektiven Bedingungen seiner menschlichen Existenz und gleichsam über Raum und Zeit erhoben, die Wirklichkeit als solche zu überschauen. Im Erkennen (Wahrnehmen und Denken) sind wir ganz uns selbst entrückt und der Welt, das heißt demjenigen hingegeben, was wir nicht sind. Der Erkennende erfaßt die ewigen Ordnungen des Seins und ist insoferne selbst „Geist".

2. Die erkannte Wirklichkeit in sich hereinzunehmen und sie mit seinem eigenen Menschsein zu verbinden, also Sympathien und

[1]) Will man es einer Lösung zuführen, so kann das nur so geschehen, daß man zeigt, daß die urzeitlichen Vorfahren des heutigen Menschen Formeigentümlichkeiten besaßen, wie sie nur innerhalb einer ganz andersartigen Umwelt, als sie die heutige Erde bietet möglich sind. Dies ist das Wesentliche der Schilderungen, die uns R. Steiner von diesen Zusammenhängen gab. Vgl. die Darstellung bei H. Poppelbaum, Tier und Mensch, 1928.

[2]) Nach Gehlen ist der Mensch: „ein einzigartiges Wesen, das sich von allen anderen dadurch unterscheidet, daß es handelt, indem es die Weisen, in denen es sich im Dasein erhält, selbst aufbaut. Das unspezialisiert ist, primitiv, retardiert, also umweltlos, weltoffen. Das also die Welt durcharbeiten muß ... Er ist ein stellungnehmendes Wesen ... Er erhält sich selbst in Form, bis in die vegetative Ordo hinein ist er sich selbst noch Aufgabe und eigene Leistung ..." (Der Mensch, seine Natur und Stellung in der Welt, 1940).

19

Antipathien zu empfinden. Im Fühlen ist der Mensch im engeren Sinne „Seele". Hier schwingen Weltobjektivität und Menschensubjektivität wie im Rhythmus des Atmens und Herzschlagens ineinander.

3. Aus dem Fühlen heraus endlich zum Wollen und Handeln überzugehen, d. h. aus der unendlichen Fülle des Möglichen ein bestimmtes Wertvolles zu verwirklichen. Während wir als Erkennende ganz in eine allen Menschen gemeinsame und allgemeingültige Welt (z. B. Prinzipien der Logik und Mathematik) eintauchen, die uns wie ein lichterfüllter Raum umgibt, ist jeder von uns als Wollender einsam auf sich selbst gestellt. Hier lebt jeder in sich und bringt aus dem geballten Mittelpunkt seines Wesens seine Gliedmaßen in Bewegung. Man kann also sagen: Dringt im Erkennen die Welt (geistig) in uns ein, wird sie im Fühlen (seelisch) verinnerlicht, so stößt endlich im Wollen (leiblich) das Innere wieder nach außen durch. Im tätigen Wollen ist der Mensch inmitten einer Körperwelt selbst ganz „Körper".

Erkennen, Fühlen und Wollen sind aber alle drei gleicherweise ich-durchdrungen und insoferne menschenhaft und unterscheiden sich grundsätzlich vom tierischen Seelenvermögen: im Denken lebt Ichheit, soferne hier objektive Wahrheiten selbstlos erkannt werden. Im Fühlen lebt Ichheit, soferne wir uns für das objektiv Richtige und Schöne begeistern. Im Wollen lebt Ichheit, wenn wir das erkannte und gefühlte Richtige um seiner selbst willen verwirklichen.

Erkennen, Fühlen und Wollen stehen nun in den verschiedenartigsten Wechselbeziehungen. Sie können, ja sollten sich gegenseitig befruchten, nie aber sich vermischen. Denn dann würde, jenachdem, das Wollen vom Erkennen gehemmt (Gefahr des Gelehrten-Typus) bzw. das Erkennen vom Fühlen und Wollen verfälscht oder vergewaltigt werden (Gefahr des brutalen und sentimentalen Typus). Beides müßte zur Ausschaltung der Ichheit, d. h. des eigentlich Menschlichen und damit schließlich zu Verwirrungen, Krankheiten und Mißbildungen führen.

Diese Vermischung bestimmt nun aber gänzlich das tierische Dasein: Jeder Sinneseindruck ist sogleich mit einem bestimmten Gefühl verbunden und schlägt daher sofort als zwingende Triebhandlung in den Bewegungsapparat hinein. Umgekehrt beachtet das Tier nun jene Dinge seiner Umwelt, auf die es durch seine vitalen Triebbedürfnisse verwiesen wird. An allem anderen aber geht es blind vorüber[1]). Das Wesentliche ist also Folgendes: 1. Erkennen, Fühlen und Wollen sind hier in starrer Weise miteinander verkoppelt. 2. Sie spiegeln lediglich die subjektiven phy-

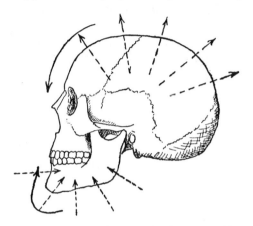

Abb. 104

Schädel eines erwachsenen europäisch-nordischen Mannes zur Veranschaulichung der dreigliedrigen Architektonik (zugrunde gelegt ist eine Abbildung von Naef). Richtung des Denkens von oben nach unten, Richtung des Wollens von unten nach oben.

siologischen Zustände (z. B. Hunger, Paarungstrieb) und anatomischen Einrichtungen (z. B. Klauen, Rüssel, Grabfüße) des Körpers und treten hemmungslos in den Einseitigkeiten tierischer Baupläne, Werkzeuge und Instinkte nach außen. 3. Sie sind also nicht mehr ich-durchdrungen, weltweit und sachlich und dürften

---

[1]) Dies gilt selbst für die höchstentwickelten Tiere. „Wir wissen wenig so genau wie dies, daß die Intelligenzleistungen der Menschenaffen sich streng innerhalb ihrer Freß- und Spielinteressen halten, und daß ihnen sowohl Begriff wie Wahrnehmung objektiver Dinge völlig fehlt." (A. Gehlen, Der Mensch, seine Natur und seine Stellung in der Welt, 1940, S. 133.) Vgl. auch O. J. Hartmann, Der Kampf um den Menschen in Natur, Mythus, Geschichte, 1934, S. 142 ff.

19*

daher nicht mehr mit den bei Menschen üblichen Namen bezeichnet werden. Es tritt vielmehr an die Stelle des Wollens „Triebgier", an die des Fühlens „Affektivität", an die des Erkennens der enge Kreis tierischer „Schlauheit". Nirgends ist im vollendeten Mechanismus tierischer Werkzeuge und Instinkte eine Lücke gelassen, wo sich so etwas wie die Überlegenheit und Selbstbeherrschtheit des Ich einschleichen könnte. Tiere (nicht aber Menschen) sind reine Leib-Seele-Einheiten und werden als solche fertig und in ihre Umwelten hineingepaßt geboren.

Der Mensch hingegen reißt Erkennen, Fühlen und Wollen voneinander und von den physiologischen Zuständen seines Leibes los. Er verliert zwar dadurch die Sicherheit tierischen Daseins und tritt in ein Chaos. Aber dieses Chaos gibt seinem Ich, d. h. seiner geistigen Individualität erst die Möglichkeit, in die leibliche und seelische Organisation einzugreifen und Erkennen, Fühlen und Wollen in sachgemäßer, distanzierter, also freier Weise untereinander und mit der Welt zu verbinden. Was der Mensch ist, weiß und vermag, muß er sich selbst aus eigener Aktivität aufbauen. In strengstem Sinne ist er „Selbstgestalter seines Schicksals".

Aus diesen psychologischen Unterschieden, die nicht etwa nur graduell sondern prinzipiell sind, werden nun auch die grundsätzlichen anatomischen Unterschiede im Bauplan des Menschen und der Wirbeltiere verständlich, die wir im Folgenden kurz kennzeichnen:

Der Schädel des Menschen (vgl. Abb. 104) ist ein vertikal aufgetürmtes Gebilde, in welchem nach architektonischen Prinzipien Tragendes und Lastendes harmonisch verbunden sind. Wie sich in einem Bauwerk oben die Wölbung ausspannt, unten die Fundamente trotzen und dazwischen Säulen und Mauerwerk aufragen, so gliedert sich der menschliche Schädel sowohl in der Seiten- (Profil-) als besonders in der Vorderansicht (en face) in einen oberen, unteren und mittleren Teil (vgl. auch Abb. 118)[1].

---

[1] Der äußeren „Dreigliederung" (R. Steiner) des Schädels entspricht die innere Gliederung in drei übereinander getürmte Stockwerke (Höhlen): Mundhöhle, Nasenhöhle, Gehirnkapsel.

Den oberen Teil bildet die knöcherne Schädelkapsel (Neurocranium), die physiognomisch besonders in der Stirn- und Schläfenregion in Erscheinung tritt. Dieser Teil ist zwar anatomisch ganz starr und geschlossen, zugleich aber erlebt man, wie hier Weltgedanken zu Gedanken des Menschen werden können. Den Gedanken ist etwas Schwereloses und Lichthaftes eigen, das sich in verschiedenem Grade in der Gestaltung menschlicher Stirnen ausdrückt, z. B. ob diese hoch und gewölbt oder niedrig und verbeult sind. (Vgl. den folgenden 2. Teil).

Dem Gehirnschädel steht nun gegenüber der Gesichtsschädel (Splanchnocranium, auch Visceralteil genannt). Dieser besteht aus der mittleren und unteren Region des Schädels, also aus Ober- und Unterkiefer, Nase und Jochbogen etc. Der von oben sich herabsenkenden Wölbung des Schädels ist besonders die Region des Mundes und Unterkiefers (Kinn!) entgegengestemmt (Abb. 104). Man kann es unmittelbar physiognomisch empfinden: Hier unten leben nicht schwerelose Gedanken im Licht, sondern gewaltige, aber dunkle Ernährungs-, Trieb- und Willensenergien. Zur Entfaltung des Willens bedarf der Mensch der Widerstände, in letzter Hinsicht also der festen Erde und alles dessen, was ihm aus ihr an Hartem und Feindlichem begegnen kann. Das Erlebnis solcher Widerstände verschaffen wir uns selbst, wenn wir als ingrimmig und unerbittlich Wollende die Zähne fest zusammenbeißen und dadurch den „magisch" zu nennenden „Energiekreis" zwischen Ober- und Unterkiefer schließen. Bis in Physiologie und Pathologie, (z. B. von Atmung, Herzschlag und Verdauung) ist es wesentlich, ob ein Mensch mit fest geschlossenem (tonischem), erschlafftem, oder gar offenem (atonischem) Ober- und Unterkieferbogen, bzw. Munde durchs Leben geht. (Vgl. darüber im 2. Teil). Wesentlich ist aber hier, wie auch sonst das Gleichgewicht zwischen oben und unten: Je stärker nämlich nach oben hin das Gedankenleben ausgebildet ist und Stirn und Scheitel sich wie ein Dom emporwölben, desto stärker muß dem von unten her die tragende Willensenergie des Mundes und Unterkiefers entgegen wirken, soll nicht das menschliche Antlitz und damit der Mensch selbst das Gleichgewicht verlieren und in Gefahr der Krankheit kommen.

Wie klar ersichtlich, ist der obere Teil des menschlichen Schädels aus den Prinzipien der Sphäre (Rundung und Ausdehnung), der untere Teil (bes. Kinn und Unterkiefer) aus Prinzipien des Quadrates (Winkel, Ecken und Zusammenziehung) gebildet (Abb. 104). Zwischen beide stellt sich nun hinein die Mitte des Antlitzes, welche Kinn und Stirn, Wollen und Denken verbindet, und insofern der eigentliche Schwerpunkt der Physiognomik ist. Hier öffnen sich Innen- und Außenwelt einander in der Atmung und in den beherrschenden Sinnesorganen. Die Art, wie sich diese „Region der Seele und des Gemütes" zwischen oben und unten hineinstellt, wie sie bald von einer mächtigen Denkerstirn erdrückt, bald von einem brutalen Unterkiefer bedroht wird, wie sie bald gedrungen, bald überlang sein kann, das ergibt für den Arzt wichtige Aufschlüsse, von denen ebenfalls im zweiten Teil zu sprechen sein wird.

Im ganzen wie im einzelnen spiegelt also der menschliche Schädel die weltoffene Kraft und Helle der Ichheit. Diese lebt ebenso in der hohen klargewölbten Stirn, wie im energischen festgeschlossenen Munde, wie in der Empfindsamkeit und Gefühlsbetontheit der Nase. Bereits im Schädel der Affen ist jedoch diese streng vertikal übereinandergetürmte Dreigliederung des menschlichen Schädels grundsätzlich zerstört (Abb. 109, 119) und je weiter wir dann zu den übrigen Säuge- und Wirbeltieren absteigen, umsomehr macht die Übereinanderlagerung einer Hintereinanderlagerung Platz. Dadurch geht dem tierischen Schädel die eigentliche Vorderansicht (en face) verloren, und das Charakteristische kann nur mehr im Profil festgehalten werden[1]). Zugleich damit verflacht auch die für den Menschen kennzeichnende recht-

---

[1]) Diese Verhältnisse drücken sich z. B. auch in der gegenseitigen Stellung der Augenachsen aus. Beim Menschen stehen sie parallel und nach vorne gerichtet, wodurch die Möglichkeit besteht, denselben Gegenstand mit beiden Augen und so zu fixieren, daß die Augenachsen nach vorne zu konvergieren. Bei den Tieren rücken die Augen an die Seitenflächen des Kopfes und ihre Achsen schließen Winkel ein. Bei flüchtenden Tieren sind diese Winkel sehr groß (Hirsch 100^0, Giraffe 140^0, Hase 170^0), d. h. es besteht hier keine Möglichkeit einen Gegenstand mit beiden Augen zu fixieren und mit dem Blick aktiv zu ergreifen. Bei angreifenden Räubern ist er kleiner (Hund 30—50^0, Katze 14—18^0, Löwe 10^0) d. h. es lebt hier schon im Blick eine gewisse Griffkraft.

winklige Knickung zwischen Schädelbasis und Wirbelsäule (Stellung des Foramen magnum!), wodurch der Kopf lediglich zu einem „der Wirbelsäule angehangenen" (Goethe) Teile degradiert wird (Abb. 111).

Machen wir uns dieses an Abb. 105, 106 klar: Die Stirn des Affen schiebt sich zurück und verschwindet hinter den mächtigen Oberaugenwülsten. Zugleich gewinnt der untere Teil des Schädels, besonders die Kieferregion, an Massigkeit und wird, mit der hin-

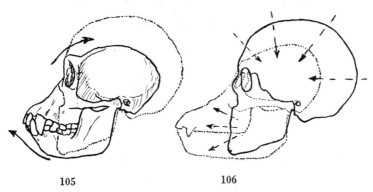

105   106

Abb. 105 Schädel von Mensch und Gorilla (nach Stempell) mit eingezeichneten Verschiebungsrichtungen.

Abb. 106 Schädel von Mensch und Orang (nach Stratz), unten Ausdehnung, oben Zusammenpressung, also umgekehrt wie beim Menschen (vgl. Abb. 104).

schwindenden Nase vereinigt, als „Schnauze" nach vorne gezogen. Anstelle der menschlichen Vertikale gewinnt die tierische Horizontale die Oberhand. Was unten und nach vorne in der Schnauzenregion an Substanz zu viel ist, das ist oben und nach hinten am Gehirnschädel zu wenig. Besonders das Hinterhaupt wird fast vollständig reduziert. Dieselbe Kraft, die die Schädelwölbung oben zusammenpreßt, bewirkt unten eine maßlose Ausdehnung des Ober- und Unterkiefers.

Aber der Gehirnschädel des Affen wird nicht nur verkleinert, er verliert auch seine kosmisch gerundete Gestalt. Überall werden Kanten und Ecken bemerkbar und springen derbe Knochenleisten als Ansatzpunkte einer mächtig entwickelten Muskulatur hervor. Man fühlt: ein solcher Hirnschädel bietet nicht mehr Raum für weltweite, sachliche Gedanken, in ihm kann sich vielmehr nur eine eng begrenzte Alltagsschlauheit entwickeln. Diese ist zugleich listig und borniert, weil sie lediglich im Dienste egoistischer Triebinstinkte steht. Gebraucht man hier den Ausdruck „mikrocephal"[1]), so könnte man umgekehrt das intellektualistische Denken mancher

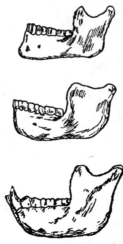

Abb. 107

Oben, Unterkiefer vom modernen Europäer (Homo sapiens).
Mitte, von einer primitiven, ausgestorbenen Menschenrasse (Homo Heidelbergensis).
Unten, vom Orang (nach Dacqué).

Menschen, weil es zugleich scharfsinnig-listig und beschränkt ist, „pithekoid", d. h. affenartig nennen. Kennt dann ein darwinistisches Zeitalter, wie das eben abgelaufene, nur diese Form des „Denkens", so könnte es scheinbar mit Recht im Menschen nur einen weiterentwickelten Affen sehen. Denn es ahnt nichts mehr von der Weltweite menschlichen Geistes, wie sie sich bei den Griechen oder in der Philosophie des deutschen Idealismus be-

---

[1]) Auch von „akromegaloider" Beschaffenheit des Affen kann man sprechen, wenn man an die überlangen Arme, die vorgeschobene untere Schädelpartie, die Oberaugenwülste etc. denkt (Vgl. Abb. 119—122).

kundete. Das Denken eines vertrockneten Materialisten mag sich vielleicht von dem eines Affen nur quantitativ unterscheiden, das eines Goethe oder Hegel aber ist davon durch einen qualitativen Wesensabgrund getrennt.

Oben verliert also der Affenschädel die weltweite Gedanklichkeit, die schwerelos und über Raum und Zeit erhaben, im Lichte lebt. Er wird borniert und enge (Abb. 105, 106, 109). Unten aber verliert er damit zugleich dasjenige, was im Menschen moralische Willensenergie ist und womit sich dieser entschlossen ins Hier und Jetzt seines Daseins stellt. Die maßlose Vergrößerung der unteren Schädelpartie darf nämlich nicht darüber hinwegtäuschen, daß dem Tiere hier eine Kraft verloren geht, die sich in der Fähigkeit „sich zu beherrschen" und „an sich zu halten" bekundet. Kein Teil des menschlichen Antlitzes ist dem des Affen direkt vergleichbar. Ebenso grundsätzlich wie anatomisch der menschliche „Mund" von der tierischen „Schnauze" zu unterscheiden ist, sind psychologisch „Wille" und „Trieb" zu trennen[1]).

Hierfür ist besonders der Bau des Unterkiefers kennzeichnend (Abb. 107). Beim Menschen ist er feingegliedert und verrät doch eine große, gleichsam verhaltene Energie. So kann er als moralisches Willensfundament die umfassende Gedanklichkeit der Schädelwölbung tragen. Beim Affen hingegen ist er plump und massig, zugleich aber eigentümlich energielos. Letzteres beruht auf dem Fehlen des Kinns. Ein Kinn besitzt nur der Mensch[2]). Beim Men-

---

[1]) Das Wesen des Menschseins darf daher keinesfalls ausschließlich in der Intelligenz erblickt werden. Ebenso wesentlich ist vielmehr die gesamte Haltung und Bewegungsfähigkeit des Körpers, also das Willenshaft-Motorische, „weil sich nachweisen läßt, daß für die minimalste menschliche Leistung, z. B. das Betasten eines objektiven Dinges und das Erfahren desselben bereits alle menschlichen Eigenschaften ins Spiel treten: Die Aufrichtung, freigelegte Hand, zurückempfundene und variable Bewegungen, gehemmte Antriebsstruktur, symbolisches Sehen, ein senkrecht orientierter Wahrnehmungsraum, abstraktes Merken" (Gehlen).

[2]) Vgl. Westenhöfer, Das menschliche Kinn, Arch. f. Frauenkde. u. Konstit. Forschg. 10, 1924.

Nur der Mensch besitzt aber auch eine Ferse und damit ein Fußgewölbe. Kinn und Ferse sind Ausdruck des Willenselementes und insoferne der Schädelwölbung polarisch entgegengesetzt.

schen springt das Kinn als Zeichen verhaltener Willensenergie vor,
hingegen die Zahnreihe als Ausdruck der mehr animalischen Er-
nährungsfunktionen zurück. Das Willensmäßige herrscht also über
das Triebmäßige, läßt es nicht hervorbrechen, staut es nach innen
und verwandelt es dadurch in geballte Kraft.

Beim Affen jedoch fehlt das Kinn und die Zahnreihen springen
vor, zum Zeichen, daß hier eine ungebändigte Trieb- und Freßgier

Abb. 108

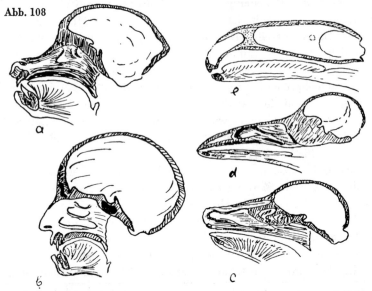

Längsschnitte durch Schädel, um die Verlagerung von Gesichts- und Gehirnschädel gegeneinander zu zeigen (nach Wiedersheim).

a) Hundsaffe, b Mensch, c Hirsch, d Rabe, e Salamander.

nach außen durchbricht. Solch ein Unterkiefer kann daher wohl
wütend beißen und heulen, es fehlt ihm aber durchaus die Möglichkeit, sich in entschlossener Willensenergie fest mit dem Oberkiefer
zusammenzuschließen. Trotz seiner Wildheit ist das Maul der
Tiere im Vergleich zum menschlichen Munde schlaff und kraftlos.
So wenig sich ein solches Wesen oben in Gedanken ausweiten kann,
vermag es sich unten willensmäßig zu beherrschen (vgl. auch
Abb. 109).

Abb. 108 zeigen die weiteren Verwandlungen in der absteigenden Reihe der Säuge- und Wirbeltiere. Das Wesentliche ist hierbei keineswegs nur die quantitative Verkleinerung des Gehirnschädels, sondern dessen qualitative Lageveränderungen zum Gesichtsschädel. Während beim Menschen der Gesichtsschädel vom Hirnschädel überwölbt ist und sich hierin die Herrschaft des weltwachen Gedankens über Fühlen und Wollen, Atmung und Ernährung ausdrückt, bricht in der absteigenden Wirbeltierreihe der Gesichtsteil immer hemmungsloser hervor und wird dadurch zur, die ganze tierische Schädelbildung beherrschenden „Schnauze" (Schnabel, Rüssel etc.). Das Gehirn verliert seine selbständige Bedeutung, es wird zum bloßen Anhangsteil der Schnauze und ist nur dazu bestimmt, die vitalen Triebfunktionen so zu leiten, daß sie ihre Gier entsprechend befriedigen können. Das Vorderende des Menschenschädels gewährt dem Beschauer eine breite in obere, mittlere und untere Region gegliederte Antlitzfläche, durch die die geistige Individualität (das Ich) in dreifacher Weise (als Denken, Fühlen und Wollen) hindurchleuchtet. Das Vorderende tierischer Schädel wird hingegen fast ausschließlich vom Maul gebildet, dahinter alle anderen Schädelregionen verschwinden. (Vgl. Abb. 109, 118, 119).

Abb. 109 veranschaulicht die Folgen, die hierdurch für die Statik des Schädels gegeben sind. Beim menschlichen Schädel hält der Gehirnschädel, besonders durch die mächtig entfaltete Hinterhauptregion dem Gesichtsschädel nahezu das Gleichgewicht. Der menschliche Schädel kann daher auf seinem Unterstützungspunkt (Wirbelsäule) frei balancieren und es bedarf nur geringfügiger Muskelwirkungen, um ihn im Gleichgewicht zu erhalten. Hierdurch entsteht die freie Haupteshaltung des Menschen. Beim Aufrechtstehenden kann man erleben, wie das Haupt nicht schwer und lastend, sondern fast schwerelos und schwebend auf den Schultern ruht. Es ist dies offenbar die Voraussetzung eines weltweiten ichbewußten Denkens[1]). Der Mensch kann mit seinem Haupt ebenso wie mit seinen Gedanken „spielen", d. h. er besitzt hier volle freie

---

[1]) Besonders das menschliche Gehirn ist der Schwerewirkung fast ganz entzogen. Es schwimmt nämlich in der Gehirnflüssigkeit und verliert dadurch nach dem Archimedischen Prinzip von seinen ca. 1500 g soviel, daß es nur mit einem

Beweglichkeit. Sein Seelenleben kann sich, wenigstens grundsätzlich, von seinen physiologisch bedingten subjektiven Organzuständen befreien, welche Befreiung („Objektivität)" Voraussetzung aller Wissenschaft, Kunst und Sittlichkeit ist.

Gänzlich anders ist die Statik des Affenschädels (Abb. 109). Da dieser so gut wie kein Hinterhaupt, dafür aber eine groteske Entfaltung des „Antlitzteiles" (Ober- und Unterkiefer mit der Nase vereinigt) zeigt, ist der Schädel auf seinem Unterstützungspunkt

Abb. 109

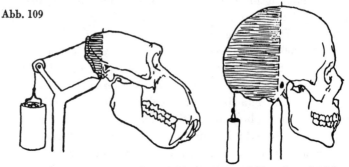

Gleichgewichtsverhältnisse des Schimpansen- und Menschenschädels
(nach Th. Mollison, aus Braus)

ganz im Ungleichgewicht. Er muß daher durch gewaltige, an der Hinterhauptschuppe bzw. an den mächtig entwickelten Dornfortsätzen der Wirbelsäule angreifende Muskel- und Bandmassen gehalten werden, sinkt aber dennoch schwer nach vorne. Aus dieser Abbildung wird aber auch erkennbar, wie ein solcher Affenschädel ganz und gar zum „Werkzeug" wurde. Er ist mit seinen riesigen Kiefern und Zähnen nichts anderes als ein Verteidigungs-, Beiß- und Freßapparat[1]). Gehirn und Sinnesorgane haben ihre selbständige Erkenntnisbedeutung, die sie beim Menschen besitzen,

Gewicht von etwa 20 g auf seine knöcherne Unterlage drückt. Dies ist für die freie Gedankenentwicklung von größter Bedeutung, worauf R. Steiner hinwies.

[1]) „Der grundlegende Unterschied zwischen dem Gebiß des Menschen und der Anthropoiden (Menschenaffen) ist das Vorhandensein von Eckzähnen bei diesen" (vgl. Abb. 107). Wir wissen heute, „daß das Gebiß des Menschen immer ein menschliches war, nicht aus dem Gebiß der Anthropoiden abzuleiten ist und auch niemals ein anthropoides Stadium durchlaufen hat" (Westenhöfer).

verloren und dienen nurmehr dieser mächtigen und ganz egoistischen Triebeinrichtung. Es fehlen daher auch im menschlichen Sinne „Lippen", bes. das „Lippenrot", mit Hilfe derer der Mensch nicht ichlos „fressen", „schmatzen" und „lecken", sondern essen und küssen kann und dadurch endlich auf höchster Stufe die Vereinigung mit der Nahrung aber auch mit einem mitmenschlichen Du im Sinne eines Sakramentes und einer geistigen Kommunion vollzieht.

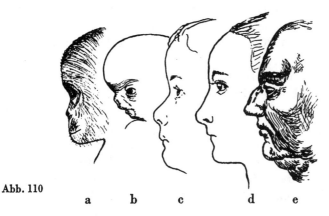

Abb. 110

a   b   c   d   e

Veränderungen der Proportionen zwischen Gehirn- und Gesichtsschädel, besonders die Ausbildung des Kinns und Unterkiefers.

Der Reihe nach: Schimpansenkind, menschliches Embryo aus der achten Schwangerschaftswoche, Kind, Frau, Mann.

Ein volles Verständnis des Unterschiedes von Mensch und Affe (bzw. Säuge- und Wirbeltier) wird allerdings erst durch ein Studium der Embryonalentwickelung ermöglicht. (Abb. 110, 111). Diese beginnt beim Menschen mit einer mächtigen Entfaltung des Gehirnschädels, der zunächst fast eine Kugel bildet, an deren einer Seite ganz schüchtern und klein der Gesichtsschädel sich angliedert (Abb. 110b, 111a). Zugleich mit der Entwicklung des Rumpfes und der Gliedmaßen nimmt dann auch der Gesichtsschädel im Verhältnis zum Gehirnschädel dauernd an Größe zu. Die für den Erwachsenen kennzeichnenden Proportionen werden allerdings erst nach der Geburt, ja erst im Laufe der Pubertät erreicht. (Abb. 110c, d, e, 111b)[1].

Die Entwickelung des menschlichen Schädels beginnt also mit jenem Teile, der dem erdenfernen und geistigen, d. h. dem gedanklichen Wesen zuzuordnen ist und wächst von dort nach und nach auch in die mittleren und unteren Antlitzteile herab, welche mehr mit erdennahen und leiblichen Funktionen (Atmung und Ernährung, Fühlen und Wollen) zu tun haben. Der Verlauf der Embryonalentwickelung bestätigt also das früher über den Sinn der Dreigliederung Gesagte: Von oben nach unten geht die Richtung der Inkarnation (Abb. 104): aus einem vorgeburtlichen, geistigen Dasein arbeitet sich die menschliche Individualität schrittweise herein in das enge Hier und Jetzt des Erdendaseins. Im Denken ist der Mensch weltweiter, allem Hier und Jetzt enthobener Geist, im Wollen aber ist er enge mit den materiellen Vorgängen der Ernährung und Körperbewegung verflochten. Das Fühlen endlich schwingt vermittelnd zwischen beiden. Zeigten Stirn und Schädelwölbung mehr das, was sich ein Mensch ins Erdendasein mitbrachte (sie entwickeln sich frühzeitig und erstarren alsbald zur unbeweglichen Knochenkapsel), so bekunden Mund und Unterkieferregion mehr, was er innerhalb eines Erdenlebens erkämpfte und erlitt (Abb. 110e). Diese Region entwickelt sich spät, bleibt aber dauernd funktionell-beweglich. Von unten nach oben geht daher der Strom des Willens (Abb. 104). In diesem moralischen Bereich baut sich der Mensch in der Auseinandersetzung mit den Erdenverhältnissen als Selbstgestalter sein Schicksal auf.

Immer aber bleibt in der menschlichen Entwickelung die Vertikale gewahrt, d. h. der Gesichtsschädel entwickelt sich, vom Gehirnschädel beherrscht, in verhaltener Weise nach abwärts und bricht nicht in die tierische Horizontale aus. In Gestalt des von oben überwölbenden Gehirnschädels ergießt sich während der ganzen kindlichen Entwickelung etwas wie geistige Besonnenheit über das Antlitz und bewirkt, daß dieses in jeder Hinsicht die ichdurchleuchtete Form des Menschen bewahrt und nicht von see-

[1] Auf die hier bestehenden Unterschiede männlicher und weiblicher Gestaltung wird im 2. Teil eingegangen.

lisch-astralischen Hemmungslosigkeiten ergriffen wird. Es ist im Grunde eine und dieselbe geistige Individualität (Ichheit), welche zuerst von oben herab Scheitel und Stirne wölbt und ihnen dann später von unten hinauf Nasen-, Ober- und Unterkieferregion ent-

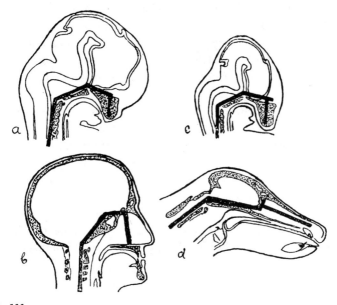

Abb. 111

Sagittale Längsschnitte durch den Kopf a eines menschlichen Embryo, b eines erwachsenen Menschen, c Hundeembryo, d erwachsener Hund (nach Bolk). Der erwachsene Mensch behält die Knickungen der Schädelachse (okzipitale, intrasphenoidale und rhinale Knickung) also embryonale Charaktere bei, der erwachsene Hund verliert sie zugleich mit der Vorstreckung der Schnauze und der Zurückdrängung des Hirnschädels.

gegenstemmt. Nase und Mund dienen daher wohl vegetativen und animalischen Funktionen (Atmung, Ernährung) diese werden aber sogleich dienend in die höhere Menschengestaltung eingebaut (z. B. Sprache!).

Auch bei den Wirbel- bzw. Säugetieren verläuft die Embryonalentwickelung zunächst wie beim Menschen: Der Gehirnschädel überwölbt den Gesichtsschädel und die Schädelbasis bildet sowohl mit

303

der Nasen-, als mit der Rückenmarksachse einen rechten Winkel (Abb. 111c). Dieses embryonale Bauprinzip wird nun aber je nach Organisationshöhe der jeweiligen Tiergruppe mehr oder weniger frühzeitig verlassen, wodurch die eigentlichen „tierischen" Merkmale entstehen (Abb. 111d). Dem Tiere geht also verloren, was es ursprünglich mit dem Menschen gemeinsam besaß, während der Mensch gewisse embryonale Charaktere festzuhalten vermag, welche dem Tiere entgleiten[1]). Diese embryonalen Charaktere darf man freilich nicht „primitiv" nennen, wenn damit eine negative Bewertung ausgesprochen sein sollte, eher könnte man sie „ursprünglich" nennen. Tiere und Menschen entsprängen dann zwar gemeinsam aus den „Ursprüngen" alles Seins. Während sich aber die Tiere in verschiedenem Grade davon entfernen, gelänge es allein dem Menschen, diese „Ursprünge" in sich festzuhalten, ja, sie zum Kern seiner eigenen Individualität zu machen und so ein ichhaftgeistiges Wesen zu werden.

Die höheren Affen tragen sogar noch nach der Geburt menschenähnliche, „kindliche" Züge. (Abb. 110a u. 112). Es liegt über diesen Formen eine leise Ahnung der geistigen Individualität und es scheinen noch hoffnungsvolle Möglichkeiten für eine Ichgeburt vorhanden. Beim erwachsenen Tiere sind aber diese Möglichkeiten total verschüttet und die hemmungslos vorbrechende Tierheit ist hier umso furchtbarer, als sie noch eine gewisse Vergleichsmöglichkeit mit der menschlichen Physiognomik bietet. (Abb. 113). Auf Grund dieser anatomisch-embryologischen Befunde ist heute allen

---

[1]) Vgl. besonders die Untersuchungen von Bolk, Das Problem der Menschwerdung, 1926. Prinzip der „Retardation" und „Fetalisation" in der menschlichen Entwickelung. Eine retardierte, hinausgeschobene Entwickelung zeigt der Mensch auch durch die Pause zwischen erster und zweiter Zahnbildung und hinsichtlich der Geschlechtsreife und Wachstumsintensität. Dieser Verzögerung verdankt er seine Kindheit, d. h. die Möglichkeit, sich als geistige Individualität durch aktives Suchen und Lernen seine eigene Welt aufzubauen. — Durch Entwickelungshemmung und Festhalten relativer Jugendformen entsteht auch die charakteristische Kopfform der Zwerghunde und anderer domestizierter Tierrassen (relativ zurücktretende Schnauze, großer Gehirnschädel, relativ steile Stirn!) Vgl. dazu Hilzheimer, Stammesgeschichte des Menschen, 1926, und Anatom. Anz. 62.

einsichtigen Fachleuten die Unmöglichkeit klar, die menschliche Gestalt aus der des Affen abzuleiten, vielmehr hat umgekehrt diese als durch bestimmte Ursachen abgebogenes Zerrbild der menschlichen Organisation zu gelten. Man hat sogar die Ansicht ausgesprochen, die Affen (Anthropoiden) müßten von menschenähnlichen Formen abstammen[1]).

Nimmt man von der menschlichen Physiognomik seinen Ausgangspunkt, so kann man in zweifacher Hinsicht die Tierwerdung

112   113

Abb. 112 Junger Schimpanse, vermutlich noch Säugling.
Abb. 113 Altes Männchen (nach Naef).

als Vernichtung dieser Ichgestalt durch unter-ichliche, seelisch-astralische Kräfte schildern: Hemmungslos brechen einerseits aus dem tierischen Innern ungebändigte und vereinseitigte Seelenstimmungen und Triebe nach außen, schieben die Schnauze „gierig" nach vorne, drücken die Stirne „beschränkt" zurück und offenbaren sich in weit ausladenden Rüsseln, Zähnen, Hörnern, Augen und Ohren. Zugleich damit gewinnen aber andrerseits Kräfte

---

[1]) Schindewolf, Das Problem der Menschwerdung, ein paläontologischer Lösungsversuch, Jahrb. d. preuß. geol. Landesanst., 1928, vgl. auch E. Dacqué, Urwelt, Sage und Menschheit.

20

der Außenwelt beherrschenden Einfluß auf Gestalt und Verhalten der Tiere. Ein Hund z. B. wird von einem vorgehaltenen Stück Fleisch oder von der Fährte eines Jagdtieres nicht anders regiert und durch die Gegend gezogen wie ein Stück Eisen vom Magneten. Ja, man könnte sagen, die Reize der Umwelt übten eine so starke seelische Zug- und Saugwirkung auf die Tiere aus, daß im Gefolge davon der Kopf sich schnauzenartig verlängere und Rüssel, Augen und Ohren voll Verlangen sich nach der Umwelt hinstreckten.

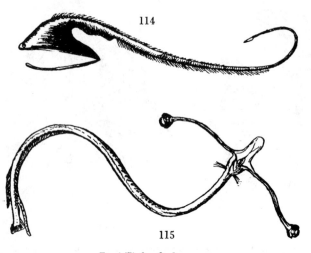

Zwei Tiefseefische.

Abb. 114 Megalopharynx, aus 3500 m Tiefe, nach Chun.

Abb. 115 Jugendform eines Fisches, mit gestielten Augen, nach Chun.

So sind tierische Gestalt und tierisches Verhalten einerseits Ausdruck der gewaltig und bis in die leibliche Organisation eingreifenden Umweltreize (der Gerüche und Geschmäcke, Geräusche und Farben, der verschiedenen Beuteobjekte und Verstecke), andererseits Ausdruck einer aus dem Innern hervorbrechenden hemmungslosen Gier nach Sinnesempfindung (Schnüffeln, Lauschen, Schmecken, Spähen) und nach Ernährung (Angriff, Verteidigung, Zerreißen, Aussaugen). Was also einerseits als „Ausstülpung" einer astralisch-seelischen Innenwelt gedeutet werden kann, erscheint andrerseits als Zug- und Saugwirkung einer astralisch-seelischen Umwelt.

Was aber bei höheren Wirbeltieren doch schon in gewisser Hinsicht gebändigt ist, erscheint nun bei niederen Formen in dämonisch gesteigerter Einseitigkeit und Hemmungslosigkeit. Besonders in den Tiefen der Weltmeere haben sich Tiere erhalten, die geradezu als Verleiblichungen gespenstiger Seelengestalten gelten können (Abb. 114, 115). Der eine dieser Fische ist ganz „Maul"; eine kaum vorstellbare Gier nach Nahrung muß hinter solcher Gestaltung stehen. Der andere Fisch ist ganz „Auge"; ein ungeheurer Trieb zu spähen, läßt hier die Augen so weit hervorquellen, daß sie an langen Stielen sitzen und allseitig beweglich sind. Beiden Gestalten gemeinsam ist ein Seelisch-Astralisches, das sich nach innen verzehrend, nach außen maßlos ausgreifend bekundet. Vergleicht man solche Tiere mit dem ruhigen Wachstum und der unschuldigen Ausbreitung eines Baumes, so wird der ganze Unterschied zwischen der aufbauenden, substanzerzeugenden und nährenden Tätigkeit des Ätherisch-Vegetativen einerseits und der abbauenden, substanzvernichtenden und hungrigen Wirksamkeit des Astralisch-Animalischen erkennbar.

Im Menschen ist nun die „Ichgestalt" über die ruhelose Beweglichkeit, Affektivität und Reizbarkeit des Seelisch-Astralischen Herr geworden und staut diese als verhaltene Seelenkraft nach innen zurück. Ist jedoch aus irgendwelchen Gründen (Konstitution, starke Aufregungen und Überanstrengungen) diese Ichkraft vermindert, so drängt das Astralische wieder hemmungslos nach außen und schlagen die Umweltreize wieder schutzlos nach innen: Die Augen zeigen dann erhöhten Glanz und quellen hervor, Reizbarkeit, Sexualität und Eßlust sind gesteigert, der Grundumsatz vermehrt, Puls 100, 120, ja 200, kurz der ganze Organismus liegt wie im Fieber und verbrennt sich in ungehemmtem Abbau selbst (Morbus Basedowi). Man versuche einmal die vereinseitigten Formen des Tierreiches als ebensoviele Urbilder menschlicher Krankheitsmöglichkeiten anzuschauen. Dann kann z. B. obiger Fisch, aber auch ein vollblütiges Pferd (große, glänzende Augen, schweißende Haut, starke Erregbarkeit, rascher Puls etc.) als Urbild des Morbus

Basedowi, ein Nilpferd oder Elefant aber (dicke faltige Haut, kleine Augen, langsamer Stoffwechsel) als Urbild z.B. des Myxödems gelten. Im Seelisch-Astralen gestikulieren und grimmassieren wir nun freilich alle wie die Tiere. Hier bilden sich fortwährend gierig gestielte Augen, lange lauschende Ohren, schmatzende Rüssel, reißende Zähne und lange Hauer, Hörner und Geweihe. Im Spotten, Schimpfen, Keifen und Maulen entstehen, wie teilweise schon die Namen verraten, in unserem Seeleninnern tierähnliche Formen. Der Unterschied ist nur der, daß im Menschen diese astralen Seelengebärden nicht bis in das Knochensystem eingreifen, sondern sich beim Erwachsenen höchstens in Physiognomik und Mimik der Gesichtsmuskulatur spiegeln. In der Embryonalentwickelung aber schweigen sie vollständig. Da sind sie ganz beherrscht von der urbildlichen Ichgestalt und diese allein prägt die dreigliedrige Bildung des menschlichen Schädels. In der nachgeburtlichen Entwickelung können sich dann freilich gewisse Einseitigkeiten bemerkbar machen, die zwar noch (mit Ausnahme pathologischer Fälle) im Rahmen der Menschlichkeit verbleiben, den Physiognomien der einzelnen Personen aber doch leise Ähnlichkeiten mit bestimmten Tierformen geben. Während das Kind in den drei ersten Lebensjahren (also vor dem Erwachen zum Ichbewußtsein) noch die reinste Menschenform besitzt, kann sich diese dann (besonders in der Pubertät und im Zusammenhang mit dem erwachenden Triebleben und der stärkeren Erdverhaftung) mehr oder weniger trüben, wodurch zwar „Charakterköpfe", zugleich aber gewisse Vereinseitigungen der Menschengestalt entstehen, die, weiter geführt, tierische (affenartige) Bildungen ergeben müßten: z. B. der Schädel verliert seine schöne Wölbung, die Stirne wird fliehend, stärker betonte Oberaugenwülste, massiv und derb vorspringender Ober- und Unterkiefer etc[1]).

---

[1]) Auf dem Einbruch tierischen Seelengestalten in die menschliche Geistes-Ichgestalt beruht alle Karikatur. Aber auch verschiedene physiognomische Darstellungen haben sich dies zunutze gemacht, vgl. J. B. Porta, de humana Physiognomia, 1593, S. Schack, Physiognomie, 1897. Hier sind Menschen mit bestimmten physiognomischen Ähnlichkeiten zu Katzen, Eseln, Rindern, Vögeln, Schafen, Raubtieren etc. dargestellt.

2. VERINNERLICHUNG DER SEELE, VERGEGENSTÄNDLICHUNG DER WELT.

Es wurde früher davon gesprochen, wie die Pflanze eine „offene Organisation" besitze, d. h. durch die Blätter in die umgebende Atmosphäre, durch das Wurzelsystem in den Humus hinein sich verzweige und umgekehrt diese in die Pflanze so innig hineinwirken, daß hier kaum von Begrenzung gesprochen werden könne und insoferne die Pflanze ganz „außer sich" sei. Verglichen mit den Pflanzen sind nun freilich die Tiere (wenn auch in verschiedenem Grade) „geschlossene Organismen", weil sie durch Gastrulation den Reichtum innerer Organe und damit die Möglichkeit innerer Erlebnisse und Seelenstimmungen gewannen.

Im höheren Sinne jedoch und verglichen mit dem Menschen sind auch die Tiere noch unmittelbar an die Umwelt verloren und mit ihr verwachsen. Nur ist diese Verwachsenheit primär keine leibliche (physisch-ätherische) wie bei den Pflanzen (Verzweigung im Wurzel-, Blatt- und Sproßsystem), sondern eine seelisch-astralische, die sich in Reizbarkeit und Beweglichkeit bekundet. Ihre ganze Gestalt, besonders aber ihre Gebärden und Verhaltungsweisen verraten, daß sie noch intensiv und unmittelbar an die Umwelt hingegeben und mit deren Eindrücken verflochten sind[1]).

Die seelisch-astralen Umweltreize bedingen aber nicht nur das äußere Verhalten, sie schlagen tiefer in die tierische Organisation herein und prägen auf dem Wege der ätherischen Gestaltungs- und Wachstumskräfte sogar die Färbung und Formgebung des physischen Körpers. Tiere sind so „besessen" von ihren Seeleneindrücken, daß sie diese garnicht im Seelischen selbst festzuhalten vermögen, sondern ihnen mit „Haut und Haar" Ausdruck ver-

---

[1]) Wie ein Schlüssel ins Schloß so ist jede Tierart in eine bestimmte, einseitige Umwelt hineingepaßt (vgl. J. v. Uexküll, Umwelt und Innenwelt der Tiere, 1921). Hingegen ist die Gestalt des Menschen an keine einzelne Umwelt angepaßt. Der Mensch hat „Welt", oder besser, er muß sich aus dem Chaos der auf ihn zukommenden Eindrücke durch denkende Erfahrung erst die Welt aufbauen und seine Stellung in ihr suchen (vgl. Gehen-, Sprechen- und Denken-Lernen).

leihen. Chamäleone und Laubfrösche z. B. verändern durch Um-
lagerung der Hautchromatophoren nach kurzer Zeit ihre Hautfarbe im Zusammenhang mit der Umgebung, und Feuersalamander
lassen sich durch Wahl des Untergrundes (rote oder schwarze Erde)
in vorwiegend schwarzen bzw. gelben Varietäten züchten, die sogar
durch einige Generationen erblich bleiben.

Wie also einerseits die Umwelt bestimmend in das Tier herein-
ragt, so ist dieses andrerseits seelisch ganz in die Umwelt hinausgerissen und distanzlos ihren Eindrücken und Reizen ausgeliefert.
Hierdurch erklärt sich die außerordentlich feine, ans Hellsichtige
grenzende Empfindungsfähigkeit vieler Tiere, z. B. für die Stim-
mungsumschläge der Witterung, aber auch für die seelischen Stimmungen und Verhältnisse ihrer Umwelt. Die seelische Feinfühlig-
keit von Hunden oder Pferden gegenüber ihrem Herrn grenzt ans
Mediale. Wie die Pflanze physisch-ätherisch sich ins umgebende
Medium einsenkt, so sind diese Tiere seelisch-astralisch mit ihrer
Umwelt und besonders mit dem Menschen verflochten. Wird diese
Verflochtenheit durch Liebkosungen und Darreichung von Nahrung (besonders Süßigkeiten) vertieft, so entstehen nicht nur erstaunliche Dressurergebnisse, sondern auch die ans Wunderbare
grenzenden Fähigkeiten der sog. „rechnenden und denkenden"
Hunde und Pferde. Diese haben nämlich nicht etwa aus eigener
Kraft gedacht oder gerechnet, sie waren vielmehr nur die erstaunlich sensiblen Antennen für feinste unbeabsichtigte Bewegungen,
Zeichen und Seelenregungen ihrer Pfleger. Die Leistungen blieben
daher sogleich aus, wenn dieser Kontakt unterbrochen wurde oder
der Pfleger die Lösung z. B. einer mathematischen Aufgabe selbst
nicht wußte.

Wer solche Tiere wirklich verstehen will, muß sich ebenso fern
halten, sie zu vermenschlichen, wie in ihnen nur Instinktautomaten
zu sehen. Die Fähigkeiten solcher Tiere liegen vielmehr auf einer
ganz anderen Ebene als die des Menschen[1]), nämlich im Seelisch-
Astralischen, welches gerade infolge des Fehlens des Geistig-
Ichhaften, Fähigkeiten medialer Fernfühligkeit und nachtwand-

---

[1]) Gute Beispiele bei H. Fritsche, Tierseele und Schöpfungsgeheimnis,
Leipzig 1940.

lerischer Weisheit zeigt, die dem modernen Ich-Menschen zunächst verloren gingen, bei sog. „primitiven" Rassen und in alten Zeiten aber noch teilweise vorhanden sein mögen[1]).

Kurz, Tiere besitzen wohl eine körperliche, aber noch keine seelische „Haut". Daher verfließt ihre seelische Innenwelt grenzenlos mit den Eindrücken und Ereignissen ihrer Umgebung. Eine „Umhäutung" und Begrenzung vollzieht sich erst im Menschen aus der Kraft der Ichheit[2]). Dieses Ich bewirkt ein Doppeltes: es hält einerseits die ungestümen Seelenstimmungen und Reizbarkeiten im Innern zurück und ballt sie zum geschlossenen ich-durchherrschten „Seelenorganismus" zusammen. Und es stößt andrerseits die aus der Umwelt einbrechenden Reize nach außen zurück, wodurch aus

---

[1]) Ähnliches kann der erfahrene Heilpädagoge an psychopathischen Kindern beobachten. Hier sind zwar infolge Hemmung oder Ausschaltung der Ich-Entwickelung alle höheren Bewußtseinskräfte, besonders das Denken schwer geschädigt. Hingegen zeigt das Seelenleben bei geeigneter Behandlung oft eine erstaunlich starke Entfaltung. Infolge des fehlenden klaren Ichbewußtseins ist nämlich das Seelisch-Astralische bei solchen Kindern oftmals gelockert und reagiert in außerordentlich feiner Weise auf die Art der Einstellung ihres Pflegepersonals bzw. besuchender Personen. Wer an sie intellektualistisch oder mit brutaler Strenge herankommen will, wird scheitern. Abneigung und Spott, auch wenn sie sich äußerlich nicht bekunden, beantworten solche Kinder mit Trotz, Wut oder Gewaltausbrüchen. Wärme und Liebe hingegen macht sie oft in erstaunlicher und fast medialer Weise lenkbar, wodurch mit der Zeit oft nicht unbeträchtliche heilpädagogische Erfolge erzielt werden. Vgl. die Tätigkeit der heilpädagogischen Heime „Schloß Gerswalde"-Uckermark, „Schloß Hamborn"-Paderborn, „Schloß Pilgramshain"-Post Striegau, Schlesien.

[2]) Was die Haut nach außen, das ist das Skelett nach innen. Im Menschen offenbart sich also das Ich besonders in Haut und Knochen. In der Haut gibt sich der Mensch nach außen Gestalt und Grenze, im Knochen gibt er sich nach innen Halt und Stütze. Stütze und Grenze, Knochen und Haut sind also die statisch-anatomischen Bekundungen des Ichwesens. Hierzu kommt nun als dritte die unmittelbare dynamische Bekundung des Ichwesens in der Wärmeorganisation und im Blut. (Man denke an Fieber, Erröten und Erblassen, art-, ja personspezifischen Stoffwechsel). In Stoffwechsel- und Wärmehaushalt-, sowie Haut- und Knochenerkrankungen (Skelett- und Haltungsanomalien, z. B. Rachitis) spiegelt sich daher besonders das persönliche Schicksal eines Menschen.

zwingenden Triebmotiven eine Welt sachlicher Dinge und Ereignisse wird[1]).

Das Ich umgrenzt also das menschliche Seelenleben nach innen und die Umwelt nach außen, es trennt beide aus der unmittelbaren für das Tier kennzeichnenden gegenseitigen Verhaftung und stellt sie in neuer Weise einander gegenüber: als sachlich betrachtendes Subjekt (Ich) und als sachlich sich darstellendes Objekt (Welt). Indem der Mensch in beherrschter Weise ganz in sich hineinfindet, stößt er zugleich ganz über sich selbst hinaus zur sachlichen Wahrheit der Welt vor. Durch dieses Ich- und Weltbewußtsein wird zwar die Freiheit im Erkennen, Fühlen und Wollen erreicht, es gehen aber zugleich seelische Fernfühligkeit und Instinktsicherheit verloren, wie sie die Tiere besitzen.

Man kann, was hier vorliegt, auch „seelische Gastrulation" nennen. Wie wir früher sahen, stülpt in der tierischen Entwickelung das Seelisch-Astrale das Physisch-Ätherische ein, indem es die Blastula in die Gastrula verwandelt und die Grundlage tierischer Innenorganisation legt. Alsbald jedoch brechen die einzelnen Seelenkräfte in Gestalt tierischer Organe und hemmungsloser Verhaltungsweisen wieder nach außen durch. Tierische Seelenhaftigkeit ist in jeder Hinsicht gelockert. Sie flattert und funkt in ruheloser Reizbarkeit in die Umwelt. Erst das Ich vollzieht hier noch einmal eine Einstülpung der Seelenkräfte und hält diese als geschlossenen Seelenorganismus im Innern fest. Hierzu ist eine gewisse Kraft, gleichsam ein „Druck" nötig. Läßt dieser „Ich-Druck" nach, so versucht das Eingestülpte und Verdichtete sich alsbald wieder auszustülpen und zu verflüchtigen und es ereignet sich etwas wie ein „seelischer Vorfall" (Prolaps), z. B. wenn sich ein Mensch infolge Ich-Schwäche hemmungsloser Traurigkeit, Wut, Angst, Gier etc. hingibt.

---

[1]) Wenn Tiere nicht schlafen, sind sie in ruheloser Bewegung auf jeden äußeren oder inneren Reiz. Bald kratzen sie sich, bald blicken oder hüpfen sie hierhin bald dorthin. Gelassene Ruhe kennen sie nicht und gleichen hierin haltlosen Neurasthenikern, die auch jedem äußeren oder inneren Reize sogleich nachgeben und insoferne ganz der Ruhelosigkeit des Seelisch-Astralischen ausgeliefert sind. Nur aus der besonnenen Kraft des Ich kann sich der Mensch darüber erheben.

Eins ist hier aber ganz besonders zu beachten: Die richtige Wirksamkeit des Ich gegenüber dem Seelisch-Astralischen ist nicht Vergewaltigung, sondern Gestaltung. Goethe erkannte dieses als Hauptaufgabe der Erziehung, wenn er bemerkt, es käme nicht darauf an, z. B. Affekte oder Triebe auszurotten, sondern die in ihnen wirkenden großen menschlichen Kraftreserven in höherem Sinne zu gebrauchen[1]). Haß und Jähzorn sind z. B. Energien, die richtig geleitet, zu Liebe und Tatendrang führen können. Oft genug sind negativ zu bewertende Seeleneigenschaften die Ergebnisse verdrängter und an sinnvoller Tätigkeit gehinderter Kräfte. So kann mißleitete künstlerische Phantasie zu lügnerischer Verstellung, gehemmte Leistungskraft zu verzehrendem Neid werden. Die moderne Pädagogik und Psychotherapie ist reich an solchen Erfahrungen: Seelenkräfte, die beherrscht und sinnvoll in die Welt hinauswirken sollten, verkrampfen sich, schlagen auf den Organismus zurück und wirken dadurch verzehrend und zerstörend.

Es macht dieses nun auf eine wichtige Seite des Zusammenhangs vom Ich und Astralität aufmerksam. Wir bemerkten schon früher, daß im Vergleiche mit den aufbauenden, wachsenden und quellenden Eigenschaften des Ätherischen im Astralischen ein Abbauendes und Aushöhlendes wirke, welches deshalb zur tierischen Innenorganisation und weiterhin zum Bewußtsein (Wachen) führe. Man vergegenwärtige sich z. B. ein schlafendes Raubtier: wie hier alles von Wachstums- und Ernährungskräften geschwellt ist und stelle sich nun vor, wie dieses Tier, z. B. durch geeignete Bewegungen, Farben, Töne oder Gerüche gereizt und bis zu den höchsten Graden rasender Gier oder Furcht gesteigert werden kann. Man erlebt dann, wie die Reize der Umwelt durch Sinnesorgane und Nervensystem in den Leib des Tieres hineinschlagen, die schlafhaft quellenden ätherischen Aufbaukräfte zurückdrängen und dadurch auf die pflanzenhafte Vitalität des Tieres schädigend wirken. Man

---

[1]) L. Klages freilich (vgl. „Der Geist als Widersacher der Seele", 3 Bde. und „Vom kosmogonischen Eros") kennt das Ichhaft-Geistige nur im Zerrbild des Zuchtmeisters und Vergewaltigers, was freilich historisch (man denke an fehlgeleitete Askesen, Gewissenspeinigungen und moralisierende Verdrängungen) oftmals zutrifft, womit dessen Wesen aber nicht erschöpft ist.

hat die Erfahrung gemacht, daß Tiere nach verhältnismäßig kurzer Zeit sterben, wenn sie durch Reize dauernd am Schlafe verhindert werden.

Seelisch-astralische Sinnes- und Bewegungsreize bauen also ab und insoferne wirken in allen Wahrnehmungs- und Bewußtseins-prozessen die Gegenkräfte zu den ätherischen Aufbautendenzen. Dies gilt auch für den Menschen und zwar besonders dann, wenn er sich ohne genügende Selbstbeherrschung den Sinnesreizen und Erregungen hingibt. Diese können ihn dann nach innen zu gleich-sam aushöhlen und verbrennen — eine Erfahrung, die man an ge-wissen Neurasthenikern und Basedowikern jederzeit machen kann.

Der Mensch ist jedoch nicht nur ein seelisch-astrales Wesen, sondern besitzt eine „Ichkraft“. Diese kann er den abbauen-den Erregungsströmen des Seelisch-Astralischen, sei es daß diese durch die Sinnesorgane von außen oder aus seinen inneren Stimmungen und Trieben kommen, entgegenstellen. Er bremst dadurch die Abbauphänomene ab, erhebt sich vom Bewußtsein zum Selbstbewußtsein und gelangt dadurch erst zum besonnenen Wahrnehmen und Vorstellen. Ein Stier z. B. wird vom Sinneseindruck „rot“ vollständig und bis in seinen Stoffwechsel ergriffen. Blindwütend stürzt er zwar darauf los — eigentlich „wahrgenommen“ aber hat er es gar nicht. Dies vermag erst der Mensch. Zur sachlichen Vergegenwärtigung der Wesenheit „Rot“, wie sie etwa der Maler benötigt, ist nämlich eine schöpferische Tätigkeit des Ichhaft-Geistigen erforderlich, die aktiv und von innen her diese Farbe erzeugt und aufbaut (R. Steiner). Wenn Goethe meint, zu aller Erfahrung gehöre ein „Organ“ und dieses Organ müsse aus sich heraus die Erfahrung aktiv „produzieren“, um sie von außen entgegennehmen zu können, so blickt er auf diese aktive und aufbauende Wirksamkeit des Ich.

Die Polarität zwischen dem Seelisch-Astralen und dem Ichhaft-Geistigen ist aber auch noch aus folgenden Gründen bedeutsam: Durch seine abbauenden und die ätherischen Wachstums- und Ernährungskräfte zurückdrängenden Tendenzen verstärkt das Astralische indirekt die Macht des Physisch-Materiellen und wirkt dadurch auf den Organismus verhärtend, austrocknend und sklero-

314

tisierend. Man kann dies deutlich an gewissen reizbaren, seelisch sich verzehrenden neurasthenischen Typen, aber auch durch einen Vergleich der Beschaffenheit z. B. einer fetten weichen Raupe mit dem ausgedörrten, fast ganz zu Chitin- und Schuppenbestandteilen verdichteten Schmetterling feststellen. Erstere zeigt ein Überwiegen des Ätherischen (alles Verfestigte und Strukturierte tritt zurück), letzterer des Astralischen (das Strukturhafte überwiegt, ist aber zugleich nur starres Bild eines Seelischen, da hier alle erlebnishafte Innerlichkeit der höheren Tiere fehlt).

Verglichen mit dem Menschen sind nun aber eigentlich alle Tiere als vereinseitigte, mechanisierte und insoferne „sklerotisierte" Typen zu bezeichnen. Schon die festgefahrenen Intelligenzen und Instinkte sind im Gegensatz zur stets wandelbaren, zu neuen Einsichten und Erfahrungen bereiten Erkenntniskraft des Menschen beschränkt und sklerotisch — so sklerotisch wie auf höherer Ebene alles Bürokratische oder Gelehrtenhafte. Das materialistischverengte Denken unseres Zeitalters bildet infolge seiner Unfähigkeit, sich neuen Gesichtspunkten und Wahrheiten zu öffnen, die beste Vorbereitung zur klinisch-somatischen Skleroseerkrankung.

Sklerose ist verfrühter und vereinseitigter Altersvorgang, darin der Organismus von den mineralisierenden Kräften der Außenwelt ergriffen wird. Ein letzter Schritt hätte daher zu zeigen, daß Tiere tatsächlich vorzeitig verhärten und altern und dieses wieder mit der vollendeten Sicherheit und Angepaßtheit zusammenhängt, in der sie geboren werden. Der amerikanische Psychologe Kellog[1]) ließ ein gleichaltriges Schimpansen- und Menschenkind unter denselben Umständen aufwachsen. Anfangs war das Schimpansenkind an Weltgewandtheit und Intelligenz dem Menschenkinde bedeutend überlegen und machte im Lernen viel raschere Fortschritte. Es war ein „Wunderkind" — dafür aber auch mit $1^{1}/_{2}$ Jahren schon in fertige Bahnen eingefahren und seelisch gealtert. Das Menschenkind aber blieb ein Wandelbares, Lernendes und Werdendes und begann erst so recht seine Entwicklung, als der Schimpanse sie schon abgeschlossen hatte. Ganz große Menschen, wie z. B. Goethe bleiben in diesem Sinne zeitlebens „Kinder" und zeigen so ihre

[1]) Kellog, The ape and the child, New York 1933.

Überlegenheit über die gewöhnlichen Menschen, von denen viele (zwar nicht schon mit 1½ Jahren wie der Schimpanse, aber doch zwischen 20 und 30 Jahren) ihre innere Entwicklung einstellen, d. h. satt, bequem und routiniert (also affenhaft) werden.

Dies beweist auch die körperliche Entwicklung. Wie schon bemerkt, entfernen sich bereits in der Embryonalentwicklung die Wirbeltiere von der ursprünglichen Schädelform und zwar umso frühzeitiger und weitgehender, je niedriger sie im zoologischen System stehen: Es bilden sich Schnäbel, Schnauzen, Schuppen, Hornplatten, weiterhin aber auch Krallen, Hufe, Pelze und Federn aus — alles Bildungen, die im Vergleich zur wundervollen und wahrhaft kindlichen Rundung der ursprünglichen Embryonalformen, wie sie der Mensch teilweise festhält, als mehr oder weniger geschrumpft, vereinseitigt und verhärtet bezeichnet werden müssen. Am ausgesprochensten ist diese frühzeitige Sklerotisierung bei Vögeln und Reptilien, bei welchen das Astralische über das Ätherische besonders überwiegt und zur weitgehenden Verhornung und Austrocknung des Organismus, verbunden mit gesteigerter Reizbarkeit, führt. Man denke an die Füße vieler Vögel, die ganz zu verhärteten Klammermechanismen umgestaltet sind.

Auch die Haut der Säugetiere und Vögel zeigt nicht die jugendfrische, glatte, turgeszente Beschaffenheit der menschlichen Haut. Beseitigt man Pelzwerk und Federn, so ist man vielmehr überrascht von ihrer oft runzeligen, verhornten, „erdigen" Beschaffenheit[1]). Keine Spur vom menschlichen „Inkarnat", d. h. vom Hindurchschimmern des Blutes durch die zarte Oberhaut, wodurch sich beim Menschen im Erröten und Erblassen die Dramatik seiner Persönlichkeit (Scham, Trauer, Freude, Angst etc.) offenbaren kann. Tiere können weder Lachen noch Weinen, höchstens „Grinsen", und auch das nur in naher Berührung mit dem Menschen (Hunde, Affen). Denn Lachen und Weinen sind (ebenso wie Scham) geistig-moralische Akte, auf deren Physiologie im zweiten Teile einzugehen sein wird.

---

[1]) Eine Ausnahme bildet das Hausschwein, aber dieses ist eine unter menschlichem Einfluß domestizierte Form (vgl. zum Problem der Domestikation H. Fritsche, Tierseele, Leipzig 1940, S. 155 ff. dort Literatur). Das Problem der Hautfarbe farbiger Menschenrassen bleibe hier auch beiseite.

3. TIERISCHE HORIZONTALE UND MENSCHLICHE VERTIKALE

Im bisherigen sprachen wir nur vom menschlichen und tierischen Schädel. Es muß nun aber der Übergang zur gesamten Gestalt und Haltung vollzogen werden. Um diese zu verstehen, versuche man folgendes zu erleben:

1. Dieselbe Kraft, welche den tierischen Schädel schnauzenartig hervortreibt und die Stirne herabdrückt und dann rückwärts

Abb. 116, 117

Die tierische Horizontale und die menschliche Vertikale. Schnauzen- und Schwanzspitze, Scheitel- und Fußwölbung.

schiebt, so daß nun die Längsachse des Schädels zur geraden Fortsetzung der Wirbelsäule wird und Rücken, Scheitel und Nase im extremen Falle in einer Ebene liegen — dieselbe Kraft entlädt sich und strahlt nach rückwärts aus in den Schwanz. (Abb. 116).

Schnauzen- und Schwanzspitze gehören als die beiden Pole einer ausschließlich animalisch-astralen, d. h. einer ichlosen Organisation zusammen. Beide sind die extremen Endpunkte der Wirbelsäule, die wohl in sich zum Rohr geschlossen ist, nach beiden Enden aber, wenn auch nicht anatomisch, so doch funktionell-dynamisch „offen" ist. Der astralische Organismus des Tieres strahlt nach vorne hinaus durch die Sinnesorgane, durch Maul und Schnauzenspitze, er strahlt nach hinten hinaus in der Anal- und Urogenitalöffnung bzw. in der Schwanzspitze. Vorne werden Nahrungsstoffe bzw. Sinnesreize aufgenommen, hinten werden Sekrete und Exkrete ausgeschieden, bzw. es reagieren die nervösen Spannungen im beweglichen Spiel des Schwanzes ab. In der Schwanzspitze klingen die Erregungen aus, die von vorne her durch die Sinnesorgane in das Tier hereinschlagen. Dieselben astralischen Seelenkräfte, die nach vorne zu in die Welt hinaus spähen und schnüffeln bzw. beißen und heulen, dieselben Kräfte schwingen nach rückwärts hinaus im Schwanz. Bei Katzen aber auch Hunden ist dies besonders deutlich zu beobachten. Deren Schwanzspiel kann geradezu als „Seelenbarometer" gelten[1]).

Nach vorne und hinten ist also der Seelenorganismus solcher Tiere ungeschlossen und setzt sich dynamisch in die Umwelt hinaus fort. Dieses spiegelt sich sogar im Anatomischen: Während nämlich die Anzahl der Halswirbel bei allen Säugetieren und trotz der sehr verschiedenen Länge des Halses (man denke an die Giraffe) konstant ist, unterliegt die Anzahl der Schwanzwirbel außerordentlichen Verschiedenheiten.

Da wir hier ausschließlich von den Wirbeltieren sprechen, können wir sagen: Die tierische Organisation ist durch die Horizontale bestimmt. Tiere sind „Rückenmarksorganismen". Das Gehirn ist hier wirklich nichts anderes als ein im Zusammenhang mit der verstärkten funktionellen Beanspruchung des Vorderpols aufgetriebener und komplizierter gestalteter Teil des Rückenmarkes. Trotz der weitgehenden vergleichenden anatomischen Ähnlichkeit des Gehirnes der Wirbel- und besonders der Säugetiere und des Menschen dürfen doch beide Bildungen gar nicht unmittelbar verglichen werden. Der grundsätzliche Unterschied liegt aber hierbei keineswegs in der relativen oder absoluten Gehirngröße (einzelne kleine Affenarten haben sogar ein bedeutenderes relatives Hirn-

---

[1]) „Schwänze" besitzen auch gewisse Menschen; freilich sind es nicht materielle, sondern „Seelenschwänze". Sie äußern sich in allgemeiner „Fahrigkeit", im Abreagieren nervöser Erregungen, z. B. als Trommeln, Wackeln und Zucken mit Händen oder Füßen etc. und das umso stärker, je weniger eine Situation ichbewußt beherrscht wird und je mehr ein Mensch ein bloßes „Nervenbündel" (Neurastheniker) ist. Die engen Beziehungen zwischen Nervensystem und Seelisch-Astralischem werden im 2. Teil abgehandelt.

gewicht als der Mensch!), sondern in der architektonischen Lagerung des Gehirns im Schädel, sowie in der Gesamtorientierung des Körpers: Der menschliche Bauplan ist von der Vertikale beherrscht (der Gehirnschädel überwölbt den Gesichtsschädel und schließt den aufrechten Körper im Scheitelpol ab), der tierische Bauplan hingegen von der Horizontale (das Ende des Körpers ist die Schnauzenspitze, das Gehirn ist entthront und nach rückwärts verlagert, vgl. Abb. 108, 116). Bei gewissen Wirbeltieren bilden sich sogar aus rein funktionellen Gründen gehirnähnliche Anschwellungen in der Beckenregion, die das eigentliche Gehirn an Größe weit übertreffen[1]).

Wie an anderem Orte ausführlich dargelegt wurde, (vgl. des Autors Buch „Erde und Kosmos", 2. Aufl. 1940), ist die Urpolarität der Welt bestimmt durch den Gegensatz: Zentrum und Sphäre bzw. geballte schwere Masse und gelichtete Weite. Pflanze und Mensch sind bauplanmäßig ganz von dieser Urpolarität bestimmt, aber freilich aus entgegengesetzten Gründen: Die Pflanze ist vom Erdboden aufgerichtet durch die Kraft des kosmischen Lichtes und dieses bleibt ihr als Sonne jenseits. Der Mensch aber richtet sich selbst auf aus der Kraft seines „innerlichen Lichtes", d. h. des Ich. Den Tieren hingegen fehlt jede primäre Beziehung zu dieser Urpolarität. Sie nehmen sie nicht in das Wesensgefüge ihres Bauplanes auf, sondern sind Zwischengebilde, die Erde und Kosmos, Schwere und Licht außerhalb lassen und sich zwischen beiden in der Horizontalen herumtreiben.

Äußerlich betrachtet leben freilich auch viele Tiere auf dem Erdboden und entwickeln Beine zu Stand und Fortbewegung. Aber diese Beziehung zum Erdboden ist eine nebensächliche und nicht, wie beim Menschen, eine entscheidende. Es fehlt ihr vor allem der Gegenpol, die Aufrichte- und Leichtekraft. Die Erde ist für die Tiere nur ein Aufenthaltsbereich unter vielen anderen. Daher haben auch ihre Beine nicht den zentralen Sinn wie die

---

[1]) In diesem Sinne wäre es gestattet, den Schädel als metamorphosierte Wirbelsäule, das Gehirn als metamorphosiertes Rückenmark zu deuten. Dies gilt aber nur für die Tiere, nicht für den Menschen. Das Ausschlaggebende ist hier vielmehr etwas ganz anderes.

Beine im Bauplan des Menschen (die Verbindung mit der Schwere!), sondern dienen nur als geeignete Werkzeuge zur Fortbewegung im jeweiligen Medium, wie die Flossen im Wasser, die Flügel in der Luft, die Klettereinrichtungen auf den Bäumen oder die Wühleinrichtungen für die Tiefen[1]).

2. Das war das Eine. Und nun versuche man das dazugehörige Andere zu erleben: Dieselbe Kraft, welche die tierischen Seelentriebe und Reizbarkeiten von vorne her zurückstaut, die Schnauzenbildung in die beherrschte Gestalt des menschlichen Ober- und Unterkiefers zurücknimmt und nach oben hin den Gehirnschädel emporwölbt, sowie die rechtwinkelige Knickung zwischen Schädel- und Rückenmarksachse bedingt, dieselbe Kraft ist es auch, die rückwärts den Schwanz einzieht, die ganze Gestalt aufrichtet und sie mit zwei Beinen fest auf den Boden stellt. Vermag man diese Metamorphose als einen einzigen zusammenhängenden Akt zu begreifen, so hat man hierin die Wesenheit der geistigen Individualität, des Ich, ergriffen. (Abb. 117).

Wie beim Tier Schnauzen- und Schwanzspitze, so gehören beim Menschen Scheitelwölbung und Fußsohle (Fußwölbung) polarisch zusammen. Hierdurch ist eine vollständig neue und mit den Tieren unvergleichliche Polarität gegeben[2]). Das

---

[1]) Urbild aller Tierheit ist daher in gewissem Sinne die Schlange: 1. Sie ist ganz der Erde verfallen und steht doch nicht auf ihr, hat also keine Beziehung zur Polarität von Schwere und Licht. 2. Sie zeigt am stärksten die seelisch-astralische Spannung von Schnauzen- und Schwanzspitze. 3. Sie ist am reinsten „Rückenmarks- und Wirbel-Tier". — Rollt sie sich aber zusammen, so daß sich Schnauzen- und Schwanzspitze im Kreise berühren, so wird sie zum Symbol der Geschlossenheit des Ichhaft-Geistigen und dessen Herrschaft über die Hemmungslosigkeiten des Seelisch-Astralischen.

[2]) „Die für die Frage der Menschwerdung (Aufrichtung des Menschen) wichtigsten Körperteile sind der Fuß und das Becken, besonders der erstere." (Westenhöfer). „Aus dem äffischen Plattfuß kann nie ein menschliches Fußgewölbe werden, ohne das ein wirklich gutes Aufrechtgehen unmöglich ist". Westenhöfer konnte einwandfrei zeigen (Zeitschr. f. Säugetierkde., Bd. 4, 1929) „daß der Fuß des jugendlichen Gorilla viel menschenähnlicher ist als der des Erwachsenen, da bei ihm der Talus über dem Calcaneus steht und die Achse des Calcaneus derjenigen des menschlichen Calcaneus entspricht. Diese Tatsache allein schon genügt, um die Affenabstammungstheorie zu widerlegen."

Vorderende des Menschen ist eine breite, der Welt offen und gleichsam „schauend" zugekehrte Fläche (Antlitz, Brust, Bauch etc.), das Vorderende eines Säugetiers aber eine gierig vordringende Spitze, die Schnauze. Ähnliche prinzipielle Verschiedenheiten ergibt ein Vergleich der übrigen Körperflächen und Körperrichtungen.

Im Folgenden seien noch einige solche Beziehungen angedeutet: Dieselbe Kraft, die nach oben die menschliche Gestalt aufrichtet und den Gedanken ins Licht und in die Schwerelosigkeit befreit, verbindet den Menschen nach unten hin mit der Schwere und stellt ihn willensmäßig fest auf den Boden. Im Haupt streben wir als Erkennende von der Erdenschwere weg, mit den Beinen streben wir als Wollende zur Erdenschwere hin und beides sind nur die zwei Seiten desselben Urphänomens: Wir stellen uns in die Vertikale und balancieren uns spielend in sie ein.

Der obere und der untere Teil der menschlichen Organisation sind also von ganz verschiedenen Bildungsprinzipien ergriffen (Abb. 118) und dies ist wohl zu beachten, will man das Verhältnis zum Bauplan der Wirbeltiere vollständig durchschauen: Im oberen Teil seines Körpers und besonders im Gehirnschädel hält der Mensch embryonale, gleichsam vor- und außerirdische Zustände fest. Er macht z. B. aus seinem Schädel kein Werkzeug, sondern staut alle Bildungsprinzipien, welche bei den Tieren in äußeren Apparaten und Anpassungen physisch erscheinen, im Geistig-Dynamischen zurück und entwickelt dadurch Begriffe und Gedanken. In dieser Hinsicht ist der menschliche Organismus weniger verhärtet und verirdischt als der tierische. Andrerseits aber gewinnt gerade der Mensch stärkste Beziehung zur Erdenschwere und damit zur mineralischen toten Welt. Er entwickelt die untere Region seines Schädels zum Willensorgan und zeigt besonders in den kräftigen langen Beinen (Oberschenkel, Waden!) eine gewaltige Erdzuwendung, welche den Tieren (trotz, ja wegen ihrer Hufe, Krallen und Kletterfüße etc.) fehlt. (Abb. 119).

Wie im ganzen Körper Schädel und Fußsohle, so entsprechen sich im Schädel Scheitel und Unterkiefer (Kinn). (Abb. 104). Beide sind Offenbarungen desselben Ichprinzipes auf verschiedenen Stufen: Unvoreingenommene psychologische Beobachtung kann nämlich folgendes ergeben: Gedanken (Erkenntnisse) sind zu Ende entwickelter Wille, Wille (Moralität) keimhafte Gedanklichkeit. Die Art der Erkenntnisse zu denen ein Mensch gelangt, spiegelt in letzter Linie die Art seiner Moralität, Gesinnung und Lebensführung. Im Wollen ist unsere Ichheit keimhaft und jung, verbindet sich aber zugleich unbewußt und tief mit allem Irdisch-

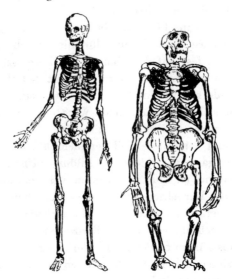

Abb. 118, 119

Dynamik der menschlichen Aufrichtung, I.
Skelett vom Menschen und vom Gorilla (nach Brehms Tierleben). (Oberkörper des Gorilla zu stark aufgerichtet und dadurch noch zu stark menschenähnlich montiert.) Man beachte die Längenverhältnisse der Arme und Beine, die Schwereverhältnisse von Ober- und Unterkörper bzw. Beinen, sowie den Grad der Dicke und Durchformtheit der Knochen.

Materiellen und Körperlich-Schweren. Im Erkennen hingegen ist unsere Ichheit voll entfaltet und alt, lebt aber zugleich in stärkster Bewußtseinswachheit und ganz im außerirdischen Lichtelement.

Auf- und absteigend kann man Unterkiefer und Schädelwölbung, Wollen und Erkennen als Metamorphosen voneinander erkennen (R. Steiner). Was keimhaft in den dunklen Tiefen des Willens begann, findet seine Vollendung in klaren Erkenntnissen. Zwischen

Unterkiefer und Scheitel bestehen geheimnisvolle Zusammenhänge. Beide setzen einander voraus und führen ein schicksalhaftes Zwiegespräch miteinander.

Ein solches Zwiegespräch führen innerhalb des ganzen Menschen Schädel (bes. Scheitel) und Beine (bes. Fußsohle). In noch umfassenderer Weise als Scheitel und Unterkiefer zeigen diese beiden die Metamorphose des Wollens in das Erkennen. Man versuche zu erleben, wie die Art des Denkens eines Menschen mit der Art zusammenhängt, wie er steht und schreitet. Dieselbe Kraft, die ihn unten mit den Beinen die Schwere suchen läßt[1]) und ihm mit der Fußsohle Kontakt mit dem Boden gibt, wölbt oben seinen Schädel und gibt seinen Gedanken Weite und Helligkeit. Verliert er oben die Weite und Helligkeit des Erkennens, so verliert er unten die Festigkeit und Elastizität seines Standes und Willens und umgekehrt. Schädel und Beine, Erkennen und Wollen tragen einander wechselseitig. Solche Zusammenhänge mache der Arzt zum Gegenstande d a u e r n d e r B e o b a c h t u n g!

Von beiden Seiten her wird der Körper aufgerichtet: Das erhobene Haupt stellt die Beine fest auf den Boden, die gestrafften Beine erheben wieder das Haupt. P h y s i s c h und w i l l e n s h a f t wird der Körper von unten nach oben aufgerichtet und sind besonders die Sprunggelenke der Ausgang dieser im Bereich der Schwere beginnenden Aufrichtung; G e i s t i g und e r k e n n t n i s m ä ß i g hingegen wird er von oben nach unten aufgerichtet, und ist es die Klarheit des Denkens, die den Willen emporzieht und ihm die Richtung weist. Der aufrechte Stand ist ein wunderbares Ineinanderspielen von Schwere und Schwerelosigkeit. Keins von beiden darf fehlen, sollen nicht einseitige Störungen und schließlich Krankheiten die Folge sein.

Um dies zu verstehen, stelle man die menschliche Haltung zwischen entgegengesetzte Tierformen. Man sieht dann, wie einerseits z. B. Vögel, Känguruhs, Eichhörnchen oder Affen fliegend,

---

[1]) Pathologische Schwerekräfte ergreifen daher den alternden Menschen zunächst und besonders am unteren Ende der Beine. Das Podagra ist eine Ablagerung der Harnsäure im Ballen der großen Zehe, also dort, wo der schreitende Mensch seinen Fuß vom Boden abrollt. Man denke auch an Gangrän der Zehen!

springend, auf Ästen balancierend sich von der Erde entfernen, die Schwere wohl äußerlich scheinbar abstreifen, innerlich aber ganz von ihr gefesselt bleiben und daher nicht frei das Haupt erheben und denken können; wie aber andrerseits Rinder, Elefanten, Nashörner oder gar Nilpferde ganz von der Erde gefesselt sind und mit säulenförmigen Gliedmaßen fast in den Boden einsinken. Vermöchte ein Wesen die himmelstürmende Kraft des gleichsam ganz zum „fliegenden Kopf" gewordenen Vogels mit dem unerschütterlich wie auf Säulen lastenden Stande des Nilpferdes oder Elefanten zu verbinden, so müßte es Gestalt und Haltung eines Menschen annehmen.

Dieselben Einseitigkeiten sind aber noch einmal innerhalb des Menschseins zu beobachten: Der eine Menschentypus bewegt sich leichtfüßig, fast hüpfend über den Boden, er berührt ihn kaum mit den Zehenballen und nähert sich darin dem Vogel. Der andere Menschentypus stapft und schlürft lastend, teigig und niedergedrückt dahin. Zwischen diesen Einseitigkeiten Gleichgewicht herzustellen, ist, wie alles Gleichgewicht, Aufgabe des Ich und damit das Wesen des wahren Menschseins (R. Steiner).

4. DIE KRAFT ZUR AUFRICHTUNG UND ORIENTIERUNG

Der aufrechte Stand und Gang ist nicht nur ein Zentralphänomen der menschlichen Anatomie und Physiologie, Pathologie und Therapie, sondern auch ein Zentralphänomen aller Pädagogik, Seelen- und Schicksalsberatung. Ein Kind, das aus irgendwelchen Gründen nicht dazu gelangt, das Wort „Ich-bin" in seiner vollen Bedeutung auszusprechen, dessen intellektuelle und moralische Persönlichkeit mithin gehemmt ist, gelangt auch nicht zum voll ausgebildeten Stand und Gang (Vgl. Abb. 127).

Das Entscheidende ist ja nicht das äußerliche Stehen auf zwei Beinen, sondern die Tatsache, daß eine geistige Individualität ihren Körper und durch ihn hindurch sich selbst in wacher Freiheit ergreift. Zugleich damit entdeckt ein solches Wesen die Raumesordnungen der Welt und stellt sich aktiv in das Schwerefeld der Erde[1]). Es unterliegt diesem Schwerefeld nicht wie ein beliebiger Körper, sondern ergreift die Schwere und überwindet sie innerlich durch die Aufrichtekraft des Ich.

Alle Organe und Funktionen, von den Knochen und Bändern angefangen bis zu Blut und Lymphe, nehmen auf ihre Weise die

120   121   122

Abb. 120, 121 Hylobathes, nach Brehm.

Abb. 122 Schimpanse (Pongo) nach Brehm.

Schwere auf und überwinden sie. Läßt diese aktive Aufrichte- und Tonisierungskraft nach, so entstehen, besonders im unteren Menschen, bald leicht feststellbare, bald verborgene Senkungserscheinungen, die weiterhin zu Überdehnungen und Deformationen und schließlich zu Stoffwechselstörungen führen

---

[1]) Auf diese Aktivität kommt alles an. Hören wir hierüber das Urteil eines führenden Sachkenners: „Zusammenfassend möchte ich betonen, daß die Aufrichtung des Menschen als eine aktive zu betrachten ist, nicht hervorgegangen aus einem Hangelstadium oder einer Halbaufrichtung, wie bei den menschenähnlichen Affen, wie das die übliche Lehrmeinung sagt. Diese Aufrichtung kann nicht erfolgt sein, als das Becken schon kaudalwärts verschoben war, wie bei allen Säugetieren einschließlich der Affen . . . Ebenso hat sich auch die diesem Typus entsprechende primitive runde Form des menschlichen Brustkorbes erhalten im Gegensatz zu der spezialisierten kielförmigen fast aller vierfüßigen Säugetiere und der Kegelform bei den hangelnden Affen . . . Wollte ein Anthropoide wirklich aufrecht gehen, so müßte er, abgesehen von der Bildung des Fußgewölbes, erst seine Beckenachse wieder senkrecht zur Sakralwirbelsäule gestalten, d. h. das Acetabulum senkrecht unter die Synchondrosis sacroiliaca

können[1]). Diese wirken wieder auf die Entwickelung der bewußten Persönlichkeit (Sprechen, Denken, Lernfähigkeit, moralische Entschlußkraft) zurück. Man denke an Senkfuß, Varizen, Hämorrhoiden, Blutüberfülle im Abdomen, Gastero und Enteroptose, Hängebauch, Oedeme und Anasarka, Uterus-, Vaginal- und Darmprolapse, vermehrte Senkungsgeschwindigkeit der roten Blutkörperchen, Gicht, Diabetes etc.).

Es folgen einige Bilder zur Dynamik des aufrechten Standes:[2]) Aus Abb. 118—122 wird die gänzlich andere Weise des Skelettbaues und der Haltung von Mensch und Affe deutlich. Für einen Vergleich kommen besonders folgende für den Menschen kennzeichnende Faktoren in Betracht: Gehobener, im Nacken zurückgenommener Kopf mit Blick geradeaus; Arme und Schulterblätter zurückgenommen, wodurch sich der Thorax breit entfaltet und zugleich abflacht und thorakale Rippenatmung möglich wird; Durchgestaltung der Becken- und Lendenregion mit Entwickelung eines Gesäßes; durchgedrückte Knie, ausgebildete Wade und Fußwölbung (Ferse).

Die Wirbelsäule der Affen (Abb. 125) ist, wie die aller Säugetiere, wenig durchgestaltet, im wesentlichen gerade und in allen Teilen ungefähr gleich stark entwickelt. Die Wirbelsäule des erwachsenen

---

bringen und ein Beckengewölbe bilden, in dem der Schwerpunkt des Körpers unterhalb des Promontorium liegt . . . Das aber kann er nicht und deswegen ist auch nie aus einem Anthropoiden ein Mensch geworden, weder heute, noch früher vor Millionen Jahren." (M. Westenhöfer, Ztschr. f. d. ges. Naturwiss., Bd. 6, S. 57). Vgl. auch Westenhöfer, Das Problem der Menschwerdung, 2. Aufl., 1935. Dort weitere Literatur.

[1]) An bestimmten Entwickelungseinschnitten kann sich bei Kindern die sog. orthostatische Albuminurie entwickeln, d. h. es erscheint Eiweiß im Harn. Diese pathologische Eiweißabscheidung hängt mit unbewältigter Schwere beim aufrechten Stand zusammen und verschwindet, wenn man das Kind hinlegt. Werden Kaninchen experimentell aufgerichtet, so sterben sie schon nach verhältnismäßig kurzer Zeit in dieser Lage, d. h. sie sind unfähig, der vermehrten Schwerewirkung innerlich zu begegnen: Es tritt tötliche Blutleere im Gehirn und Blutüberfülle in der Bauchhöhle (Splanchnicusbereich) auf.

[2]) Vgl. die zusammenfassende Darstellung von S. Knauer, Ursachen und Folgen des aufrechten Ganges des Menschen (Separatabdr. aus Anat. Hefte, Ergebnisse XXII, 1916).

Menschen hingegen (Abb. 123) besitzt eine sehr komplizierte Gestalt. Sie gleicht einer mehrfach schlangenförmig gekrümmten elastischen Feder, die sich infolge ihrer statischen Beanspruchung beträchtlich nach unten verdickt. „Lordosen" nennt man die ven-

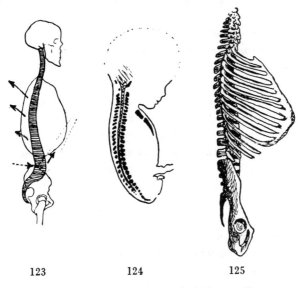

123   124   125

Dynamik der menschlichen Aufrichtung, II.

Abb. 123 Die Wirbelsäule als elastische Feder (nach Braus, ergänzt).

Abb. 124 Die Wirbelsäule des Embryo noch einfach ventral gekrümmt und nicht durchmodelliert (nach Dissen).

Abb. 125 Wirbelsäule, Thorax und Becken eines anthropoiden Affen (nach Hans Virchow). Wirbelsäule im wesentlichen brettgerade, steif und unelastisch, Darmbeinschaufeln schmal und vertikal.

tralwärts (nach vorne) gerichteten konvexen Krümmungen, „Kyphosen" die dorsalwärts (nach rückwärts) gerichteten konvexen Krümmungen und spricht daher der Reihe nach von Halslordose, Brustkyphose, Lendenlordose und Sakralkyphose. Es läßt sich zeigen, daß die Tragfähigkeit einer schlangenförmig gekrümmten Säule um das vielfache größer ist, als die einer geraden.

Diese komplizierte Gestaltung ist nicht angeboren,

327

sondern muß von jedem Menschen im Laufe seiner Kindheit durch aktive Mühe um freien Stand und Gang erworben und dem Skelett- und Bänderapparat eingeprägt werden[1]). Ausgangspunkt ist die einfache Dorsalkrümmung des Embryos bzw. Neugebornen (Abb. 124), die mit einer Beugung aller Körpergelenke in einer entspannten Mittelstellung verbunden ist. Demgegenüber beruht die aufrechte Haltung des Erwachsenen in einer Spannung der Gelenke. Besonders wichtig ist hierbei der Zusammenhang zwischen Hüftgelenkstreckung und Lendenlordose. Da nämlich die Ligamenta Bertini an der vorderen Wand der Hüftgelenkskapsel relativ kurz sind, müßte eine senkrechte Streckung des Oberschenkels eine Vorwärtsneigung des Beckens und damit der ganzen Wirbelsäule bedingen, wenn nicht durch die gewaltige Kraft der Rückenmuskulatur der obere Teil der Wirbelsäule nach rückwärts gezogen und dadurch die wie ein Bogen gespannte Lendenlordose erzeugt würde (Abb. 123). Die Hüft- und Beckenregion ist daher recht eigentlich Mittelpunkt (die Wage!) der menschlichen Aufrichtung, die von dort aus nach oben und unten ausstrahlt. Der zweite bedeutsame Punkt ist die rückwärts gespannte Halswirbelsäule, der dritte Fußwölbung und Sprunggelenk.

Diese Grundlagen des aufrechten Standes muß sich das Kind aus eigener, innerer Aktivität erobern. Um es dazu aufzurufen ist folgender Weg geeignet: Man lege zuerst das Kind auf den Bauch. Es wird dann versuchen, zunächst seinen Kopf von der Unterlage abzuheben, weiterhin sich mit den Armen aufzustützen und endlich zu krabbeln. Dadurch kräftigt es nicht nur seinen Muskel- und Bänderapparat, sondern beginnt auch die ersten Keime zur Hals- und Lendenlordose zu legen. Über diese Vorstadien gelangt es dann von selbst dazu, sich aufzusetzen und endlich aufzustehen, wodurch die weitere Durchmodellierung der Wirbelsäulenform geschieht. (Abb. 126).

---

[1]) „Die ganze praesacrale Wirbelsäule hat beim Erwachsenen eine bestimmte Eigenform, die sich erst im Laufe des individuellen Lebens und für jedes Individuum in ganz bestimmter Art ausbildet" (Sieglbauer, Lehrb. d. norm. Anatom. d. Menschen, 1927, S. 69).

Von der Funktion (Tonisierung der Muskulatur) her wird also die anatomische Gestaltung des Knochen-, Bänder- und Gelenkapparates und damit die Aufrichtung in Gang gebracht. Dies ist pädagogisch sehr wichtig. Wird nämlich das Kind vom Erzieher passiv und vorzeitig aufgesetzt bzw. aufgestellt, so muß es, mangels eines gekräftigten Muskel- und Bändersystems, wie jeder schwere, weiche Körper in sich zusammensinken, wobei Deformationen der Knochen und Gelenke entstehen, die später

Abb. 126

Dynamik der menschlichen Aufrichtung, III.

Entstehung der Wirbelsäulenkrümmung beim Kinde (aus „Wunder des Lebens"). Die erste für die Durchmodellierung der Wirbelsäule wichtige Stellung ist hier nicht zu sehen: das Krabbeln auf dem Bauche, verbunden mit Heben des Kopfes und Aufstützen der Arme.

infolge der Verkalkung des Skeletts zu dauernden Mißbildungen werden. Zu frühes Aufsetzen bewirkt einen „Buckel" (Abb. 129), einseitiges Tragen auf dem Arm seitliche Verkrümmungen (Abb. 128), wobei freilich im einzelnen Falle gewisse konstitutionelle Momente (Knochenweichheit, Rachitis) mitspielen[1].

In dieser langandauernden Mühe des Kindes um seine aufrechte Orientierung in der Welt liegt der grundsätzliche Unterschied von Tier und Mensch. Es ist erstaunlich zu beobachten, wie z. B. junge

[1] Vgl. Handbuch der Kinderheilkunde, herausg. v. Pfaundler u. Schlossmann, Bd. 8, Orthopaedie, 1930.

Hühner, Schweine oder Affen, die eben erst das Ei bzw. den Mutterleib verließen, schon ganz kurze Zeit nachher, oft schon nach wenigen Minuten, auf ihre Beine springen und nun sicher dastehen, fix und fertig für ihr ganzes Leben. Bereits durch ihren anatomischen Bauplan sind sie in bestimmter Weise in ihre Umwelt und in das Schwerefeld hineingestellt und Stand und Gang ergeben sich mit nachtwandlerischer Selbstverständlichkeit aus der anatomischen Organisation, so wie z. B. die Harnsekretion aus dem Bau der Niere. Die Entwickelung ist mit der Geburt, wenigstens grundsätzlich, abgeschlossen. Sie ist ein reines Werk naturhafter Schöpferkräfte und nirgends erhält man den Eindruck, als ringe ein Tier mit seinem Körper und mit seiner Umwelt.

Der eben geborene Mensch hingegen ist ganz hilflos, ja er ist bis zu einem Grade unfertig, instinktlos und unangepaßt, daß er vom biologischen Gesichtspunkt als lebensunfähig bezeichnet werden muß. Aber gerade diese Lebensunfähigkeit schafft einen indifferenten, gestaltlosen „Raum", ein „Vakuum", worin die geistige Individualität eingreifen und sich zur bewußten Freiheit entwickeln kann. Die Natur führt bei der Geburt den Menschen nur bis zur Schwelle, an der nun seine eigene Initiative eingreifen und er buchstäblich Selbstgebärer seines weiteren Lebens werden muß. Dies ist der Sinn der Kindheit und es läßt sich bis in physiologische Einzelheiten nachweisen, daß in diesem Sinne nur der Mensch und kein Tier eine „Kindheit" besitzt.

Man muß versuchen zu erleben, wie das Kleinkind bei den ersten Versuchen, den Kopf zu heben, zu sitzen und endlich zu stehen und zu gehen, seinen Leib wie ein fremdes widerwilliges Material ergreift und mit ihm in langdauerndem, mühevollem Kampfe ringt. Ein Storch steht aufrecht, weil er so organisiert ist und gar nicht anders kann. Beim Menschen ist es umgekehrt: Da ist zunächst nur der geistige Aufrichtewille des erwachenden Ich und dieses gestaltet den noch bildsamen Leib und holt aus ihm die Funktionen des Stehens und Gehens heraus. Von der aufdämmernden Weltoffenheit seines geistigen Wesens her ergreift und bewegt der Mensch seinen Leib und der aufgerichtete, bewegte Leib wird ihm auch wieder zum ersten, vornehmsten Organ der ichbewußten, freien Welterschließung.

Lange bevor das Kind sprechen und denken kann, er-handelt, er-krabbelt, er-greift, er-steht und er-geht es sich das Raumgefüge

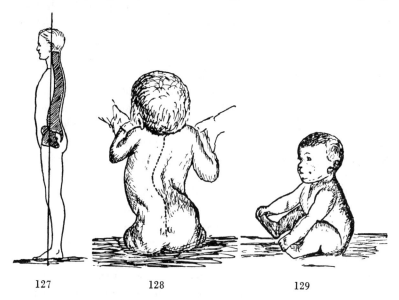

127   128   129

Dynamik der menschlichen Aufrichtung, IV.

Abb. 127 Normale aufrechte Haltung mit Schwerpunkt und Schwerelinie (nach Staffel).

Abb. 128 Pathologische seitliche Verkrümmung der Wirbelsäule bei einem einjährigen Kinde, linkskonvexe dorso-lumbal Skoliose, (nach Spitzy). Verursacht durch einseitiges Tragen bzw. zu frühes Aufsetzen auf der Grundlage zu schwacher Muskel- und Skelettorganisation.

Abb. 129 Pathologische Rückenverkrümmung (Sitzkyphose) bewirkt durch zu frühes Aufsetzen (nach Spitzy).

der Welt, sowie die Gestalten und Lagebeziehungen der Dinge seiner Umgebung. Der aufgerichtete Körper mit den aus-gebreiteten Armen ist das Urkoordinatensystem des Raumes. Dieses ist aber nicht starr, sondern höchst beweglich und das heranwachsende Kind besitzt in seinen Bewegungsmöglichkeiten, Gebärden und Handlungen ein aktiv-schöpferisches Erkenntnisorgan für alles Gestaltliche, Gebärdenhafte und Räumliche der Welt.[1])

Es läßt sich aus psycho-physiologischen Erfahrungen beweisen, daß die frei-beherrschte Körperbewegung zugleich Ur-Wort, Ur-Gedanke und Ur-Tat ist. „Das Sprechen entwickelt sich heraus aus dem Orientieren im Raume. Das Sprechen geht aus dem ganzen motorischen Organismus des Menschen hervor" (R. Steiner). Sprechen und Denken sind nur feinere, mehr nach innen gewandte und unsichtbare Formen der Motilität (des Greifens, Handhabens, Gestikulierens und Handelns). Lange ehe das Kind fähig ist, in der reinen Innerlichkeit des abstrakten geometrischen Denkens die Lagebeziehungen und Gestalten der Körperdinge im Raume zu erfassen, „erfaßt" und „erschreitet" es sie buchstäblich mit Armen und Beinen[2]).

Durch neurologisch-psychiatrische Erfahrungen wissen wir, daß Sprechen und Denken primär nicht dem Gehirn sondern der orientierten Raumesbeweglichkeit des ganzen Menschen entspringen, wovon die Körperbewegung die erste und dumpfeste, Sprechen und Denken höhere und wachere, dafür aber mehr innerlich verlaufende Offenbarungen darstellen. Denken ist gleichsam ein inneres Handeln, Greifen, Schreiten und Gestikulieren, Handeln ist gleichsam ein äußeres Denken mit dem ganzen Gliedmaßensystem. Die menschliche Bewußtseinsentwicke-

---

[1]) Hier ist besonders wesentlich das menschliche Vermögen, die einzelnen Körperteile (Arme, Beine, Kopf, Rumpf) unabhängig voneinander, bzw. aufeinander zu oder voneinander weg bewegen zu können. Der Mensch kann rechte und linke Hand bzw. rechten und linken Fuß überkreuzen. Diese Selbst-Begegnung und Selbst-Berührung ist wesentlich für die Entwickelung des Ich-, aber auch des Gegenstandsbewußtseins (R. Steiner).

[2]) Kindern, die in der Bewußtseinsentwickelung zurückgeblieben sind, kann man daher, z. B. im Geometrieunterricht, dadurch helfen, daß man sie geometrische Gebilde mit den Armen nachahmen (nachzeichnen) bzw. mit den Beinen nachschreiten läßt. Von der Motilität aus gelingt es dann, nach und nach das begriffliche Denken aufzuwecken und zu kräftigen. (Angabe Rudolf Steiners für die Heilpädagogik). Aber auch sonst sollte in aller Pädagogik das Tun dem abstrakten Wissen vorhergehen.

lung beginnt mit dem Handeln (Tun, Machen) und endigt mit dem begrifflich abstrakten Denken.

Zusammenfassend kann man sagen: Das Vor-Bild aller späteren Versuche des erwachenden Menschen sich in der Welt der Sprache (der Volksseele) und des Gedankens (der Weltweisheit) zu orientieren, ist die Aufrichtung und Orientierung im Raume zwischen Erde und Kosmos. Aus vollständiger Desorientiertheit und Richtungslosigkeit muß sich der Mensch erst langsam in das Ordnungsgefüge der Welt einspielen, einbalanzieren, einschaukeln. In diesen Gleichgewichts- und Orientierungsakten kann unmittelbar die Wirksamkeit des geistigen Ichwesens studiert werden. Dieses Studium ist für den Arzt von größter Bedeutung.

Ein Grundgesetz des Ichwesens und damit des Menschseins lautet nun: Was wir im späteren Leben aus eigener Kraft und freier Einsicht sollen vollbringen können, das darf uns nicht im naturhaft-biologischen Sinne angeboren sein. Wäre nämlich einem Menschen auch alle Weisheit angeboren, so wäre sie nicht die „seine"; er besäße sie nicht, sondern wäre von ihr besessen, wie die Biene von ihren Brutinstinkten. Angeborne Sprache wäre nicht Sprache sondern storchenhaftes Geplapper, angeborner Gedanke wäre nicht Erkenntnis sondern ichlose Naturnotwendigkeit.

Nur was wir uns selbst aus dem Chaos und dem Nichts aufbauten, das besitzen wir wirklich. Daher ist auch späterhin in der Schule ein Unterschied, ob ein Kind z. B. den pythagoraeischen Lehrsatz auswendig kann (d. h. dressiert wird), oder ob es dahin geführt wird, wo es diesen Satz aus sich selbst heraus im Denken erzeugt.

Freilich gelangt das Kind nur dann zur vollen Ichfindung, Aufrichtung und Orientierung inmitten der Welt, wenn ihm von der Umgebung her die Aufrichtekraft und Ichhelle anderer Menschen als Beispiel entgegenkommt. Wir wissen, daß Kinder, die ganz sich selbst überlassen, einsam in dunklen Kerkern heranwuchsen, weder zur vollen Aufrichtung, noch zu Sprache und Gedanken kamen. Das Licht der Ichheit entzündet sich nämlich nur im sozialen Beisammensein. Der Mensch ist des Menschen Aufrufer und Erwecker. Aus den großen Geistesimpulsen, die in der Geschichte leben, schöpft jede Generation und jeder Einzelne von uns die Helle und Aufrichtekraft seines Ich-bin, die bis in das Anatomische und Physiologische hinunter dem Leibe Gestalt, Haltung und Orientierung geben.

An dieser Stelle mündet eine biologisch-medizinische Menschenkunde unmittelbar in das Sozial-Geschichtliche und Moralisch-Religiöse ein und zeigt, wie sich in Gestalt, Haltung und Lebensschicksal des Menschen die Reiche der Natur und der Freiheit unmittelbar durchdringen. Zu dieser Einsicht muß sich der Arzt durchringen, wenn er den Menschen in Gesundheit und Krankheit verstehen und heilen will.

ABSCHLUSS

„Die ganze Natur ist nur wie ein ausgelegt Kartenspiel, des Menschen Herkommen und Wesen zu beschreiben" (Paracelsus). Dies wurde im vorliegenden ersten und grundlegenden Teile versucht. Wenn sich nun hierbei der Mensch, unbeschadet seiner Einheitlichkeit, als innerlich vielschichtiges und polarisches Wesen darstellt, so ist dies zugleich eine Aufforderung, unser Denken ebenso vielseitig und beweglich zu machen, um durch Gewinnung und gegenseitige Verbindung immer neuer Gesichtspunkte, uns der außerordentlichen Komplikation der Organgestalten und Lebensprozesse schrittweise zu nähern.

Hierbei wird nun freilich die Unzulänglichkeit schriftlicher Darstellung besonders deutlich, die der Autor, rückschauend, sehr stark empfindet. Was nämlich im Gespräch von Mensch zu Mensch, aber auch noch allenfalls im Praktikum oder Vortrag, und unter ständiger Heranziehung schematischer Zeichnungen bzw. eingeschobener Verdeutlichungen noch möglich ist, das wird im Druck notwendig starr, einseitig und damit in gewissem Sinne falsch — — oder besser: es darf nicht als dogmatisches Ergebnis, sondern nur als Anregung zu eigenem Nachdenken und Weiterforschen verstanden werden.

Kinderleicht ist es nämlich, auf alles in diesem Buche Vorgebrachte „etwas zu entgegnen". Aber nicht darauf kommt es an, durch „Entgegnungen" sich selbst die Aussicht auf neue Perspektiven zu verbauen, sondern im Gegenteil der eigenen Voreingenommenheit und Denkbequemlichkeit (die sich hinter „Einwänden" nur zu gerne verschanzt) den Entschluß abzuringen, die unzweideutige Geistessprache der Phänomene (ihre „Physiognomik" oder „Signatur") sehen zu wollen, um dadurch auch selbst als Mensch auf eine höhere Stufe der Wachheit zu gelangen. Wie soll doch der Arzt heilen, der Pädagoge erziehen, wenn sich beide nicht an der Geistessprache der Phänomene zu höheren,

335

**wacheren, im denkenden Schauen aktiveren Menschen ent-
wickeln?**

Auf Aktivität kommt heute, zumal im wissenschaftlichen Er-
kenntnisbereiche alles an. Es gilt gerade im Denken „mühevoll zu leben". Im äußerlichen Sinne leben gewiß heute die
meisten Menschen aktiv und mühevoll. Im Denken jedoch herrscht
eine erschreckende Passivität und Trägheit. Man glaubt da mit
einigen wenigen, mechanischen Begriffen sein Auslangen zu finden
und meint resigniert, „es werde zukünftiger Wissenschaft schon
gelingen, auf diesem Wege auch die heute noch ungelösten Lebensrätsel zu lösen". — Da darf aber wohl gefragt werden: Welche
Lebensrätsel sind denn heute schon gelöst? Wird nicht alles Entscheidende immer aufs neue hypothetisch hinaus- und zurück-
geschoben?

In der Tat! Es wird kein anderer Ausweg bleiben, als bei uns
selbst anzufangen und (im Sinne der methodischen Einleitung)
die Wachheit und Beweglichkeit unseres Bewußtseins zu steigern.
Hiermit beantwortet sich zugleich die Frage nach dem Wahrheitskriterium und der Beweisbarkeit der in diesem Buche
dargelegten Dinge. Alles „Beweisen" setzt nämlich voraus, daß der
Zuhörende sich zu eigener Erfahrung erhebe, d. h. im denkenden
Schauen aktiv werde. Von außen aufzwingen läßt sich nämlich
nichts. Auch der Beweis des pythagoräischen Lehrsatzes z. B. setzt
voraus, daß der Hörende selbst denkt. Unterläßt er dieses, so
bleibt ihm alles Dargelegte nur ein wirrer Wortschwall.

Trifft dies zu, dann darf auch das vorliegende Buch nicht einfach
gelesen, es muß vielmehr nach allen Seiten und von immer neuen
Gesichtspunkten selbständig durchdacht und praktiziert
werden.

Wir müssen, zumal als Biologen, Pädagogen und Ärzte aktivschöpferisch werden, und das sowohl im Erkennen als im Tun.
Denn aktivschöpferisch ist auch der lebendige Organismus — unser Objekt. Alles was wir an Lebewesen studieren, von
der anatomischen Gestalt angefangen, bis zu physiologischen
Funktionen und zum äußeren Verhalten, sind aktive Antworten
schöpferischer Kräfte auf die Gegebenheiten der Umwelt und

Innenwelt, sind also autonome Taten und keineswegs mechanische Folgen physikalischer oder chemischer Ursachen[1]).

Ein Organismus ist nämlich kein „Ding" sondern ein Prozeß. Raum und Materie sind nur die Ebenen, auf denen sich die aktiven Tathandlungen des Lebens darstellen und dadurch für uns zunächst erkennbar werden. Nicht nur das äußere Verhalten und die physiologischen Organfunktionen, sondern sogar der anatomische Bau des Menschen sind nichts anderes als im Materiellen gespiegelte und insoferne erstarrte Gesten des übersinnlichen Menschenwesens.

Aktiv-handelnd ist nun dieses Wesen (erstens) wenn es durch Wachstums- und Ernährungsvorgänge den physischen Menschenleib aus Stoffen aufbaut, die an sich gar keine Beziehung zu dieser Gestaltung besitzen. Zu diesem Zwecke müssen die Stoffe erst in ihrer kristalloiden Eigentendenz gehemmt und in den kolloidamorphen Zustand übergeführt bzw. durch ständigen Abbau und Neuaufbau in diesem instabilen Zustande festgehalten werden. Die Kräfte die dieses bewirken nannten wir „ätherische Bildekräfte".

Der Mensch ist aber nicht nur üppig wuchernde, pflanzenähnliche Leiblichkeit. Sein Wesen ist vielmehr auch aktiv-handelnd (zweitens) durch dasjenige Wesensglied, welches wir „seelischastralisch" nannten. Dieses wirkt den ätherischen Wachstumstendenzen entgegen, drängt sie nach innen und leitet sie dadurch auf solche Bahnen, wodurch die komplizierte anatomische Innen-

---

[1]) Man braucht nur eins der neueren, von nachdenklichen Ärzten geschriebenen Bücher aufzuschlagen, um hierfür die Bestätigung zu finden: „Der lebende Organismus denkt gar nicht daran, sich nach physikalisch-chemischen Formeln zu richten, im Gegenteil: der lebendige Organismus reagiert so, als ob er der Physik und Chemie Trotz bieten wollte. Tut man Eis auf die Haut, so bildet der Organismus hier vermehrte Wärme, gibt man Säure ins Blut oder in den Magen, so reagiert der Organismus mit Alkalisierung . . . Erst der tote Organismus läßt den physikalisch-chemischen Gesetzen freien Lauf und so kommt es, daß man physikalisch-chemisches Geschehen nur dann mit Sicherheit am Organismus nachweisen kann, wenn der Organismus tot, oder wenigstens in seinen Lebensreaktionen so behindert ist, daß er wie ein toter reagiert". So sagt K. K ö t s c h a u in seinem Buch „Zum Aufbau einer biologischen Medizin" (Stuttgart 1935) und er bringt hier auch, was besonders verdienstlich ist, ausführliche Meinungsäußerungen ähnlich denkender Ärzte und Biologen.

organisation eines animalischen Leibes und schließlich Sensibilität und Motilität entstehen.

Aktiv-handelnd ist schließlich das Menschenwesen (drittens) aus der Kraft des geistigen Ich, weil alle am Aufbau des Menschen beteiligten Wesensglieder endlich eingegliedert sind in die „Ichorganisation". Diese ist es, welche den Menschen sowohl anatomisch, als physiologisch und psychologisch über das Tierbereich hinaushebt.

Aus den Gleichgewichtsverhältnissen dieser vielstufigen Aktivitäten ergeben sich die Konstitutionstypen, bzw. die Erkrankungen und die Heilungen, die freilich nicht zufällig sind, sondern zur schicksalhaften Eigenart eines konkreten Menschen gehören. Hiervon wird im 2. Teile gesprochen werden.

Gewiß kann man diese Feststellungen mit dem Hinweis auf ihre „große Komplikation" ablehnen und weil eben unser abstrakter Verstand grundsätzlich die Realität übermaterieller und deshalb übersinnlicher Kräfte nicht zugeben will. Die Wirklichkeit selbst wird sich freilich wenig um solche Vorurteile kümmern, zumal unser beschränkter Verstand sich nicht anmaßen darf, „der Natur ihre Gesetze vorzuschreiben" und darüber zu entscheiden, was als „wirklich" und was als „phantastisch" zu gelten habe.

Die Wirklichkeit fordert vielmehr von uns Ausweitung und Umdenken! — — Und Zeiten, wie die gegenwärtigen, in denen ganze Völker und Erdteile an Wendepunkten ihres Schicksals stehen, wären doch wohl dazu angetan, uns zum geistigen Erwachen zu führen und Wendepunkte der Wissenschaft und Praxis vom Menschen, d. h. der Medizin zu werden.

OTTO JULIUS HARTMANN

Vom Sinn der Weltentwicklung

Sein und Wissen
198 Seiten.

Der Mensch als Selbstgestalter seines Schicksals

Lebenslauf und Wiederverkörperung
9. Auflage. XVIII, 278 Seiten.

Der Mensch im Abgrunde seiner Freiheit

Prolegomena zu einer Philosophie der christlichen Existenz
4. erweiterte Auflage. VIII, 206 Seiten.

Dynamische Morphologie

Embryonalentwicklung und Konstitutionslehre
als Grundlagen praktischer Medizin
2. Auflage. XII, 610 Seiten mit 113 Abbildungen.

VITTORIO KLOSTERMANN · FRANKFURT AM MAIN

RUDOLF HAUSCHKA

Ernährungslehre

Zum Verständnis der Physiologie der Verdauung
und der ponderablen und imponderablen Qualitäten der Nahrungsstoffe
6. Auflage. 266 Seiten, 67 Abb.

Heilmittellehre

Ein Beitrag zu einer zeitgemäßen Heilmittelerkenntnis
Unter Mitwirkung von Dr. med. Margarete Hauschka
3. Auflage. 280 Seiten, 60 Abb.

Substanzlehre

Zum Verständnis der Physik, der Chemie und
therapeutischer Wirkungen der Stoffe
7. Auflage. XIV, 360 Seiten. 68 Abb.

WILHELM ZUR LINDEN

Geburt und Kindheit

Pflege — Ernährung — Erziehung
10., neubearb. Auflage. 589 Seiten.

VITTORIO KLOSTERMANN · FRANKFURT AM MAIN